JN081597

ビッグバンから あなたまで

◆

若い読者に贈る138億年全史

◆

シンシア・ストークス・ブラウン
片山博文・市川賢司 訳

AKISHOBO

Big History, Small World

From the Big Bang to You

by Berkshire Publishing Group LCC
Copyright ©2017 by Cynthia Stokes Brown
Japanese translation rights arranged with Berkshire Publishing Group
through Japan UNI Agency, inc., Tokyo.
All rights reserved.

◆

凡例

〔　〕は訳注である。

巻末の用語集に収録されている語彙には＊を付した。

引用は邦訳を参照し、原典にあたった上で
必要に応じて一部修正を施した。

図版の訳出においては
クリスチャンほか（2016）『ビッグヒストリー』明石書店を参照した。

文中URL最終アクセス：2024年2月29日。

ビッグバンからあなたまで

目次

スレッショルド1（138・2億年前）

第2章　ビッグバン

第3章　銀河と恒星

スレッショルド2
(恒星については
137億年前から現在まで)

第4章　複雑な原子

恒星がどのように
元素を作るのか

スレッショルド3
(137億年前から現在まで)

第5章　太陽と地球

スレッショルド4（46～35億年前）

第6章　生命の進化(a)　細菌とウイルス

スレッショルド5
(35億年前から現在まで)

第7章　生命の進化(b)　多細胞生物

スレッショルド5(続き)
(20億年前から20万年前まで)

第8章　人間の出現

スレッショルド6
（約20万年前）

第9章　農業から帝国へ

スレッショルド7
（紀元前9500年から
紀元後1500年）

第11章　未来

第12章　ビッグヒストリーの意味

デイヴィッド・クリスチャンによる序文

私たちは、途方もなく複雑で急速に変化する世界に生きています。私たちは、かつての社会や時代に生きていた人々以上に、世界中をナビゲートしてくれる地図を必要としています。地図がなければ、時として文字通り道に迷ってしまいます。教育は、自分の国やより大きな世界についての教えてくれる地図を私たちに提供してくれます。教育はまた、社会の中で仕事や居場所を見つけるのに必要なスキルを与えてくれます。さらに私たちは、本の中に、友人や家族との会話の中に、インターネット上で、あるいは教会で、他にもたくさんの世界についての地図に出会います。ところが、これらの地図どうしのつながりを表し、それらがどのように一つに組み合わさり、さながら万物の地図のように、巨大なジグソーパズルを形成しているかを示す試みが欠けているのです。それはあたかもたくさんの市街地図を用いて地球を研究しながら、決して世界全体を示す地球儀を見ていないことに似ています。

ビッグヒストリーは、多くの異なる地図を宇宙の巨大な地図へとまとめ上げてくれます。ビッグヒストリーはほぼ１４０億年にもおよぶ叙事詩を私たちに語り、時間と空間のそもそもの始まりにまで私たちを連れて行ってくれます。ビッグヒストリーは、多数の異なる分野に関する現代の科学的知識を用いて、私たちをとりまく全てがどのようにしてそうなったのか、宇宙自体が何もないところから大爆発によってどのように出現したのか、初期の宇宙で最初の恒星がどのように生成し、そして巨大な恒星が、燃えながら死にゆく日々の中で、惑星や生物を形成する元素をどのように作り出したのか、少なくともひとつの惑星に（しかしおそらく他の多くの惑星にも）生命がどのように現れたのか、生命が何十億年もの間にどのように変化し、多様化し、より複雑になったのか、何百万もの異なる生命の形のうちのひとつがどのように進化して、ついには私たちの最初の祖先、最初のヒトである生物となったのか、そしてそのヒトの子孫がどのように世界中に拡散し、非常に多様な社会、文化、宗教、政治体制を構築し、ついに私たちが今日住んでいる、驚くほど活気あるグローバル社会を作り上げたのかを説明してくれます。何よりもそれは、非常に単純な初期の宇宙が、どのようにして興味深く複雑な現象と生物を次から次へと生み出してきたか、最終的には私たちをどのようにして生み出してきたかを語ってくれるのです！　そうした地図をもつことによって、全てがどこへ向かうのかについて、またこの大きな物語における私たち自身の立ち位置について問うことができるようになります。

以上が、あなたが今まさに読もうとしているこの本の中でシンシア・ブラウンが見事に、明晰に、簡潔に、そして魅力的に語っている物語です。シンシア・ブラウンはビッグヒストリーの物語の達人です。彼女は、世界の全ての異なるピースが約１４０億年にわたりどのように集まったのかを順を追って説明しているので、あなたもその一部である世界がどのようなものなのかが見えてくるでしょう。本書は、まさにあなたとあなたの世界についての物語です。そしてそれは、多くの予期せぬ展開や突然の変化を伴う、素晴らしい、風変わりな、驚くべき物語なのです。

ビッグヒストリーの物語は、完成からはほど遠いものです。それは世界中で活動する学者や科学者によって数世紀にわたり繋ぎ合わされてきたものですが、細部のほとんどはわずかここ数十年のうちにはめ込まれたものです。ビッグヒストリーは、多くの重要な現象について、近い将来にはもっとうまく説明できるのかもしれませんが、いまだ苦闘を続けています。意識とは何か？ビッグバンはなぜ生じたのか？　そもそもどのようにして最初の生命体が地球上に現れたのか？こうした不完全な点があるとしても、ビッグヒストリーは極めて真剣に受け取る必要のある物語です。なぜなら、それは途方もない量の注意深く検証された情報に基づいており、単なる一地域ではなく世界中の学者によって構築された最初の起源物語だからです。最初のグローバルな起源物語として、それはまさに今日の世界、「人新世《じんしんせい》」の世界のための物語なのです。

最終章でシンシア・ブラウンは、ビッグヒストリーの物語が単に豊かで魅力的であるばかりでなく、意味に満ちていることも示しています。宇宙はどうして作られたのか、生命はなぜ生まれたのか、あるいは**あなたの**人生は何のためにあるのかと、もしこれまで問うたことがあるのでしたら、この物語から始める必要があります。注意深く読めば、この素晴らしい、風変わりな、常に驚きを与えてくれる宇宙、われわれがみなその小さな部分であるこの宇宙の中に、あなた自身の意味を発見することでしょう。これが究極の「世界地図」です。どうぞお楽しみください！

マッコーリー大学ビッグヒストリー研究所所長　デイヴィッド・クリスチャン

オーストラリア・シドニー

はじめに

本書は私が今までに書いたビッグヒストリー*の3冊目の本になります。私が一人で階下のオフィスでメモの山を物語に変えようとしていた最初の本の時とは違って、いまや私は世界中でビッグヒストリーを教え、書き、学んでいる人々とつながっています。

私の最初の本は『ビッグヒストリー：ビッグバンから現在まで』(New York, New Press, 2007; 2nd ed. 2012) です。2冊目の本『ビッグヒストリー：無と全ての間』(New York, McGraw-Hill, 2014, 邦訳：長沼毅監修『ビッグヒストリー：われわれはどこから来て、どこへ行くのか　宇宙開闢から138億年の「人間」史』明石書店) は、デイヴィッド・クリスチャン、クレイグ・ベンジャミンとともに書きました。

ビッグヒストリーについての私の最初の本が2007年に出版されてからほぼ10年の間に、ビッグヒストリーは教育と研究におけるグローバルなミニムーブメントとなりました。2010年の国際ビッグヒストリー学会の設立が、この時の活動を支えました (https://www.bighistory.org を参照)。

初等教育のレベルでは、ジェニファー・モーガンが教師のための専門トレーニングを主導してきました（https://dtnetwork.org/ を参照）。これは特に1940年代末のマリア・モンテッソーリの宇宙教育という思想に基づいて、モンテッソーリ教育の学校で用いられました。

高校教育のレベルでは、誰でも自分で受講できて、高校の教師が授業で使用することができる無料のオンラインカリキュラムの開発に、ビル・ゲイツが資金を提供することによって、ビッグヒストリー・ムーブメントを活気づけました（https://www.bighistoryproject.com を参照）。現在、約1500の学校がこのビッグヒストリープロジェクトで運営されるビッグヒストリーの授業を行っており、世界中の約5万人の教師がカリキュラムの一部を使っています。

大学教育のレベルでは、3冊の教科書が出版されています。それは、デイヴィッド・クリスチャンの『時間の地図：ビッグヒストリー入門』（Berkeley, CA: University of California Press, 2004; 2nd ed. 2011）、フレッド・スピールの『ビッグヒストリーと人類の未来』（Malden, MA: Wiley-Blackwell, 2010; 2nd ed. 2015）、そしてクリスチャン、ブラウン、ベンジャミンの『ビッグヒストリー：無と全ての間』（New York: McGraw-Hill, 2014）（邦訳：前出）です。

大学の科目は世界中で、特に韓国、オーストラリア、米国、オランダで教えられています。カリフォルニア・ドミニカン大学では、初年次の全学生が2学期にわたるビッグヒストリー科目の履修を義務づけられています。この大学の教員たちは、彼らの経験を用いて、リチャード・サイモン、モジガン・ベフマンド、トーマス・バークを編者に『ビッグヒストリー教本』（Berkeley:

University of California Press, 2015）を執筆しました（https://scholar.dominican.edu/big-history-scholar/）。

大学院レベルのコースは現在開発中です。数名の果敢な学生が、アムステルダムとシドニーで博士号を取得しています。10名分の大学院奨学金制度がマッコーリー大学ビッグヒストリー研究所に設けられています。

こうしたあらゆるビッグヒストリー活動の真っただ中で、私はビッグヒストリーの本をもう1冊書きたくなりました。ビッグヒストリーのさまざまなバージョンと、その構築や提示の仕方に関する諸問題について詳しくなって以来、この物語をもう一度考え直したいと思うようになったのです。

ただ、何よりもまず、高校1年生に教える言葉を用いてできるだけ簡潔に、明確に書きたいと思いました（私はメリーランド州ボルチモアのイースタン高校で、1961年9月から1963年6月まで2年間、高校1年生に世界史を教えたことがあります）。また、以前私が書いたものよりも自然科学により大きなスペースを割きたいと思いました。当時は分からなかった部分を補い、また人間を適切な文脈に置くためです。

私の願いは、新たに執筆するこのビッグヒストリーが、学生や教師、そして一般読者など多くの人々にとって親しみやすいものになることです。教師にとってはこの本がビッグヒストリープロジェクトのオンライン教材の補助として役立つことを望んでいます。学生がこの本をバックパックや本棚に入れておいてくれることを願っています。あらゆる場所の人々が私たちのグローバルな物語を学ぶことができるように、簡単に翻訳できるようになることを願っています。

本書は12章で構成されていて、1週間に1章進めると1学期の授業のうちに収めることもかんたんです。最初の章は、科学的方法*とビッグヒストリーとは何かについて説明しています。最後の章は、人々がビッグヒストリーを解釈しそこに意味を見出すさまざまな方法を論じています。その他の10章は、宇宙の物語における8つの主要なターニングポイント、つまりスレッショルド*に基づいています。生命*の出現というスレッショルドには2章を割き、第11章は未来についての議論に費やしました。

本書は従来の教科書の体裁はとっていませんが、教科書として使いやすいものになっています。この本には学生と教師にキーワードとして注意を促すために用語集がついています。各章には知のフロンティアにおける問いがあり、また「どうしてこれを学ばなければならないのか？」という昔からずっと言われてきた疑問に答えるために、その章の内容がどういう意味で読者の皆さんのことであるのかについての示唆もあります。加えてこの本には、現在、自然科学や人文学に携わっている興味深い13人の研究者のプロフィールも含まれています。

従来の教科書は退屈になりがちですが、この本がそうでないことを願っています。あなたがこの本を楽しみ、ページをめくり続けることを私は確信しています。やはりこれは、今まで語られた物語の中で最も驚くべき物語――ブライアン・スウィムによれば、いかにして水素ガスが最終的に私たち人間に姿を変えたかという物語なのですから。

謝辞

母の葬儀が終わってすぐに、私はビッグヒストリーについて書き始めました。母は私が大きく物事を考えることができるように私の土台を築いてくれて、どうしたら刺激的な教師になれるか、そのモデルを私に示してくれました。私は彼女に永遠に感謝しています。

私の考えが発展していくのと並行して、ビッグヒストリーに関する最初の大学の教科書を共同で書く機会を与えてくれたデイヴィッド・クリスチャンとクレイグ・ベンジャミンに深く感謝します。私たちは友人として始まり、教科書を一緒に書くとそうならないこともあるのですが、よりよい友人のままでいることができました。

私が多くを学んできた国際ビッグヒストリー学会（ＩＢＨＡ）の親切で寛大な創設メンバーに感謝したいと思います。創設メンバーは、クリスチャンとベンジャミンに加えて、ウォルター・アルバレス、ローウェル・グスタフソン、バリー・ロドリーグ、フレッド・スピールです。そして、現在ＩＢＨＡ理事会の理事であるエステル・クエダッカーズ、スン・ユエ、ジョー・ヴォロス、ジョナサン・マークレイ、アンドレイ・コロターエフにも感謝します。

カリフォルニア・ドミニカン大学の教員、学生、理事に対する感謝の念は尽きません。２０１０年の初めにドミニカン大学の教授陣は、ビッグヒストリー２科目を新入生の必修科目とすることを投票で決定しました。参加した創造的な教授陣は、大部分の学生によい影響を与える科目を構築しました。私の考えに最も大きな影響を与えてくれた人々である、モジュガン・ベマンド、ダン・メイ、フィル・ノヴァク、ハーラン・ステルマク、ジム・カニングハムに特に感謝します。また、ビッグヒストリープロジェクトを実施した方々にも感謝します。これはカリキュラム作成の偉業だと思います。デイヴィッド・クリスチャンは全体的な方向性を示してくれました。マイケル・ディックス、グレイグ・アムロフェル、アンディ・クック、ボブ・ベインなどの素晴らしい人々と一緒に仕事をしながら短いエッセイを書くのは、とても楽しいことでした。

特に、何度も推敲を重ねる間に私の原稿の全て、またはその一部を読んでくださった方々に感謝します。フレッド・スピールは全文を熟読し貴重な意見を、ルーシー・ラフィットも全文に目を通してくれました。以下の友人や専門家からは、本書の各所についてさまざまな優れた示唆をいただきました。ウォルター・アルバレス、マーチン・アンダーソン、アン・ビューフォート、クレイグ・ベンジャミン、フラン・ベリー、エリック・チェイソン、デイヴィッド・クリスチャン、ジム・カニングハム、トッド・ダンカン、デニス・フリン、ルス・ジェネット、カイル・ヘルマン、ジム・マッカリスター、ビル・マクニール、ダン・メイ、ローレン・メゼイ、エステル・クエダッカーズ、ブライアン・スウィム、マリー・エブリン・タッカー、スン・ユエ。私は彼らのアドバイス全てに従ったわけではありません。間違いは全て私に責任があります。年齢的にも本書の読者層になる18歳と15歳の2人の孫娘、ローラ・キーンとルビー・キーンには特に感謝します。2人は私の原稿にゴーサインを出してくれました。

２０１５年9月に、サンフランシスコに新しい私立学校が開校しました。プルーフスクールと呼ばれる、特に数学の才能がある生徒のための学校です。学校の指導者は人文学プログラムの中核としてビッグヒストリーを選び、初年次の9年生クラスで私の原稿をすでに活用しています。同校のザチャリー・シフエンテスとオースティン・シャピロの勇気と創造性に感謝します。また、ビッグヒストリープロジェクトのカリキュラムを利用してくれた、カリフォルニア州ロスガトスにあるロスガトス高校の教師であるダミアン・パウロウスキにも感謝します。彼は75人の生徒を対象に、私の原稿からトピックを選んで調査を行い、彼らの反応を注意深くまとめてくれました。

出版社バークシャー・パブリッシングでカレン・クリステンセンと一緒に仕事ができたことは、このプロジェクトにおける最高の喜びでした。彼女と彼女のスタッフ、レイチェル・クリステンセンとシンディ・クルムラインには、本書の出版に際してのフレンドリーかつ専門的で迅速な仕事ぶりに深く感謝します。

最後に、もちろん、私の本の最初の読者であり夫であるジャック・ロビンズの愛と励ましに深く感謝します。

２０１6年1月

第１章

私たちは宇宙を
どのくらい
知っているか

あなたは、宇宙の物語をその始まりから語る方法を考えたことがありますか？　科学者たちは、この宇宙が数百万年の誤差はあるにしても、138・2億年前に始まったことを知っています。すなわちビッグバン*と呼ばれる地点のことです。この物語は、138・2億年をカバーする必要がある大仕事なのです。

ビッグヒストリーとは何か？

ビッグバンから現在までの物語を語ることを、**ビッグヒストリー**と呼びます（この物語には、**宇宙の旅**や**進化**[*]**の叙事詩**、**宇宙進化**などの別名があります）。この物語を語ることは、山頂に登って眼下に広がる風景全体を眺めることや、宇宙空間に出て地球全体を眺めることに似ています。細かなことはほとんど視界から失われますが、谷底からは見ることのできなかった全体の地形が見えてきます。

ビッグヒストリーは、ビッグバンから今日までの、過去と現在のすべてを一つにまとめて説明するものです。ビッグヒストリーを語る人々は、ビッグヒストリアンと呼ばれています。彼らの知識と情報は、たくさんの学問分野からもたらされています。それらは天文学と物理学（原子[*]、恒星[*]、銀河[*]）、そして化学（原子が結合して元素[*]となる）から始まります。ひとたび惑星が生成すると、地質学（岩石とその生成）が必要になります。生命が誕生すると、生物学（生きている有機体）が必要になります。ひとたび人間が現れると、人文科学の学問分野――考古学、人類学、歴史学、哲学、社会学、政治学――が必要となります。このような、これまでにないスケールで描かれる歴史は、過去に起きた出来事を理解しようとする人間の知としての学問分野をほとんど含んでいることが分かります。それは自然科学と人文科学とをまとめたものになります。

1970年代末から1980年代にかけて、世界中のさまざまな大学の教授たちがこの全体の物語を語り始めました。それが可能になったのは、実験と観察に基づく多くの経験的知識*が利用できるようになったからです。物事の年代を測定する技術が劇的に向上しました。1953年には、科学者は地球の年齢が45億年であることを立証し、宇宙の年齢を100億年から200億年の間と推定しました。1970年代には、科学者たちのほとんどがプレートテクトニクス*の考えを受け入れました。これは、地球の地殻であるプレートが半分溶けた物質*の上を動いているという考えです。この発見は、地球の歴史を理解するための鍵となりました。

これらの発見によって、全体の物語をまとめることが可能となりました。1989年、オーストラリア・シドニーにあるマッコーリー大学の歴史学教授デイヴィッド・クリスチャンが、自分の授業で物語を語り始めました。彼の大学の他学部から専門家たちを招き、自分の専門領域について語ってもらったのです。クリスチャンはビッグヒストリーという用語を生み出し、自分の授業について『世界史ジャーナル』に論文を書きました。当時、数名の他大学の教授たちも同様の授業を試していたので、ビッグヒストリーの考えは世界中に広まりました。

デイヴィッド・クリスチャン：ビッグヒストリーの生みの親

陽気な歴史学教授であるクリスチャンは、「ビッグヒストリー」という用語を生み出しました。

ビッグヒストリーという考えや名前を思いついたのは、どんな人だと思いますか？　もしかすると歴史学の教授でしょうか？　講義がない時は図書館にこもっている、堅苦しくて学者ぶった人？　それとも人を楽しませることが好きな陽気で愉快な人？

デイヴィッド・クリスチャン（1946年生まれ）の写真を見れば、たぶん、オーストラリアのシドニーにあるマッコーリー大学の歴史学教授である彼が、人を楽しませることが好きな人物であるとすぐに分かるでしょう。

2013年11月、クリスチャンは『コ

ルベア・レポー』〔アメリカの有名テレビ番組〕に出演しました。番組ホスト、スティーブン・コルベアはすぐさまこう言いました。「あなたは、歴史を通じて全く異なるものごとを結びつけ、ビッグバンから現在までの宇宙の全ての歴史を私たちに教えてくれています。もっと野心的でもよいのでは?」。クリスチャンは愉快そうに笑い、こう答えました。「この授業では時間の全ての歴史を学ぶことができます。それは、私たちに時間と空間の地図を与えてくれるのです。その地図に自分の身を置けば、あなた自身がどこにいるのか、そしてどのようにしてそこにやって来たのか、その意味が分かるでしょう」。

クリスチャンはオーストラリア生まれではなく、母親キャロル・キャシー・タートルの故郷ニューヨークのブルックリンで生まれました。父親ジョン・クリスチャンはイギリス人でした。二人は第二次世界大戦中にトルコのイズミルで出会い、結婚しました。ジョンは大戦の最後の年にはイギリス軍の少佐として従軍していました。母はブルックリンに戻り、1946年にデイヴィッドを産んだのです。

終戦後、クリスチャンの父はナイジェリアの植民地事務所で働き、デイヴィッドはイギリスの全寮制の学校に行く7歳までそこで過ごしました。デイヴィッドは、アメリカ人の母がナイジェリアの田舎で最初のワクワクする授業をしてくれたことを覚えています。どのように両親が出会い、一家がどうやってナイジェリアにやってきたかを理解するためにデイヴィッドには世界史と地理の授業が必要だったのです。

クリスチャンはイギリスのオックスフォード大学に進学し、その後、カナダのウェスタン・オンタリオ大学でのちに妻となるシャルディ・ランドールと出会います。彼女はセルビア系アメリカ人で、メーン州ポートランドで育ちました。ウエスタン・オンタリオ大学でクリスチャンは演劇に夢中になり、俳優を目指していました。オックスフォード大学に戻ると、彼はロシア史で博士号を取得します。彼は皇帝アレクサンドル1世についての学位論文を書きましたが、彼が本当に関心をもっていたのは王や女王たちではなく、庶民の日常生活でした。

クリスチャンは1975年、マッコーリー大学で最初の仕事に就き、ロシア史を教えました。彼はロシアの食べ物と飲み物の歴史についての本を書き、その中には生命の水と呼ばれたウォッカについてのものもあります。けれども、彼は学生たちがロシア・ソヴィエト史以上のことを知らなければならないと考えていました。彼らには、集団としての人類の歴史を知る必要があったのです。人間がどこから来たかを理解するために、彼はビッグバンまでさかのぼることになったのでした。

1989年、マッコーリー大学歴史学部はクリスチャンに、ビッグバンから始まる新入生向けの講座を開くことを認めました。クリスチャンは他学部から教授たちを招き、彼らの学問領域についてクリスチャンが基本的知識を習得するまで語り合い、それを一つのストーリーにまとめ上げました。そして1991年に**ビッグヒストリー**という用語を作ったのです。

2001年、クリスチャンはカリフォルニア州にあるサンディエゴ州立大学で教え始め、そこからアメリカ中にビッグヒストリーの考えを広げていきました。2009年、彼はマッコーリー大学に戻りました。2010年には国際ビッグヒストリー学会の創設に尽力し、初代会長に就任しました。2013年、彼はマッコーリー大学にビッグヒストリー研究所を設立しました。彼はビッグヒストリー・プロジェクトを指揮し、現在はマッコーリー大学ビッグヒストリー研究所長を務めています〔2020年に退任、研究所は現在廃止されている〕。

経験的知識とは何か

ビッグヒストリーは経験的知識を土台にしています。経験的知識とは、あるアイディアや説明を組み立て、それを検証することによって得られる知識のことです。科学者は検証を実験や観察によって行い、歴史学者は確立された事実と照合することによって行います。経験的（empirical）という英語は、「経験」（experience）を意味するギリシア語からきています。

経験的知識は、**科学的方法**と呼ばれるものを通じて発展します。経験的知識は近代世界における最も有力な知の形式であり、世界中の科学者がこの方法を用いています。それは注意深く検証された証拠を、厳密かつ体系的に利用することに基づいています。それが始まったのは、顕微鏡と望遠鏡の発明により科学者が観察できる範囲が拡大し、大洋横断航海により世界的な交易と探検が可能になった1600年代のことでした。

科学者は、想像による推測から始めるかもしれません。あるいは、何かを観察するかもしれません。それから科学者は自分が観察したものを説明するために、自らの想像力、直感、そして論理的思考力が生み出したアイディアを提案します。科学者はこのアイディアを**仮説**と呼びます。次に、科学者は実験を行ったり情報を探したりして、そのアイディアが彼らの実験の結果を説明できるかどうかを検証します。もし説明できなければ、そのアイディアを捨てます。もし説明できれば、科学者はそのアイディアをさらに検証するために実験を続けたり、新しい情報を探したりします。その結果、**仮説**は多くの証拠によって裏付けられた**理論**となります。科学的理論とは、たくさんの事実／データを説明し解釈するアイディアのことです。

科学者は、自然淘汰による進化のように、たくさんの証拠が集まることで科学者以外の人々が事実と呼ぶようになったアイディアであっても、**理論**と呼び続けます。科学者はことのほか用心深いのです。彼らは、新しい証拠によって主要な概念がひっくり返されてしまう可能性があることを分かっています。それも科学的方法の一部なのです。

科学者も人間なので、いくら用心深いといっても、間違えたり偏見をもったりしがちなものです。科学者が科学的方法を用いるのはそのためです。時間をかけて実験が繰り返され、大多数の人々が同意できる偏見のない結論がもたらされます。世界中で協力して活動し、さまざまな視点からデータを共有することによって、科学者は人間の精神の及ぶ限りで自然や宇宙の働きについて妥当な意見の一致をみることができます。

ここに、科学がどのように役割を果たしてきたかを示す一つの例があります。それは、大陸の漂流というアイディア――大陸が移動するというアイディア――がどのようにしてプレートテクトニクスという確立した理論になっていったのかという物語です。1915年、ドイツの気象学者アルフレッド・ウェゲナーは、大陸が漂流するというアイディアを提唱しました。地質学者たちは、1925年に行われた会議で、彼がパイプをくゆらせて聞いている前で彼のアイディアを物笑いの種にしました。ヴェーゲナーが証拠として用いたのは、南アメリカの海岸線がアフリカ西部のものと一致していること、そして大西洋をはさんだ両側で同じような動植物の化石が見つかったことでした。しかしヴェーゲナーは、大陸全体を動かせるほど強力な力とは何なのかを説明できませんでした。彼が説明できなかったために、そして彼が地質学者ではなく気象学者であったために、ほとんどの地質学者は彼の仮説を受け入れませんでした。ヴェーゲナーは、1930年にグリーンランドで気象観測中に事故死しました。

大陸移動についてのこれ以上の証拠は、第二次世界大戦（1939–1945）まで現れませんでした。アメリカ海軍の司令官ヘンリー・ヘスは、経験豊富な地質学者でもありました。彼はソナーと呼ばれる新しい道具を用いて、海底面のデータを収集しました（ソナーは音波を水中で発信して物体を探知しその距離を測ります）。彼は、海底が平坦ではないことを知って驚きました。さらに1950年代に行われた調査で、大西洋と太平洋の真ん中で海底火山が高い海嶺《かいれい》を形成していることが明らかとなりました。1962年にヘスは海盆〔深海底のくぼ地〕の歴史を描いた本を出版し、火山海嶺の両側へ地殻が動いており、そこでは地球の中心から火山を通って新しい物質が押し出されていると述べました。

1960年代に、海嶺の近くでは海底が新しく、そこから両方に離れると古くなるという証拠が研究者たちによって発見され、海底の地殻が動いているという仮説が裏付けられました。このように科学者は全てを繋ぎ合わせることができたのです。単に大陸が動いているのではありません。海洋の地殻のプレート全体が動き、大陸の地殻を運んでいたのです。

プレートとは地球の地殻を構成するもののことで、割れたり砕けたりして組み合わされています（これらはよろいの厚板 plates のことで、食べる時に使うお皿 plates ではありません）。地殻のプレートを動かすことができる力は、海嶺から上昇する新しい物質によってもたらされます。この新しい物質は、地殻の下のマントルと呼ばれる半分溶けた物質に沿って古い物質を押し出します。1970年代には、プレートテクトニクスは地質学の分野における中心的なアイディア、つまりパラダイム*となりました（図1「地球のプレートテクトニクス」を参照）。

こうした例に勇気づけられて、いずれ科学はほぼ全てのことを発見できるようになると考える科学者たちもいます。彼らにとっては、それはただ観察や実験のための道具の精度と範囲の増大の問題でしかありません。科学は常に何か新しいものを発見しようとしているので、心躍るものがあります。

あなたは科学者が存在する全ての知識を学ぶようになると思いますか。現在の知識の爆発は、どこに向かおうとしているのでしょうか。もちろんそれは誰にも分かりませんが、人間が知ることのできるものには限界があるかもしれないということを気づかせてくれる科学者や哲学者もいます。

なぜなら、私たちは限られた知覚しかもたない生物だからです。ワシは種類によっては人間よりも2倍から3・6倍の鋭い視力をもっています。ゾウは人間よりも低周波の音を聞きわけられます。それぞれの生き物が進化させてきた知覚は、彼らの先祖が生き残るのを助けてきたのです。

私たちが見ている世界は、そこにあるもののほんの一部にすぎません。例えば、太陽*の中心で起こっている核反応は、電子*よりもはるかに小さい素粒子〔物質を構成する最小単位〕の一種であるニュートリノを生み出します。1秒間に何十億個もの見えないニュートリノが私たちの体を通り抜けています。私たちは光*を見ることができますが、それは電磁放射線のほんの一部にすぎません。電磁放射線は、ガンマ線、エックス線、紫外線、電波など、私たちには見えないさまざまな波長でやってきます。私たちの目が波のスペクトルをつかまえることができないのは、それら

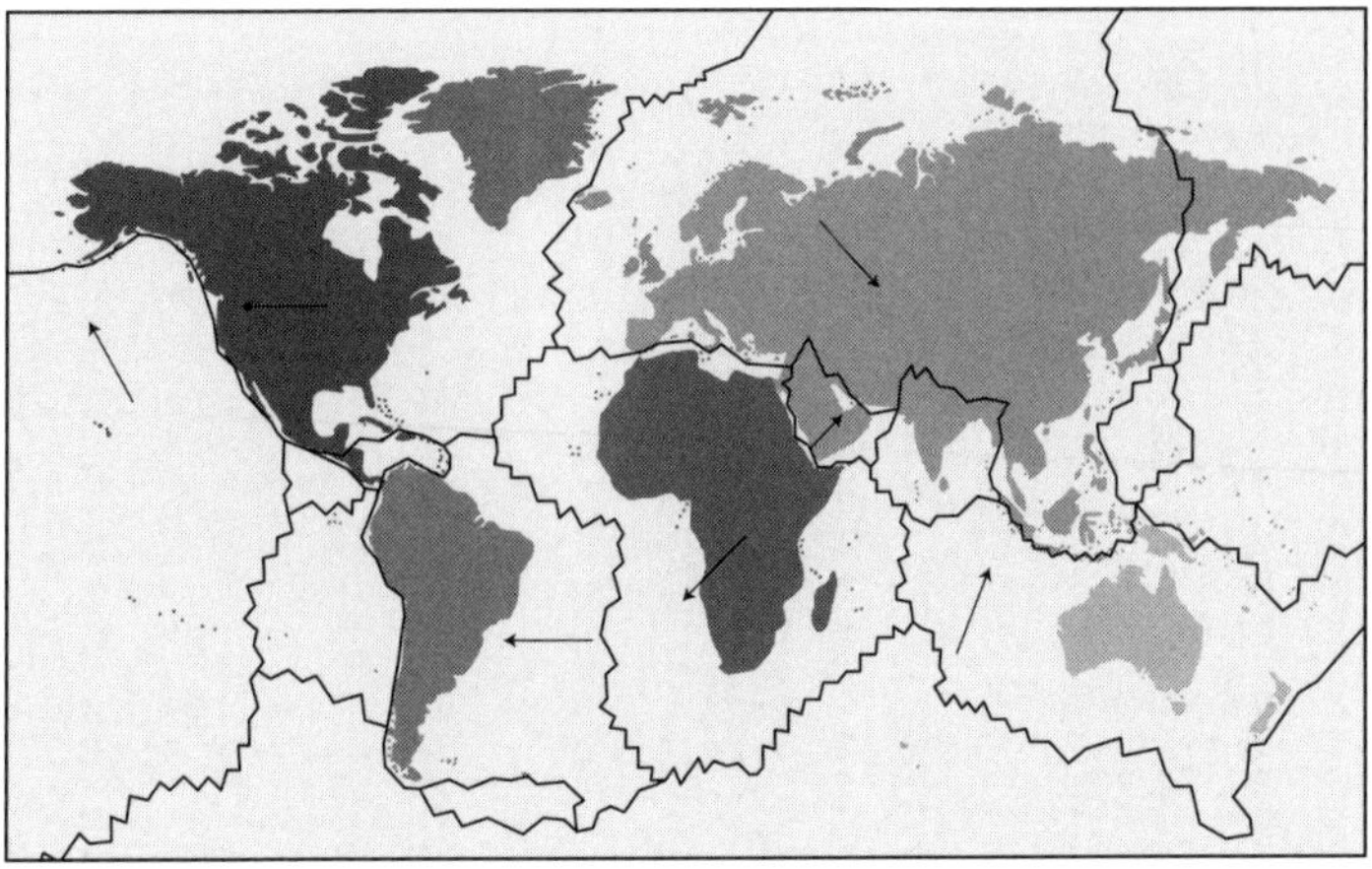

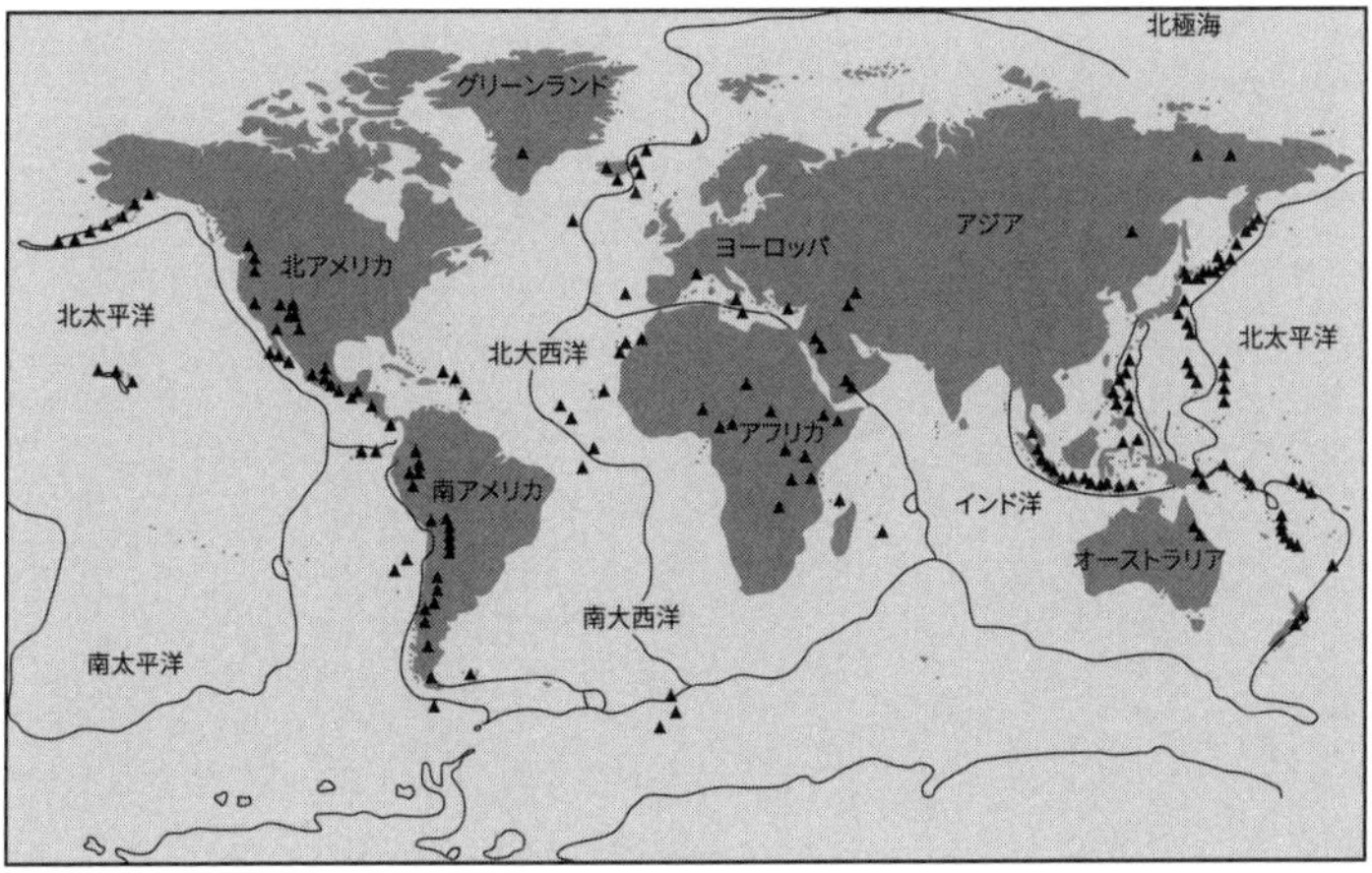

図1　地球のプレートテクトニクス　地球の地殻は、卵の殻のように割れてプレートと呼ばれる破片となります。プレートテクトニクス理論は、大陸がどのように動くのか、なぜ火山噴火や地震が起きるのか、どのように山脈が形成されるのかを説明してくれます。矢印はプレートが動く方向を示し、三角形の印はプレートが集まって地震が頻繁に起こる場所を示しています。

を見ることが何千年にもわたって私たち人類が生き延びる上で必要なかったからです。私たちのまつ毛にはダニが住んでおり、私たちの皮膚の上で細菌が這いまわっていますが、幸いなことに私たちにはそれらが見えません。

自然界の大部分は、精巧な道具をもってしても、いつだって科学者にとって未知のままであるし、そうでなくとも手出しできない状態であることは明らかです。人類は知を蓄積してきましたが、そのことを考えるためにこんな比喩があります。私たちの知識は巨大なものに見えますが、それは未知という海に浮かぶ島なのです。知識の島が大きくなればなるほど、その島が神秘的な未知の海と接する海岸線はより長くなります（この比喩は、ダートマス大学のブラジル系アメリカ人物理学者であるマルセロ・グレイサーが教えてくれました）。

人間が現実の全てを知り理解することはとてもできそうにありません。現実に対する理解は、私たちがおかれた状況に従って絶えず変化します。それでも、新しい知識を明らかにするという興奮が私たちを駆り立てるのです。私たちには、パターンを発見したり、自分たちの歴史と環境に意味を見出したりする、生来の生存本能があるようです。私たちは、宇宙における自分たちの位置付けについて驚くべき意識を発達させてきました。宇宙における私たちの位置付けについて人間が何を学んできたかの物語を語ること、そしてそのことを通じて、あなたが時間と空間の最大の地図の中で自分の場所を見つけられるようになること――これが本書の目的です。

ビッグヒストリーの物語の構成

どんな物語にも筋書きやテーマ、そして声、つまりある特定の人がその物語を表現する方法が必要です。ビッグヒストリーはフィクションではなく証拠に基づく現実の物語ですが、物語にまとめるためには、やはりこれらの機能が必要なのです。

簡単に言えば、この物語のテーマは、宇宙を含むあらゆるものが常に変化しているということです。今まで、宇宙は局地的に構造と複雑さが増大する方向に変化していると考えられてきました。ところが、これは物理学の法則である、宇宙全体はより無秩序になっていくという熱力学第二法則*に逆らうことになります（この法則について、詳しくは第3章「銀河と恒星」を参照）。

複雑さが増大するとは*、時おり何か全く新しいものが出現することを意味します。その新しいものとは、それ以前にあった個々の部分からは予測できなかったものです。それがより複雑なのは、より多くの部品がエネルギー*の流れによって結びつけられ、ある構造に配列されているからです。それはより多くの部分からなり、より多くのエネルギーを必要とするので、より脆いものなのかもしれません。

科学者は、この考えを**創発***と呼んでいます。科学者はまだこれを完全には理解してはいません。この考えは１９８０年代末に仮説として提唱されましたが、いくつかの証拠がそれを支持しています。

この仮説は以下のようなものです。科学者たちは、部分がある特定のやり方で配列されると、条件がちょうどよければ、そして増大するエネルギーがそれらの部分の間を流れれば、何か新しいものが出現すると考えています。科学者たちは、条件がちょうどよいことを表現するのに、**最適条件**あるいは**ゴルディロックス条件***という2つの用語を用いています。ゴルディロックス条件とは、イギリス童話「ゴルディロックスと3匹のくま」に由来するもので、熱すぎず冷たすぎず、大きすぎず小さすぎず、ちょうどよいことをいいます。

宇宙の物語を語る人々は、新しいものが創発するこれらの移行期間をどう呼ぶのか、またそうした期間がいくつあるのかについて、いまだ合意に達していません。それらは**移行**ないし**転換**と呼ぶこともできるでしょう。宇宙物理学者エリック・チェイソンのように、それらを**エポック**と呼ぶ語り部もいます。オランダの生物化学者で社会学者であるフレッド・スピールのように、それを**レジーム**と呼ぶ人もいます。それらを何とも呼ばず、物語の中でただ生ずるにまかせている人もいます。

ビッグヒストリーを深く学ぶと、その異なるバージョンを比較できるようになります。この本で私は、何か新しいものが出現する移行期に**スレッショルド**〔「敷居」の意味〕という用語を使うことにしています。この言葉は、デイヴィッド・クリスチャンが著書『時間の地図：ビッグヒストリー入門』で初めて用いました。この用語は、大きな変化が起こったと考えられる継続的な時間の流れを単に示すもので、それは時には数千年にもわたります。

スレッショルドという言葉はもちろん、その文字通りの意味〔敷居、閾《しきい》〕を超えた比喩的な表現です。時間をさかのぼったどこかに実際の敷居があるわけではありません。この用語は、新婚のカップルがこれから新しい生活をともに送る新居に入る時のように、新生活の扉の敷居をまたぐことの興奮と新鮮さを伝えるためのものです。もしあなたが中国に住んでいれば、この比喩は、新しいものの出現を抑えようとするものだと思ってしまうかもしれませんが、そうではありません。中国では伝統的に、悪霊が扉の下から侵入できないように地上から15～20センチの高さで敷居が作られ、新しい部屋に入るためにはその敷居を跨がなければならなかったからです。

本書では、ビッグヒストリーの物語は、新しいものが出現する8つの主なスレッショルドで構成されます。スレッショルドはもっと多くすることもできるでしょう。これら8つは複雑さの重要な跳躍を示すものであり、覚えるのに多すぎることはありません。それらはまた、8つのスレッショルドのうち3つを人間に与えることによって、人文科学にも場所を割り当てています。私が用いる8つのスレッショルドは以下の通りです。

1. ビッグバンの発生：宇宙の起源
2. 恒星と銀河の誕生
3. より重い化学元素の生成

4. 太陽系の誕生
5. 生命の誕生
6. ホモ・サピエンスの出現
7. 農業の始まり（有機エネルギー）
8. 工業化の始まり（化石燃料エネルギー）

本書では8つの各スレッショルドがそれぞれ1章かけて説明されますが、スレッショルド5（生命の誕生）だけは例外的に2つの章になっています。最後の2つの章では、私たちはいまどこにいるのか、未来の9番目のスレッショルドの可能性、そして人々がこの物語からどのように意味を見出すのかについて論じます。

あなたが疑問を抱くことも、本書を読み学ぶことの大切な一部です。それは科学者や学者の問いが新しい知識を発見する推進力となるのとよく似ています。各章を読む前に、そのトピックについて考えてみてください。どのような疑問が浮かびますか？　そのトピックについて、何を知りたいですか？　各章を最後まで読んだあと、どんな疑問がまだ残っていますか？　私は章ごとに、そのトピックについて科学者に残されている問い〔知のフロンティアにおける問い〕を挙げておきました。しかし、あなた自身の問いが、あなたにとって最も重要なのです。

深呼吸をして、未知の大海に飛び込みましょう――あなたの知識の島を築くために。この物語は、知識の枠組みを与えてくれるでしょう。あなたはこれから学ぶあらゆる新しい知識を、この知識の枠組みに整理して加えることができます。この枠組みは、宇宙に存在するあらゆるものがいかに結びついているか、そしてあなたがあなた以外のあらゆるものといかに結びついているかを示してくれるでしょう。

もしあなたがすでにもっている異なる知識の枠組み、たとえば宗教的なバックグラウンドからくる枠組みが、この自然主義的で科学的な枠組みと衝突した時にはどうすればよいでしょうか？　もしあなたがビッグヒストリーの授業を履修しているなら、そうした問題について先生やクラスメイトと議論することができます。もしあなたがひとりでこの本を読んでいるなら、あなたの両親、友人、牧師や聖職者と議論することができます。科学的枠組みと宗教的枠組みを結びつけることが可能だと考える人はたくさんいます。

ビッグヒストリーは、人間にとって最も興味深い多くの問いと関わっています。この世界はどこから来たのか？　世界は何からできているのか？　世界をまとめているものは何か？　私はどこから来たのか？　私がここで行っていることは何か？　人間はどんな種類の生き物か？　私たちはお互いに、そして世界に対してどうふるまうべきか？　今まさに起きている重要なことは何か？　世界はどこに向かっているのか？　ビッグヒストリーを学ぶ人々が、人間にとって決定的に重要なこれらの問いについて語り合うことによって、ビッグヒストリーはまさに楽しさと意味にあふれるものになるでしょう。

エリック・J・チェイソン：宇宙進化の設計者

大胆な宇宙物理学者であるチェイソンは、あらゆるスケールで複雑性の度合いを推計しました。

全宇宙史の統一的なパターンを思いついた人は誰だと思いますか？　そうしたスケールで考える基盤を与えてくれるのは、どのような学問分野でしょうか？　そう、その人は宇宙物理学者のエリック・チェイソンで、彼は宇宙進化のパターンを理解するために、物理学、天文学、生物学を結びつけました。

チェイソン（1946年生まれ）は、マサチューセッツ州ローウェルでデイヴィッド・クリスチャンと同じ年に生まれました。チェイソンはカトリックの小学校に通いましたが、そこは彼の母、そして1890年代にアイルランドから移住してきた母方の祖母も通った学校でした。高校卒業後、チェイソンはマサチューセッツ大学ローウェル校に進学し、その後ハーバード大学で1972年に博士号を取得しました。最初は原子物理学（原子の物理学）を修め、その後宇宙物理学（天体の物理学）に転向しました。

チェイソンはハーバード大学、ジョンズ・ホプキンス大学、タフツ大学で教えました。また、1970年代にはアメリカ空軍のジェットパイロットも務めています。彼は1981年、35歳の時に全宇宙進化を統一的な物語にまとめ出版しました。彼はそれに『宇宙の夜明け：物質と生命の起源』という題名をつけました。妻のローラ・チェイソンは、時間の矢が7段階で140億年を進むイラストを描いています。チェイソンは、複雑性が時とともに増大していくパターンを示し始めたのです。

チェイソンは研究と教育に情熱を注ぎ、また宇宙進化について一般市民向けの教育も行いたいと思っていました。彼はボストン近郊にあるタフツ大学ライト科学教育センターのセンター長に就任しました。また重要な著作の執筆も続けました。そのうち2冊は天文学の教科書で、1993年、1995年に出版され、うち1冊は米国の大学で最も広く使用されており、現在8刷と版を重ねています。宇宙進化の数学についての研究を19年間重ね、2001年には複雑性を技術的・定量的側面から計測する方法を開発しました。彼はそれを**エネルギー流量密度**と呼び、システムごとの1秒・1グラム当たりのエネルギーの流れとして概算しました。全ての測定値を同じ単位にすることで比較が可能となり、時間の経過とともに複雑さとエネルギーの流れが増大することを示すことができたのです。この考えを多くの雑誌論文で専門家に説明した後、彼は一般市民向けに『進化の叙事詩：宇宙の7つの時代』（2006年）という本を書きました。

ハーバード大学のチェイソンによるマルチメディア・ウェブサイト「ビッグバンから人類までの宇宙進化」（https://lweb.cfa.harvard.edu/~ejchaisson/cosmic_evolution/docs/splash.html）でたくさんの情報を得ることができます。また、2007年に彼がダナ・ベリーと作成した動画「時間の矢」も見てください。

ビッグヒストリーの簡潔な予告編

手始めに、本書で用いられる8つのスレッショルドの短いあらすじを以下に示しておきましょう。

スレッショルド1：この宇宙は138・2億年前に突然出現しました。それは最も古い恒星の年齢から分かります。また宇宙がどれくらいの速さで膨張しているかを計測することができ、そしてそこから過去の出来事を推測することができます。宇宙は初めのうちあまりに高温だったので、原子の素粒子は結合することができませんでした。ビッグバンから約38万年後に、単純な原子（水素*、ヘリウム*）が生成し始めました。宇宙は次第に冷え、今に至るまで膨張し続けています。

スレッショルド2と3：水素は陽子１つと電子１つをもつ最も単純な原子です。宇宙の出現から7億年後〜20億年後の間に、水素ガスの雲から恒星と銀河が生成し始めました。恒星は、燃焼し爆発することでより複雑な原子を作りました。高温によってより多くの粒子が融合し、炭素や酸素などの複雑な元素を生み出して、それらがのちに新しい惑星の材料となりました。そして、少なくとも１つの惑星において、それらの元素が結合してついに生命を生み出しました。

スレッショルド4：私たちの太陽は平均的な大きさの恒星です。太陽は、私たちの銀河である天の川銀河*で45億６０００万年前に生成しました。その約１億年後に、太陽の重力*がガスの雲を吸収して燃え始めると、残された物質がくっついて太陽系の８つの惑星を形成しました。地球は内側から3番目の岩石惑星*で、太陽からちょうどよい距離にあるため、部分的に固体で部分的に溶けているのです。

スレッショルド5：地球の生成から約10億年後に、生命が単細胞細菌として出現しました。光合成*を行う細菌が酸素を大気中に排出し、そのことにより生命を紫外線から守るオゾン層が形成されました。最も古い細胞の化石は34億9千万年前のものと推定されています。細菌は10億年以上を経て、10〜20億年前に多細胞生物へと進化しました。

スレッショルド6：多細胞生物はおそらく20億年前に出現しましたが、その後約6億年前に驚くべき多数の動植物が突然現れました。現代の人間（ホモ・サピエンス）*は、チンパンジーやボノボとの共通祖先から約600万年前に分かれた後、約20万年前に出現しました。私たちは、その歴史の95％を狩猟採集民として暮らし、比較的安定した人口を保ちながら、地球およびそのシステムと調和して生きてきました。

スレッショルド7：約1万年前に温暖で安定した気候が始まりました。人間は植物と動物の栽培飼育化を始め、余った食料を保存する方法を発見しました。これによって人々は、人口の密集した都市*に住み、文明*の特徴である専門の職業、国家*、階層、文字、後世に残る芸術を発展させられるようになりました。

スレッショルド8：工業化と化石燃料*を燃やすことを基礎とする私たちの現代生活は、わずか250年間のことでしかありません。この短い間に私たちの人口は7億5000万人から74億人に増えました。私たちは現在、自分たちが依存している地球と地球システム*を変えつつあります。

どうしたら138・2億年という時間の長さを自分の頭で理解できるでしょうか？　年表を作

る方法はたくさんありますが、ここでは簡単な方法を紹介します。スコッティの1000シートのトイレットペーパーを2つと、その4分の3だけになったものを1つ準備してください。前もってトイレットペーパーを部屋中に広げていく計画を立てておいてください。あるいは、散らかるのを避けるために、それを広げた様子を頭の中で想像しておきましょう。各シートは500万年に相当します。1000シートあるロール1つが50億年で、これが私たちの太陽系の年齢です。3つ目のロールの最後のシートが、人類の全歴史と人間がチンパンジーとの共通祖先から進化してきた歴史の合計になります（このアイディアを教えてくれた、ノースカロライナの科学教育者であるルーシー・ラフィットに感謝します）。

人間は宇宙時間のほんのわずかな一部にすぎず、現代人の生活は人類の生活のほんの一部でしかありません。宇宙の文脈ではこのように見えます。あなたはどんな問いの答えをビッグヒストリーに期待しますか？

フレッド・スピール：ビッグヒストリーの理論家

初めは生化学者で、のちにアンデスの村人たちについての研究で人類学者となったスピールは、ビッグヒストリーの構造を明らかにしました。

フレッド・スピール（1952年生まれ）はオランダの生化学者、人類学者、歴史社会学者です。彼はオーストラリアのデイヴィッド・クリスチャンの講座の話を聞いた後、1994年からアムステルダム大学で開講する講座を準備しているときに、ビッグヒストリーの構造を発展させていきました。それから12年間かけて、スピールはビッグヒストリーの基礎となるパターンを明らかにし、それは現在、幅広く用いられています。それは、ビッグヒストリーは、あるほどよい環境のもとで、エネルギーが流れ、複雑さが増減することで機能するというものです。

スピールの父ヘンリ・ルイス・スピール（1913―2002）はユダヤ人で、彼は第二次世界大戦後に潜伏生活を終え、プロテスタントの女性マルガレータ・ジェイコバ・ワルラヴェン（1923年生まれ）と結婚します。フレッドの父はまれに見る視野の広い物理化学者で、フレッドは今でも父に強く共鳴しています。母は弁護士で、彼女もまたフレッドの人生に大きな影響を与えてきました。

16歳の時、フレッドは**アポロ**計画の月面探査の写真を目にします。特にその中の1枚は、月の端から地球が昇っている写真でした。彼は自分が見たものに驚き魅せられ、それらが彼の知っていること、あるいは分かっていると思っていたことを何もかも変えてしまう可能性をもっていることに気がつきました。

フレッドの父方の祖父レヴィ・ジョセフ・スピール（1866―1944）は上質な織物で成功した商人でした。彼は、ヘンリエッテ・ハートグ（1887―1945）と結婚しましたが、彼女はさらに成功した事業家の娘でした。そのおかげで、子どもたちに最高の教育を受けさせ、世界史と宗教に関する古文書を収集することができました。L・J・スピールは第二次世界大戦中に病死し、妻のハートグも戦後まもなく亡くなります。スピールが祖父の蔵書コレクションを調べる時間を作れたのはつい最近のことです。

父の科学者としての歩みをたどるように、スピールはアムステルダムのライデン大学で生物化学の修士号を取得しました。専攻は植物の遺伝子工学*でした。

しかし、スピールの思いは科学の中だけにとどまりませんでした。彼は次第に環境問題に関心をもつようになり、自分の進路を変えました。環境保全型農場で働き、自分の目で世界を見ようと中東、アフリカ、インドを旅します。1980年代初頭のオランダでは、環境研究はまだアカデミックな学問分野としては存在していませんでした。スピールは、過去の人々が生態系をどう扱っていたかという問いを追究しようと、文化人類学に転向しました。彼は、アンデス山脈の中にあるペルーの比較的伝統的な村を選び、現地の農民は宗教的思想を通して生態学的な思考を表現しているのではないかと考えて研究しました。彼は1992年にアムステルダム大学で文化人類学の博士号を取得し、ペルーの村に関する本を2冊書き、好評を博しました。

一方で、スピールの念願の計画が1992年に動き始めました。アムステルダム大学の社会学教授ヨハン・ゴウズブロムはオーストラリアのシドニーへ行った際、デイヴィッド・クリスチャンのビッグヒストリー講座を知り、アムステルダム大学に同様の講座を開設しようとスピールを誘ったのでした。最初の講座は1994年に始まり、それ以降スピールは、さらにアイントホーフェンとアムステルダムの2つの大学でビッグヒストリーの講座を開講しました。彼は現在、アムステルダム大学でビッグヒストリーの上級講師を務めていて、他の分野よりもむしろビッグヒストリーで世界的に知られた唯一の教授になっています。

スピールが1995年から1996年にかけてビッグヒストリーの構造について最初の本を書いた時、その本は彼らのビッグヒストリー講座の構成に基づいていました。この本の中でスピールは、物質を通るエネルギーの流れが複雑性をもたらすが、これは熱力学第二法則に反していることを示唆しました。当時、スピールはまだエリック・チェイソンの考えについて何も知りませんでした。

1996年、スピールはニューメキシコ州サンタフェのサンタフェ研究所に招かれました。そこで人々は複雑性と適応系についての最新の考えについて議論していました。後になってスピールは、ゴルディロックス条件下ではエネルギーの流れが大きくなると複雑性が増大するという考えを体系的に発展させることができました。ビッグヒストリアンは、このビッグヒストリーの基礎となるパターンを明快に示してくれたスピールの恩恵を蒙《こうむ》っているのです。

スピールは2012年、国際ビッグヒストリー学会の初代副会長となり、2014年から2016年まで会長を務めました。2010年には彼自身の理解に基づくビッグヒストリーについての著書『ビッグヒストリーと人類の未来』を発表し、2015年には改訂して第二版を出しています。彼はツイッター〔現、X〕のアカウントをもっていて、ビッグヒストリーに関する新たな発見について定期的に発信しています。https://twitter.com/bighistory (@Big History) でフレッド・スピールについて参照してみてください。

第2章

ビッグバン

スレッショルド1

138.2億年前

物質——あらゆるもの——はどこから来たのか？　これが本章における問いです。どの文化においても、人間は常にこの問いを追求し続け、そして創造についての物語でそれに答えてきました。それらは**創造神話**や**起源物語**と呼ばれています。

論理的には、万物がどこから来たのかという問いには2つの答えがあり得ます。それは万物に始まりがあるか、それとも始まりはなく、常にずっと存在していたのかのどちらかです。そしてこの問いはいつの時代にもありました。

20世紀*の科学者はこの両方の答えを可能性のあるもの、つまり仮説として検討していました。証拠を集めると、片方の仮説が勝利をおさめることが分かりました。宇宙のあらゆるものには実際に、ある始まりがあったようなのです。科学者たちは、この始まりのことをビッグバンと呼んでいます。

ビッグバン理論の物語

20世紀初め、科学者たちは私たちの周りを取り巻く宇宙が静的で変わらないものと信じていました。宇宙は動くことも変化することもないと考えていたのです。科学者は宇宙がどれくらい大きいのか分からず、私たちの銀河である天の川が唯一の銀河であると考えていました。

その後、1920年代末に、エドウィン・ハッブル（1889－1953）という天文学者が思いがけない発見をしました。カリフォルニア州ロサンゼルス近郊にある新しい巨大望遠鏡と多くの天文学者から得たデータを用いて、他にもたくさんの銀河があることを発見したのです。それらの銀河は、私たちに近いものを除いて、互いに遠ざかるように動いていました。2倍遠くにある星は、2倍の速さで遠ざかっていました。

このニュースは、科学界に瞬く間に広がりました。ベルギーの天文学者でカトリック神父のジョルジュ・ルメートル（1894－1966）が、この新しい観察結果から論理的な推論を行いました。もし宇宙が時の経過とともに大きくなっているのなら、以前にはもっと小さかったはずです。時をさかのぼれば、ついには宇宙のあらゆるものが押しつぶされてたった一つの点になる瞬間に到達するでしょう。

このアイディアはあまりに奇妙なものだったので、科学者はハッブルを含めて受け入れることに消極的でした。彼らは、星の研究から最小の粒子の研究に移らなければなりませんでした。ロシア生まれのアメリカの科学者ジョージ・ガモフ（１９０４－１９６８）は、もし宇宙がある一点から始まったのなら、その始まりでは宇宙はあまりに高温なためにどんな原子も生成しないことに気がつきました。宇宙はおそらく熱エネルギーの中で飛び回る亜原子粒子（原子よりも小さい粒子）からなるガス状のどろどろしたものからできていました。光はそのどろどろしたものを通り抜けることができませんでした。

もし宇宙がその始まりにおいてそれほど熱かったのであれば、膨張するにつれて宇宙は次第に冷えていったに違いありません。そして、亜原子粒子が原子を形作るのに十分なほどに宇宙が冷めた時があったはずです。ガモフとその同僚たちは、もしそれが起こったとしたら、帯電した亜原子粒子の中で光が邪魔されずに空間を動くことができたことで、光の大爆発があったのではないかということに気がつきました。彼らは、宇宙空間にその光の何らかの名残があるはずだと予測しました。

約20年後、物理学者はこの光の名残を探す方法を考え始めました。２人の電波天文学者が、今から50年以上も前の１９６４年に偶然にそれを発見したということを信じられるでしょうか？

アルノ・ペンジアス（１９３３年生まれ）とロバート・W・ウィルソン（１９３６年生まれ）は、ニュージャージー州のホルムデルで、以前は衛星通信に使われていた巨大なマイクロ波アンテナを組み立てようとしていました。彼らは雑音を全て取り除きたかったのですが、あらゆる方向からやってくるエネルギーの雑音が聴こえ続けて、どうしてもそれを取り除くことができませんでした。彼らはあらゆることを試み、アンテナについた鳩のフンの掃除までしましたが、効果はありませんでした。

ペンジアスとウィルソンは、48キロ離れたプリンストン大学にいる物理学教授のロバート・ディッケ（1916－1997）に連絡しました。ディッケは、ガモフのビッグバン理論が予言した太古の光エネルギーの閃光を2人が見つけたのだということがすぐに分かりました。彼のチームも、まさにそれを探し始めようとしていたのです。「私たちは先を越された」と彼は電話の受話器を置いてからそう言いました。130億年にわたる宇宙の膨張により、光は長く低周波のマイクロ波に引き伸ばされていました。それは人間の目には見えませんが、地球にあるアンテナから検出できますし、地球の大気が信号のほとんどを遮るので、宇宙空間の衛星からはもっとはっきりと検出することができます。

多くの科学者たちは、この証拠はビッグバンのアイディアを仮説から理論へ進めるのに十分であると考えました。世界中の主だった科学者が、この証拠の最良の解釈としてビッグバン理論を受け入れていきました。

ビッグバン理論によれば、宇宙は138・2億年±数百万年前に出現しました。その瞬間には、観察可能な宇宙のあらゆるものが原子の大きさよりも小さい一点に凝縮されていて、そこは考えられないくらい高い温度でした。

その全エネルギーがどこから来たのか、ビッグバンの前に何があったのかについて科学者は分かっていません。彼らは、私たちの知っている時間は、ビッグバンの瞬間から始まったのだと言っています。

ビッグバン以降、宇宙は膨張し冷えていきました。現在も膨張と冷却は進んでいます。科学者の間では、宇宙はこのまま膨張・冷却を続け、ついには全エネルギーが散逸して、無限の宇宙空間に亜原子粒子の散らばった雲が残されるだけになるのではないかと考えられています。これらの粒子ですら、いずれ蒸発すると予測されています。

不思議な起源物語はいかがでしたか？　不思議ですが、これまで知られている観察結果と一致しています。宇宙の最初の数年の物語を語る前に、いくつかの基本的な言葉の意味を確認しておく必要があります。

5つの基本的な言葉

天文学と物理学の基本的な言葉や概念を定義するのはとても難しいことです。それはおそらく、定義するために使えるさらに基本的な言葉や概念がないからでしょう。科学者は古い言葉を用い、新しい言葉を編み出して、それらを定義しなければなりません。

例えば、**エネルギー**、**物質**、**質量***、**光**、**時空***という言葉を取り上げてみましょう。これらは現在どんな意味をもっているでしょうか？
エネルギーと**物質**という言葉は、2500年前のギリシア哲学にまでさかのぼることができます。今日、**物質**とは「空間を占め質量をもつ物理的実体」のようなものを意味しています。**エネルギー**とは「力を行使する能力」であり、これは物質を動かしたり形作ったりする力のことです。

エネルギーと物質は異なるもののように見えますが、この2つはお互いに変換可能です。核爆弾の内部や恒星の中心のような熱の極度の高温状態において、物質はエネルギーに変わることができます。アルバート・アインシュタイン（1879－1955）は、このことを彼の有名な公式$E=mc^2$に定式化しました。ここでEはエネルギー、mは物質で、cは宇宙で最も速いものである光の速さです。光の速さは巨大な数なので、この公式はわずかの物質でも莫大なエネルギーに転換できることを意味しています。逆に言えば、わずかの物質を作るためにたくさんのエネルギーが必要です。

アイザック・ニュートンは、17世紀に**質量**という用語を導入しました。これはものの物質量の尺度で、今日では原子核*にある陽子と中性子*の数で測ります。質量は重さではありません。重さは、物体に働く重力の大きさです。例えば、あなたの質量は地球と月の上で同じですが、月の重力は地球よりもずっと小さいため、あなたの重さは同じではありません。**質量**は科学者たちが世界を記述するために作り出した語彙の一つです。

光は、今日の考えでは、エネルギーの一形態であると考えられています。光はとても神秘的で、真空中で秒速約30万キロメートルと、宇宙で最も速いものです。光はエネルギーをもっていますが、質量はありません。光は粒子の性質をもつ波として描くことができます。この粒子は光子*として知られています。光子には質量や電荷はありません。光子は質量のないエネルギーの束であると言い換えられます。

光は電磁放射線の可視部分です（電磁気力*は基本的な力で、そこでは電場と磁場が空間を移動する際に相互作用します）。電磁放射線は、波長のスペクトルによって、短い方から順にガンマ線、エックス線、紫外線、可視光線（光）、赤外線、マイクロ波、電波があります。天文学者はさまざまな光の波長に合わせて調整されたいろいろな望遠鏡を用います（図2「電磁放射線の波長」を参照）。

時空という用語は、アインシュタインの物理学からきています。時空という言葉は、3次元の空間と時間は別個の存在ではなく連続体を形成していることを意味しています。空間は物質とエネルギーがあることによって曲がり、その歪みが空間と時間の流れの両方を変化させます。時間は空間の一部としてしか存在しません。

基本的な言葉の意味がなんとなく分かってきたところで、話を続けましょう。

最初の1秒

私たちは時間がゼロだった時（t=0）まで物語をさかのぼることはできません。その瞬間はい

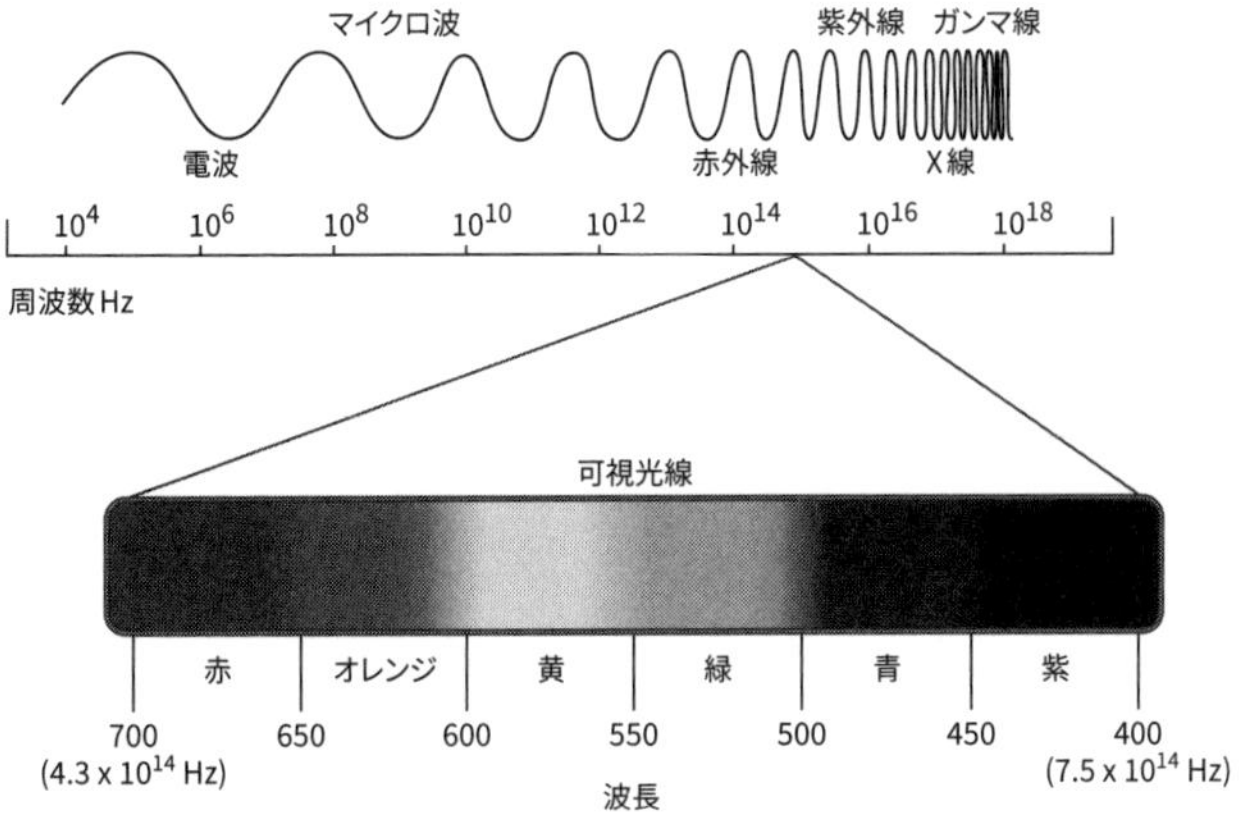

図2　電磁放射線の波長　電磁波はいつも私たちを取り囲んでいます。電磁波は電荷が加速する時にはいつでも生成されます。電磁波は周波数によって名前が異なります。この図は、最も遅いもの（毎秒数千サイクル）から、最も速いもの（毎秒10^{18}サイクル）までの周波数のスペクトルを示しています。

まだに科学的理解を超えており、その瞬間に全てがどこからやってきたのかは、あらゆる謎の中でも最大の謎です。宇宙の最初の１秒が、私たちの運命を決めました。もし宇宙が誕生したまさに最初の１秒間で行ったようなやり方で物質が形成されなければ私たちの誰も今日ここに存在しなかったでしょう。

t=0の直後、宇宙があまりに熱かったため、エネルギーと物質は区別できなかったと考えられています。この最初の瞬間は、発射物が中心から発射されるような爆発ではありませんでした。むしろ、空間自体が燃え上がるように拡大したのです。

最初の１秒の10億分の１の10億分の１の10億分の１秒後に、宇宙は非常に急速に膨張したと考えられています。天文学者は、この期間を**インフレーション**と呼んでいます。そこから1秒の10億分の1の10億分の1の10億分の1秒後に、若い宇宙は現在の天の川銀河と同じくらいの大きさにまで成長しました。

まだ最初の数分の1秒しか経たないうちに、宇宙の膨張はゆるやかになり、4つの基本的な力が現れました。重力、電磁気力（そこには電気、磁気、それからあらゆる形態の光が含まれます）、そして原子の内部でのみ作用する2つの力（強い力*と弱い力*）です。ボソンと呼ばれる粒子が、この4つの力のうち3つを運んでいます。

（重力を運ぶ粒子はまだ発見されていません。それは存在することが予言されており、すでに**グラビトン**〔重力子〕という名前が付けられています。物理学者はいつの日かそれが発見されることを期待していますが、今までのところ重力を満足のいくように説明できていません）。

加えて、何らかの未知のエネルギーが赤ちゃん宇宙を押し広げていました。天文学者は、1999年に、宇宙の膨張率がこの数十億年間に増大してきたことを発見し、この種のエネルギーがあるに違いないことに気がつきました。このエネルギーは、重力の作用に逆らって宇宙を押し広げる何らかの**反重力**と考えられます。天文学者はこの仮説的なエネルギーを**ダークエネルギー***と呼んでいます。というのは、その現象は検出できるのですが、その正体は分からないからです。科学者は、これが宇宙に存在する全てのものの約70%を占めていると考えています。

まだ最初の数分の1秒のうちに、空間が膨張し宇宙が冷却するにつれて、エネルギーが凝縮して最初の質量となりました。この最小の粒子は、クォーク、レプトンなどと呼ばれています。最初の1秒のうちに、クォークは陽子と中性子になりました（次節を参照）。

もしこれだけでは十分不思議なことと思えなくても問題ありません。宇宙が存在した最初の1秒には、他にも不思議なことが起こっています。最初の物質を構成していた粒子が恐ろしいほど高温の中をビュービューと飛び始めた時、同数の反粒子*も出現したのです。それらは粒子としては同じものでしたが、反対の電荷を持っていました。

反粒子が粒子と衝突すると、両方とも消滅してしまいます。双方が崩壊して電磁放射線となり、光の光子がエネルギーをもち去りました。最初の1秒には、ほぼ同数の粒子と反粒子がありました。しかし、消滅後には少数の粒子が残りました。10億組の粒子と反粒子ごとに1つの粒子が残ったと科学者は推計しています。なぜ宇宙には反粒子より粒子の方が多いのでしょうか？　これは物理学における未解決の難問です。しかし、これらの残った粒子が、宇宙のあらゆるものを形成する粒子なのです。

加えて、光と相互作用しないために科学者が**ダークマター***と呼んでいる物質が生成した可能性があります。恒星と銀河の動き方が目に見える物質の重力では説明できないので、天文学者はその存在を信じています。おそらくダークマターは宇宙の最初の1秒の間で発生したと思われますが、それは誰にも分かりません。ダークマターは宇宙の約25％を占めていると推計されています。分かっている物質の量は宇宙の残り5％以下で、これは通常物質、原子物質、あるいはバリオン物質と呼ばれています。

次の20分間

ビッグバンの約3分後までに、温度が下がって陽子と中性子が結合し、原子核となりました。まだ原子はなく、陽子と中性子がくっついているだけで、電子は回っていません（陽子 proton と光子 photon とを混同しないように。陽子は原子核の一部ですが、光子は光の粒子です）。

原子は核の中に陽子と中性子があり、電子が周りを回っていますが、陽子と電子がくっついて原子を形成するにはまだ熱すぎるのです（詳しくは次節を参照してください）。当時の宇宙はプラズマ*と呼ばれるガス状の状態で、これが約30万年続きました。出現した物質の粒子（陽子、中性子、電子）は、プラスの電荷をもつ陽子、マイナスの電荷をもつ電子、そして光の相互作用によって生み出されたパチパチというエネルギーの中を飛び回っていました。光の光子は、この混合物から逃れることができませんでした。光子は電荷をもつ粒子、特に電子に巻き込まれ、自由に動くことができなかったのです。

このように考えてみてください。飛び回っている時は、衝突する電子と陽子がときどき十分にお互いを引きつけ結びついて原子になろうとするのですが、放射線からの光子が電子にぶつかって、その結びつきを壊してしまうのです。全ての粒子がエネルギーをさらに失ってはじめてその結びつきが続くようになりますが、それは宇宙がもっと冷えた時に起きるのです。

今日、プラズマ状態は恒星の中心に存在します。そこでは温度が十分に高いので、初期宇宙の状態と同じように、原子がばらばらになってガスのような状態が作り出されています。

これはまさにシチューですね！　この状態から138・2億年後に何がもたらされるかを、誰が予測できたでしょうか？

最初の38万年

プラズマ状態は約30万年間持続しました。それから次の5万年間に、宇宙では大きな変化が起きました。現在の太陽の表面より少し低い温度まで下がったのです。そう、宇宙全体はそれほど熱かったのです。

温度が低くなると、光の光子はエネルギーを失い、亜原子粒子の揺れの激しさが低下しました。揺れが少なくなると、正反対の電荷をもつ陽子と電子が結合できる時がやってきました。プラスに帯電した陽子、もしくは中性子と結びついた陽子が、マイナスに帯電した電子と結びついて最初の原子を形成しました（図3「初期宇宙の各区間」を参照）。

最初に生成した原子は、2つの最も単純な原子である水素とヘリウムでした。水素原子1個には、陽子1個と電子1個があります。ヘリウムは原子核の中に陽子2個・中性子2個があり、電子2個がその周りを回っています。初期宇宙における原子の割合は、質量の約75％が水素、25％

がヘリウムで、比較的不安定なリチウムがごくわずかにありました。リチウムには陽子、中性子、電子が3つずつあります（数量的には水素が初期宇宙の約90％でした）。

原子の構造は、太陽とその惑星にある程度似ていて、はるかに小さい大きさの電子が、陽子と中性子の大きな原子核の周りを回っています。各原子には同じ数の陽子と電子があるので、電荷は相殺されます。陽子は電子の約2000倍の質量があります。中性子には電荷はなく、ほんの少しだけ陽子より質量が多くなっています。中性子は陽子と一緒に詰め込まれて原子核を形成し、原子核が原子の質量の99・9％を占めます。強い力によってお互いに引き付け合っているので、本来はお互いに反発しあう陽子を結合させるのに中性子は役立っています。それゆえ2つ以上の陽子をもつ全ての原子は、結合を保つために原子核の中にいくつかの中性子をもっているのです（図4「原子はどのような姿をしているか？」を参照）。

ここにもう一つの驚くべき事実があります。太陽系と同じように、原子もほとんどが何もない空間なのです。水素原子の内部を想像するために、地球の中心にバスケットボール大の陽子1個があると考えてみましょう。そうすると電子はサクランボの種の大きさになります。それが地球大気圏の果て、地球の表面から約100キロメートルの高さのところで陽子の周りを回っているのです。残りは何もない空間です（ビッグヒストリープロジェクトによります）。

小さな電子は原子核の周りをある種の雲のように常に動いています。その軌道は殻と呼ばれています。最も内側の殻は、2つの電子しか入れることができません。次の殻には8個、その次の

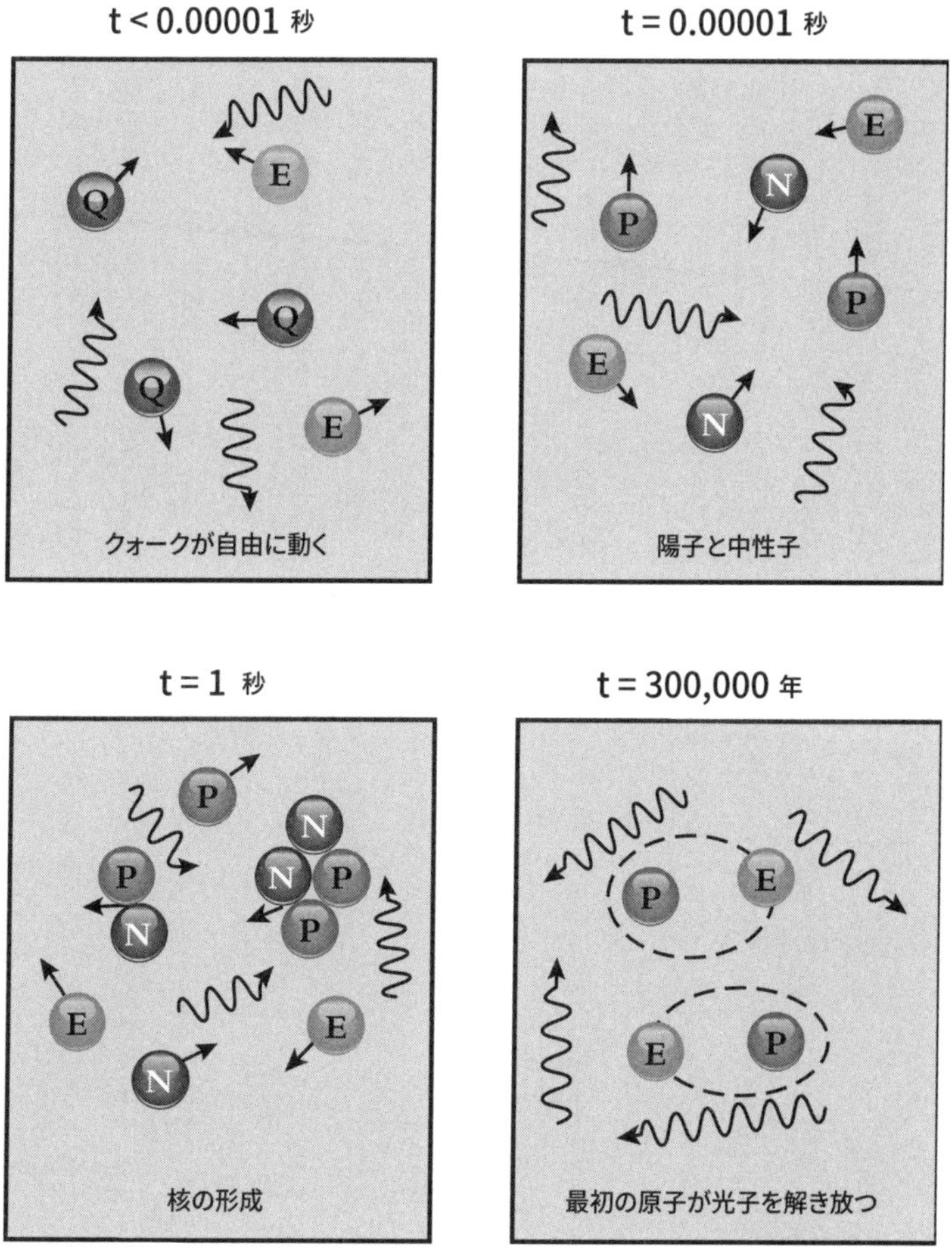

図3　初期宇宙の各区間　上のイラストは、0.00001秒未満、0.00001秒、1秒、30万年の4つの時間の区間で発生した物理的過程の進展を示したものです。波線は光子を表しています。〔Ⓔ電子、Ⓠクォーク、Ⓟ陽子、Ⓝ中性子を指す〕

殻には18個までそれぞれ電子を入れることができます。いちばん外側の殻が埋まっていない時には、分子*を形成することができます（この過程については第4章をみてください）。電子が何をしているかを正確に描くことはできません。なぜなら電子は決められたやり方でふるまうわけではないからです。電子には量子運動の法則が当てはまります。電子はある比較的安定した軌道から別の軌道に飛び移ることができますが、軌道間の電子の位置は予測できないのです。ここで太陽と惑星の比喩は当てはまらなくなります。

原子のほとんどが何もない空間なら、物体はどうして詰まっているように感じられるのでしょうか？　それはもろもろの力、結合、そして場があらゆるものを保持することで、物体を詰まっているように感じさせているからです。

前に述べたように、光には電荷はありません。陽子、中性子、電子が結合して原子を作ると、光子はもはやそれらの電荷によって巻き込まれなくなります。光子は巨大な閃光として空間を自由に動きます。

その閃光は、すでに述べたように2人の電波天文学者によって検出されました。アルノ・ペンジアスとロバート・W・ウィルソンは、**宇宙背景放射**（CBR）*または**宇宙マイクロ波背景放射**（CMB）と科学者たちが呼ぶものを発見しました。この背景波は冷却化した光の残光で、最初の原子が現れて光（光子）が自由に動けるようになった時から、宇宙のいたるところに存在しています。

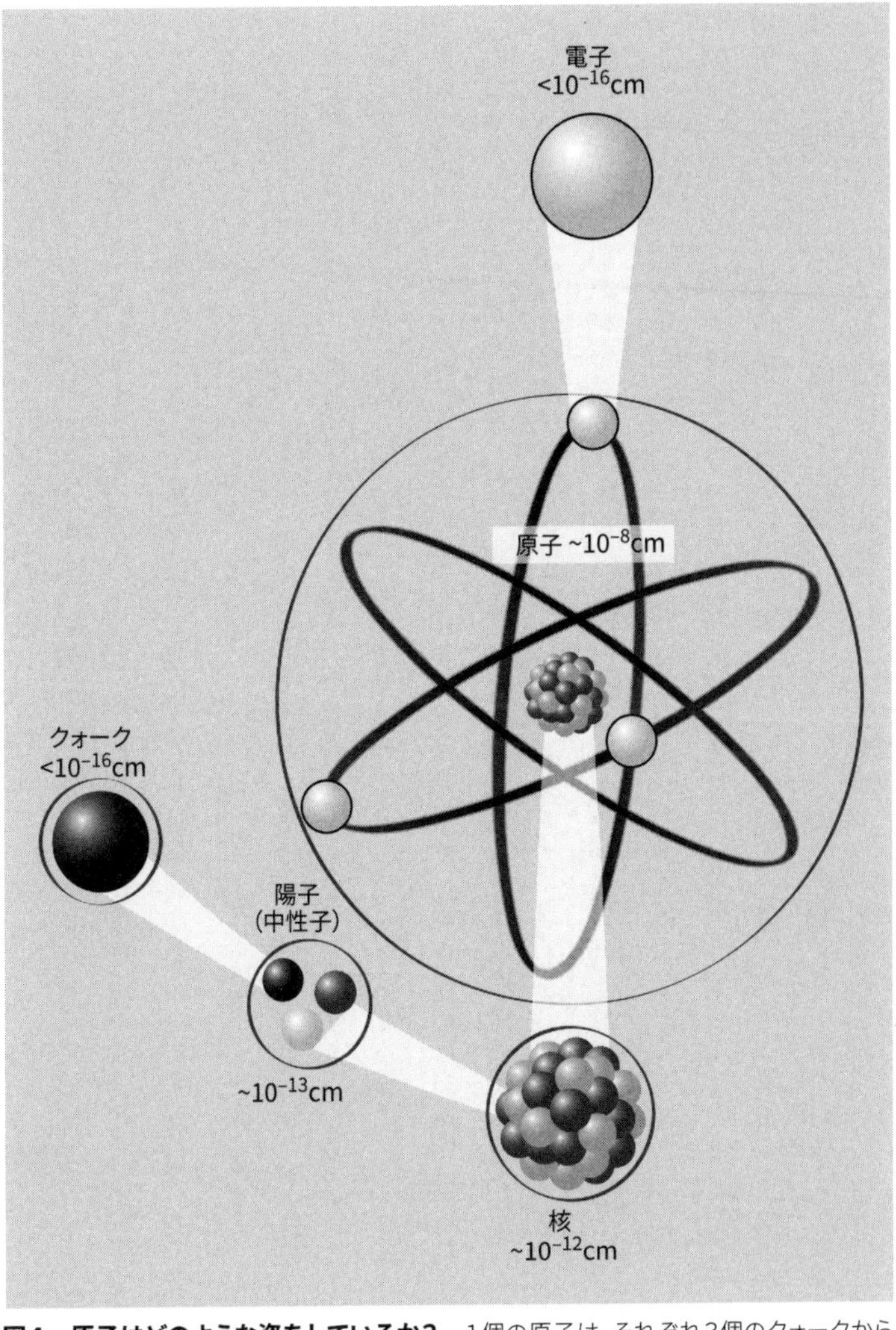

図4　原子はどのような姿をしているか？　1個の原子は、それぞれ3個のクォークからなる陽子と中性子で作られる原子核と、その周りを回る電子の雲によって構成されています。

それほど前に存在していたものをどうして見ることができるのでしょうか？　それは何かが遠くにあるほど、放射線が私たちのもとに到着するのが遅くなるからです。私たちはそこに、そのはるか昔の姿を見ているのです。例えば、もし私たちが３０００光年離れた星の爆発を見たとしたら、その光が私たちのもとに到達するまでに３０００年かかるわけですから、その爆発は３０００年前に起こったことになります（１光年は光が１年間に進む距離です。１光年は約９・５兆キロメートルに相当します。これは、もし太陽系の端にある巨大なオールトの雲*〔太陽系の一番外側を取り囲んでいる球殻状の微惑星群〕を計算に入れなければ、太陽系の大きさの５００倍以上です）。

現在私たちのところに届いているＣＢＲは、ビッグバンの38万年後から約１３８億年の間、宇宙空間を旅してきたのです。宇宙の膨張によって光子はマイクロ波へと引き伸ばされ、私たちの目に見えないほど長くなりました。マイクロ波を、人間に見える画像に変換する装置を使うことではじめて、私たちはマイクロ波を見ることができます。

地球大気の干渉を乗り越えるために、科学者はウィルキンソン・マイクロ波異方性探査機やプランク衛星のような衛星探査機を打ち上げ、ＣＢＲの写真を撮りました。そうした写真は、マイクロ波の中の温度のわずかなゆらぎを記録しているように見えます。このゆらぎは、初期宇宙の物質が全く均等に分布しているわけではないことを示しています。ある場所では温度がわずかに高く、普通は画像では赤で示されています。これらの赤い場所では、引力が原子をお互いに引き寄せ始めています。これが恒星と銀河の始まりであり、その物語は次章で取り上げます。

2つの初期宇宙望遠鏡

ウィルキンソン・マイクロ波異方性探査機：アメリカ航空宇宙局（NASA）は、2001年6月にウィルキンソン・マイクロ波異方性探査機（WMAP）を打ち上げ、2010年10月末にその運用を終了しました。これは大成功を収め、科学者たちの予想の2倍という長い期間にわたって機能しました。WMAPは、宇宙背景放射（CBR）の小さなゆらぎを初めて地図に表しました。それにより通常の物質、暗黒物質、暗黒エネルギーの割合が割り出されました。このすばらしい画像と情報については https://map.gsfc.nasa.gov を参照してください。

プランク衛星：欧州宇宙機関（ESA）は別の宇宙観測衛星を運営しています。この観測衛星は、1918年に量子論を創始した功績でノーベル物理学賞を受賞したドイツの物理学者マックス・プランク（1858-1947）にちなんで名前がつけられています（これについてさらに知りたい方は、後述の「知のフロンティアにおける問い」を参照してください）。

プランク衛星は２００９年5月に打ち上げられ、２０１３年10月にその運用を終えました。それは地球の周りの楕円軌道にあり、その一番遠い地点は地球から１１３万キロ離れていました。この衛星はWMAPよりさらに正確なCBRの地図を作成し、２０１３年３月に科学者たちは初めてCBRの全天地図を公開しました。このCBRの正確な地図から、科学者たちは宇宙の年齢をより精緻に計算し、１３８・２４２億年±数百万年としました。そのために彼らはCBRを研究し、宇宙の膨張によって光の波長がどのくらい引き伸ばされたのかを測定しました。その結果、どのくらい長く膨張し続けているかを計算できたのです。

宇宙物理学のいま

宇宙物理学者は、物理学の助けを借りて空を研究する人々です。彼らは可能な限り小さいスケール（亜原子粒子）と可能な限り大きなスケール（宇宙）の両方に起きることを理解しようとしています。

初期宇宙で起きたことを研究するために、科学者たちはできる限り同じ条件を再現する必要があります。そのために彼らは、亜原子粒子を光速に近い速さで衝突させて破壊することのできる、巨大で高価な機械を使う必要があります（ビル・ブライソンによれば、研究対象が小さくなればなるほど、必要な機械は大きくなるそうです）。

一国ではこうした機械を作る余裕がないので、必要な装置を建設するために100ヵ国以上の国が協力して、資金、科学者、エンジニアを提供しました。それはジュネーヴ・コアントラン国際空港の近く、フランスとスイスの国境の上に建設されています。その指揮をとったのは欧州原子核研究機構（CERN：セルン）です。大型ハドロン衝突型加速器（LHC）と呼ばれ、今まで行われた科学実験の中で最も高額なものです。建設費用は60億ドル、電気代だけで年間3000万ドルかかります（**ハドロン**は陽子、中性子、およびその他の強い核力が支配する粒子の総称です）。

LHCは地下に作られた円形のチューブで、2008年に完成しました。その円周は約27キロメートルです。科学者はこれに沿って粒子の2つのビームを、通常は陽子ですが、一つは時計回りに、もう一つは反時計回りに送り込みます。粒子は光速近くに達するまで回り続けます。それらが衝突した時に、そのエネルギーは宇宙の最初の1秒より後には見られなかったレベルに達します。

LHCは陽子をぶつけて破砕することで、それらをより小さな粒子にします。それは2台の車をぶつけて破壊し、その中に何が入っているかを見つけることにちょっと似ています。

破砕されて素粒子となった陽子は、1秒に満たないほんのわずかの間だけ存在し、崩壊するか他の素粒子と再結合します。ビッグバン理論によれば、初期宇宙におけるあらゆる物質はこうした小さな亜原子粒子から構成されています。したがってLHCは小さなスケールで初期宇宙を再現しようとしているのです。

スコットランドの物理学者ピーター・ヒッグス（1929年生まれ）は、科学者たちが検証中のある仮説を提唱しました。ヒッグスは、なぜ最小の粒子には質量があるものとないものがあるのかを理解したかったのです。彼は、磁場と同じような、質量もエネルギーももたない小さな粒子の目に見えない背景場に宇宙が浸されているのではないかという仮説を立てました。

この仮説上の粒子が、ピーター・ヒッグスとインドのサティエンドラ・ボース（1894－1974）という2人の物理学者にちなんでボソン、あるいはヒッグスボソンと呼ばれているものです。ヒッグスのアイディアは、ボソンと相互作用する粒子（陽子と中性子）は質量をもち、一方でボソンの場を容易にすり抜けて相互作用しない粒子（光子）は質量をもたないというものです。温度が低くなるとボソンが「厚く」なり、物質の粒子の通り抜けがより難しくなって、質量をもつものと解釈されます。物質はこの隠れた背景場のおかげで存在しているかもしれないのです。

しかし、今までにヒッグスボソンの証拠を見つけた人がいるでしょうか？　これまではいませんでしたが、2012年7月4日、LHCの科学者がヒッグスボソンの予備的証拠を発見したと発表しました。2013年3月、彼らは追加の証拠を公表しました。その性質を分析するには、さらなる研究が必要です。LHCの能力は近年、さらに改善されました。最新ニュースについては https://home.web.cern.ch/science/accelerators/large-hadron-collider を参照してください。

知のフロンティアにおける問い

宇宙についての私たちの知識における多くの重要な問いが、答えのないまま残されています。ここにその一部を挙げますが、これらの中には、ＬＨＣから集められたデータによっていずれ答えられると科学者が期待しているものもあります。本書が出版されるまでに答えられているものもあるかもしれません。新しい発見が次々となされている今日では、最新の知識を取り入れた本を書くのは難しくなっています。

？

インフレーションとは何でしょうか？　宇宙の一生の最初の1秒のある瞬間に、宇宙が指数関数的に膨張し、１秒よりも短い間に何倍にも大きくなったというのがほとんどの天文学者の仮説です。宇宙は二度と見られないような速度で膨張しました。

この仮説は、物理学者アラン・グース（1947年生まれ）が1979年に最初に提唱しました。いくつかの証拠が発見されていますが、いまだ決定的なものではありません。インフレーションは、宇宙を重力波で浸したことでしょう。研究者はＣＢＲでそうした波の証拠を探していますが、彼らの作業は像を歪ませる宇宙空間のちりで妨げられています。今後に期待しましょう。

?

宇宙には想定されている4つ以外の次元があるのでしょうか?

ひも理論と呼ばれる仮説は、基本的な構成要素が素粒子ではなくさまざまに振動するひもであるという説です。ひも仮説のあるバージョンは、宇宙には11の次元が存在すると述べています。ひも理論には今のところ証拠がないので、提唱者たちはLHCがこの仮説を支持してくれることに期待を寄せています。

?

古典的ビッグバン理論は、量子理論と統合できるのでしょうか?

物質の最も小さな領域の研究は、量子物理学または量子力学*と呼ばれています。**量子**とはラテン語で「束ないし粒子へと破壊されたもの」という意味です。「力学」は運動を研究するための古い言葉です。したがって量子力学とは、素粒子の運動と相互作用についての研究ということです。

ドイツの理論物理学者ヴェルナー・ハイゼンベルク(1901－1976)が1927年に有名な不確定性原理を打ち立てた時、量子物理学に衝撃が走りました。不確定性原理は、電子は波として最もよく記述できる粒子であると述べています。電子の位置を正確に決定すればするほど、その運動量を正確に知ることができなくなり、逆もまたそうなのです。言い換えれば、電子の位置と軌道の両方を正確に計測することは不可能だということです。したがって、ある時点で電子がどこにいるかを正確に予測することは決してできません。

電子ほど小さなレベルの粒子になると、モノは存在の中と外を不規則にジャンプしているように見えます。物理学者にできるのは、あるものがある特定の場所と時間にいる確率を推定することだけなのです。現実には、その最も基本的なレベルにおいて、電子は不規則で正確には知ることができないようです。

大きな物体の世界、つまり巨視的世界と、小さな物体の世界、つまり微視的世界の間には、連続性がありません。物理学の古典的な法則は、存在する最小の粒子には当てはまりません。物理学者はこの2つの領域を首尾一貫した形にまとめることがまだできていません。

しかし、大きな領域と小さな領域が出会う中間の領域で、ワクワクする研究が始まりつつあります。これはメゾスコピック領域と呼ばれ、約100万分の1メートル以下、細菌1個のサイズで起こります。これはナノテクノロジーの領域で、すでに量子効果を利用する装置が生み出されています。1ナノメートルは10億分の1メートルで、中くらいのサイズの分子の大きさです。原子1個はその10分の1の大きさになります。

?

私たちの宇宙はどこから来たのでしょうか？　この宇宙の他に別の宇宙があるのでしょうか？　私たちは多元的宇宙に住んでいるのでしょうか？

私たちは、宇宙の地平線——見えるものと見えないものの境界——の内部に存在するものに、**宇宙**という名前をつけています。宇宙があらゆる方向に広がっているのか、風船のようにそれ自身が内側に曲がっているのか、天文学者には分かりません。宇宙空間の形が、まだ明かされていないのです。私たちが見ることができるのは、光が１３８・2億年の時間をかけて私たちのもとに届くことができた範囲までです。しかし宇宙は常に膨張してきたわけですから、１３８・2億年の年齢のものは、今は４５７億光年離れているわけで、これが目に見える宇宙の大きさです。

天文学者には、私たちの宇宙を超えた所に何かがあるのか、もしあるとすればそれは何なのかも分かりません。これまでのところ、彼らはこれらの問いを研究する方法を考案していません。この宇宙が多くの宇宙のうちの一つかもしれないと思索している天文学者もいます。もしかしたら、私たちは巨大な多元的宇宙の一部であり、そこでは多くの小さな宇宙が泡のように出現しているのかもしれません。ブラックホールのもう一方の側には別の宇宙があるのかもしれません。これらはみないまだ推測の域を出ないのです。

科学者はこれらの仮説を検証する方法を発見できるでしょうか？　今のところ彼らができるの

は、実際の観察によって自分たちの推測を検証する方法を発見するまで、現在の知識に基づいて推測することだけです。ただし、こうした推測は私たちの中心的な科学的知識ではありません。それらは知識の端にある推測であり、知識の島の海岸の一部というよりも、未知の海の端にあるのです。

宇宙とあなた

人間は、宇宙にある全てのあり得るサイズの真ん中あたりにいるように思われます。宇宙にあるものの約半分は私たちより大きく、もう半分は私たちより小さいです。YouTube の Powers of Ten（https://www.youtube.com/watch?v=paCGES4xpro）でこのイメージを見ることができます。

この宇宙は、宇宙が存在するためのゴルディロックス条件を備えているように見えます。もし宇宙の膨張速度がもうちょっとでも速ければ、膨張が速すぎて物質が生成しなかったでしょう。もし膨張速度がもうちょっと遅ければ、宇宙全体が自己崩壊していたでしょう。適切な速度で膨張できなかった宇宙が他にたくさんあったのでしょうか？　別の膨張速度、別の成分、別の法則をもった宇宙がたくさんあるのでしょうか？　それは分かりませんが、いずれにせよ私たち人間はまさにこの宇宙のふるまいの結果なのです。

あなたの体を構成する全ての原子の中には、宇宙の最初の瞬間に作られた亜原子粒子があります。あなたの体の中にある陽子、中性子、電子は宇宙の最初の1秒で作られたのです。あなたの水素原子、平均的な人間の体の約62％を占める水素は、宇宙の一生の最初の40万年で生成したのです。今あるあなたの原子の半分以上は138億年前にまでさかのぼることができます。

それでは、この章の冒頭に掲げた問いに戻りましょう。物質はどこから来たのでしょうか？　それは何であり、何がそれを結びつけているのでしょうか？　この問いに対する答えを書けるかどうか、やってみましょう。

第3章

銀河と恒星

スレッショルド2

恒星については137億年前から現在まで

物質は宇宙でどのように配置されているのか？　これが本章を通しての問いです。答えは簡単なように思えます。物質は恒星からなる銀河の中に配置されているというものです。しかし、銀河や恒星とはそもそも何でしょうか？

銀河と恒星は、ビッグヒストリーの物語の中でスレッショルド2を構成します。このことは、それ以前に存在していたどんなものよりも、より複雑でより多くのエネルギーが流れる新しいものが現れたことを示しています。この章を読み終えるまでに、あなたは銀河と恒星の配置と複雑性の両方について議論できるようになるでしょう。

銀河の生成

銀河と恒星はにわとりと卵の関係に似ていて、どちらが先に現れたのかを言うのは困難なことです。おそらく銀河の方が、ダークマターの巨大な塊として最初に現れたのでしょう。これら銀河の出現ははるか遠い昔のことであり、その光はとても遠くからやってくるので、天文学者は赤ちゃん銀河をまだ見たことはありません。

第2章では、誕生から約40万年後の初期宇宙までを紹介しました。光の光子が秒速約30万キロメートルの速さで動き回っていたために、初期宇宙はぼんやりと光っていました。光子はもはや原子を破壊できず、原子は不均等に漂っていました。いくつかの場所では原子が他の場所よりもお互いに接近していて、それらの原子はまるで平らでない地面の水たまりのように集まりました。そうした場所は、宇宙背景放射の画像でより熱い場所として写っています。

この時点で、重力が宇宙史の主役になり始めます。重力は物体を引きつける力です。物体の質量（物質の量）がより大きく、物体間の距離が近くなるほど、重力は強くなります。もしそれぞれの原子がお互いに全く同じ距離であったならば、何も起こらなかったでしょう。あらゆるものがあらゆるものを全く等しい力で引っ張っているからです。

しかし何かが実際に起こりました。いくつかの場所で重力が水素原子とヘリウム原子の雲を引き寄せて巨大な塊へと変え、その間にほとんど物質のない大きな空間が残されました。このような物質の集中した場所から、銀河と恒星が出現したのです。

銀河の生成については現在でもよく分かっていません。問題なのは、比較的短期間のうちに物質をこのように引き寄せるには、重力は弱すぎることです。科学者たちは、ダークマターが通常の物質を銀河に引き寄せる働きをしているのではないかと考えています（ダークマターについてより詳しくは本章の「知のフロンティアにおける問い」を見てください）。

銀河は約131億年前に生成し始めたようです。その生成に有利な状況は、わずか13億年ほどしか続きませんでした。それに続く118億年の間は、銀河は存在し続けていますが、新しい銀河は生成しませんでした。

銀河は何千億もの恒星の巨大な集団であり、お互いの重力によって集まり、原子のほとんどない広大な空間によって分けられています。現在では、銀河はダークマターのハロー〔銀河の円盤を包み込むように丸く分布している星の成分〕に取り囲まれていて、恒星の残骸やガスとちりの雲も含んでいることが分かっています。ほとんどの銀河の中心にはブラックホールがあるようです。ブラックホールは、物質があまりに密集し重力があまりに強いため、何ものも脱出できない、光の光子ですら脱出できない場所です。科学者たちは、このブラックホールが銀河をまとめるのに役立っていると考えています。

ほとんどの銀河はらせんの形をしています。銀河同士はときどき衝突して形が崩れ、楕円形に

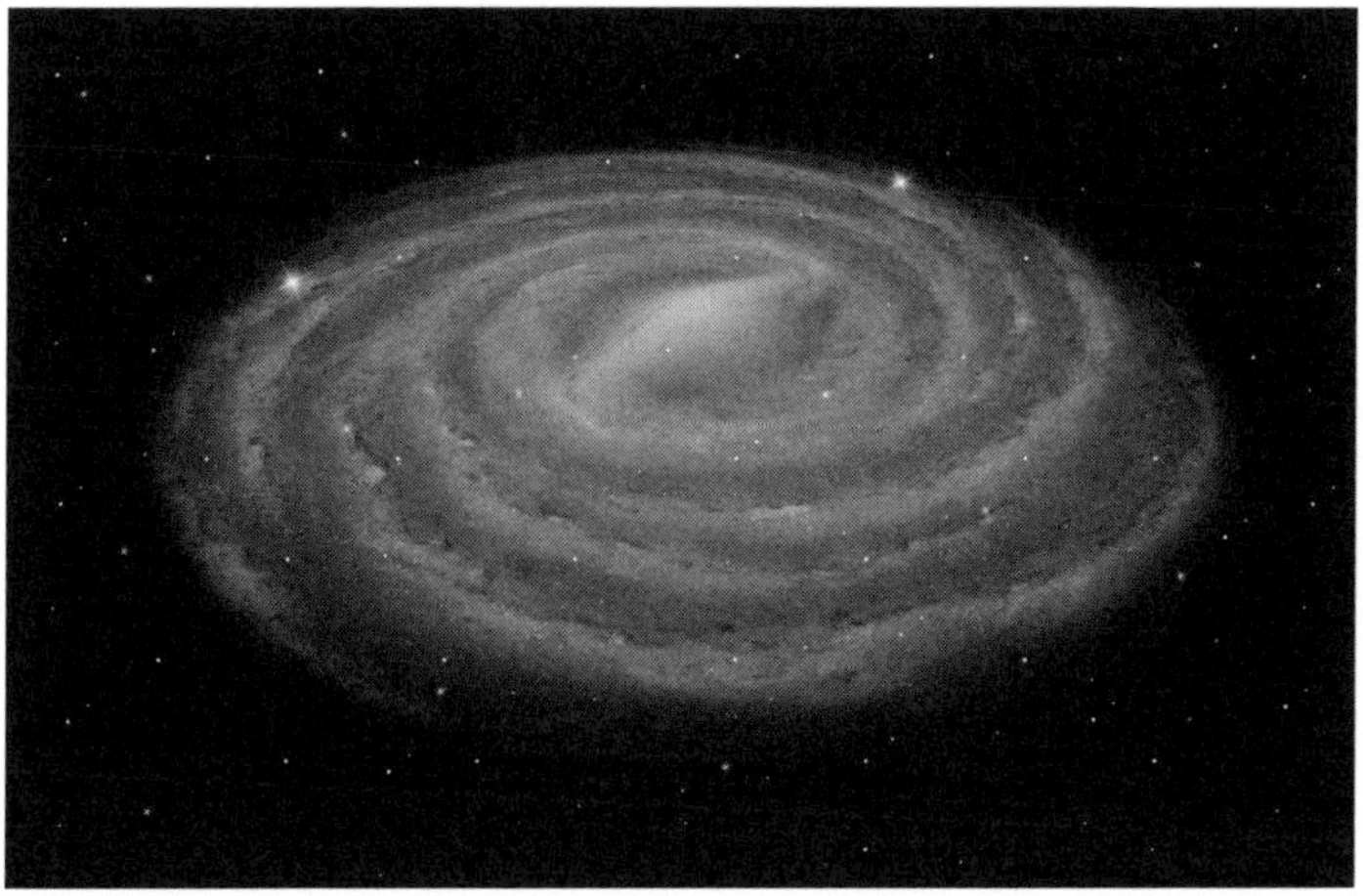

図5　天の川銀河　上から見た天の川銀河のイメージは、真ん中にバルジがあり、恒星でできている腕が外に向かってらせん状になっている平たい円盤の形を示しています。

なったり卵の形になったりします。銀河は全て中心を軸に回転しています。銀河が収縮すると回転数が増大しますが、これはフィギアスケート選手が腕をたたんで体に引き寄せていると回転が速くなるのと同じです。回転によって、真ん中にバルジ〔銀河の中心部に存在する膨らみ〕のある宇宙ピザのような平たい円盤になります（図5「天の川銀河」を参照）。

銀河はビッグバンから7億年後〜20億年後の間に生成し、そしてそれはこの期間だけのことでした。その時の宇宙は現在の約6％の大きさでした。銀河の生成を可能にする「ちょうどよい」条件であるゴルディロックス条件が、その時だけ存在したのです。その後は出現しなかったとはいえ、この時の銀河が現在まで存続できたことは、私たちにとって幸運なことでした。

天の川銀河

銀河 galaxy という言葉は、「ミルクの輪」を意味するギリシア語 galaxías kúklos に由来します(ギリシア語で gala は「ミルク」を意味します)。私たちは現在、天の川銀河 (Milky Way galaxy) と呼ばれている所に位置していますが、天の川は「ミルクの道」を意味するラテン語の via lacteal に由来します。ですので、私たちの銀河には2つのミルクが含まれています。

私たちは天の川の全景を見ることはできません。見えるのは横からの眺めだけです。肉眼ではミルクの霧のように見え、明るい星の点々が端から端まで、夜空の大部分に広がっています。町の光はとても明るいので、天の川を見られないこともしばしばです。もし天の川を見たことがないのなら、晴れた夜に田舎に行けば、地球上で最も荘厳な景色の一つをもう何にも邪魔されずに見ることができるでしょう。

古代ローマ人は、この星の川を空にまき散らされた人間の乳の川と考えていました。彼らは、見知らぬ赤ちゃんを自分の胸から押しのけ自分の乳を天にこぼした女神の物語を語りました。

推計では天の川には2000億~4000億個の恒星があり、銀河の幅は10万光年であると考えられています。天の川銀河の最も近くにある銀河はアンドロメダで、約250万光年離れています(1光年が太陽系の大きさの500倍であることを思い出してください)。

銀河における恒星の位置について、具体的なモデルで考えてみましょう。私たちの太陽系の大きさを25セント硬貨の大きさ、約2・5センチとします。この尺度では、太陽は微少なちりの点となります。天の川銀河の直径はアメリカ合衆国の横幅くらいです。最も近い恒星であるプロキシマ・ケンタウリをもう一つの25セント硬貨とします。それは太陽からだいたいサッカーコート2つ分離れており、これは私たちのいる場所ではごく普通の距離です（how big is our universe? (https://www.harvard.edu) を参照）。

天の川の最もご近所である250万光年離れたアンドロメダに戻りましょう。どちらの銀河とも局部銀河群と呼ばれる銀河団に属しており、そこでは40ほどの銀河がお互い離れることなく存在しています。実際には、アンドロメダは天の川に接近しつつあります。天文学者は、今から約40億年後に衝突すると予測しています。おのおのの銀河はほとんどが空間なので、衝突する恒星はそれほど多くないと考えられていますが、重力が星の配置を大きく変える可能性が高いのです。

銀河団は大きさが2000万光年に達し、10から数千ほどの銀河を含んでいます。銀河団は、大きさが5億光年にも達する超銀河団に属しています。銀河団の中の銀河は連なっていますが、銀河団同士や超銀河団同士は宇宙が膨張するにつれてお互いに遠ざかっています。銀河からなる超銀河団の鎖は、何もない空間を巨大な泡のように囲い込んでいます。

この尺度で宇宙を想像するために、石鹼の泡の山を通り抜けることを想像してみましょう。石鹼の膜がたくさんの空の泡を包んでいます。この膜が超銀河団で、空の泡が超銀河団の間にある空間です。

天文学者は現在、宇宙のさらに遠くまでの地図の作成を進めており、2014年9月、私たちの住所に新しい名前を付け加えることができました。私たちはラニアケア超銀河団の局部銀河群の天の川銀河に住んでいます。ラニアケアとはハワイ語で「果てしない天」*という意味です。ラニアケアは10万個以上の銀河からなる超銀河団で、大きさは約5億光年です。その曲がりくねった形を見たい方は、This is the most detailed map yet of our place in the universe - Vox (https://www.vox.com/2014/9/4/6105631/map-galaxy-supercluster-laniakea-milky-way) にアクセスしてみてください。

恒星の生成

大きなガス雲が集まって形成される銀河の内部では、より小さな領域でガスが集まって恒星となりました。恒星と恒星はある程度距離が離れていて、その距離は初期宇宙では近かったのですが、現在では遠くなっています。

恒星は以下のように生成します。水素原子とヘリウム原子が他の場所より密集している場所では、重力がお互いを引きつけることでより密になります。その結果衝突が増え、熱くなっていきます。温度が上がると、電子は陽子とつながっていられなくなり、原子が壊れて、原子を維持するには熱すぎるガス状態のプラズマが再び生成します。水素の陽子があまりに激しく速く衝突するので、4個の陽子がその正の電荷の斥力《せきりょく》に打ち勝って融合し、ヘリウムの原子核を作ります。

このヘリウムへの核融合では、4個の陽子のうちの2個は陽子のままですが、2個はその正の電荷を失って中性子になります。正電荷は陽電子（反粒子の一つ）となって電子を消滅させますが、その際にエネルギーを発します。この衝突が恒星、そして水素爆弾*のエネルギー源で、水素の陽子が融合します。4個の陽子の質量の一部は核エネルギーに転換します。

恒星のふるまいは、まるでゆっくりと爆発する水爆のようです。ガス雲の最初の崩壊には約10万年かかります。コアを取り囲む星の質量の負荷が中心部の爆発を封じ込めているために、コアにおける核融合反応は数百万年から数十億年続くことがあります。

星の生成時の重力作用が強められる出来事もあります。大きな恒星の誕生時はたくさんのエネルギーを放出するので、隣接する水素やヘリウムの雲を圧縮することで恒星の生成の連鎖反応を引き起こすかもしれません。時には、超巨星がその一生の最後に起こす爆発も同じ現象を引き起こします（第4章参照）。

ひとたび陽子が水素原子の雲の中心で核融合反応を起こすとそれらは恒星となり、中心部で放出されるエネルギーが原子の塊の端まで達すると、恒星は輝き始めます（あるいは発光します）。恒星の最初の放射は宇宙における最初の光の集中であり、宇宙にあまねく存在する宇宙背景放射の薄暗い輝きとは全く異なっています（図6「私たちの恒星・太陽の構造」を参照）。

恒星は物質とエネルギーの自己調整的システムです。水素陽子の核融合反応によって放出されるエネルギーが及ぼす強力な外向きの力は、重力の強力な内向きの力と釣り合っています。もし外向きのエネルギーの力がやや大きく、強すぎるようになると、その恒星の大きさが増大し、それにつれて冷えていきます。このプロセスによって核融合反応はゆっくりとなり、重力のために恒星は再び収縮しますが、すると熱せられて核融合反応が活発となります。この負のフィードバック・ループがいわゆる動的定常状態を生み出します。それはガス暖房機のサーモスタットのように機能します。空気が冷たすぎる時には、ガス暖房機が再び点火するのです。ほとんどの恒星は安定して燃焼するように自己調整しますが、古い星の中には明るさが規則的に変化するものもあります。銀河を漂っている水素やヘリウムは以前よりも少なくなっていますが、それにもかかわらず、銀河とは異なって、恒星は今でも生成し続けています。ただ、新しい星の大きさや数は時とともに減少してきました。天の川では、毎年10個ほどの新しい恒星が誕生しています。

恒星の大きさは、水素・ヘリウム雲の最初の大きさによって異なります。太陽は私たちが最もよく知っている恒星ですが、これは普通の中くらいのサイズの星で、直径は地球の約100倍、質量は地球の約30万倍です。最も小さい恒星は太陽の質量の0・01倍くらいで、最も大きな恒星は太陽の200倍くらいです。太陽の6倍以上の質量をもった恒星は、超新星*になる可能性があります。詳しくは第4章をご覧ください。

私たちの天の川銀河には、数千億もの恒星が美しい渦巻き状に配置されています。私たちの銀

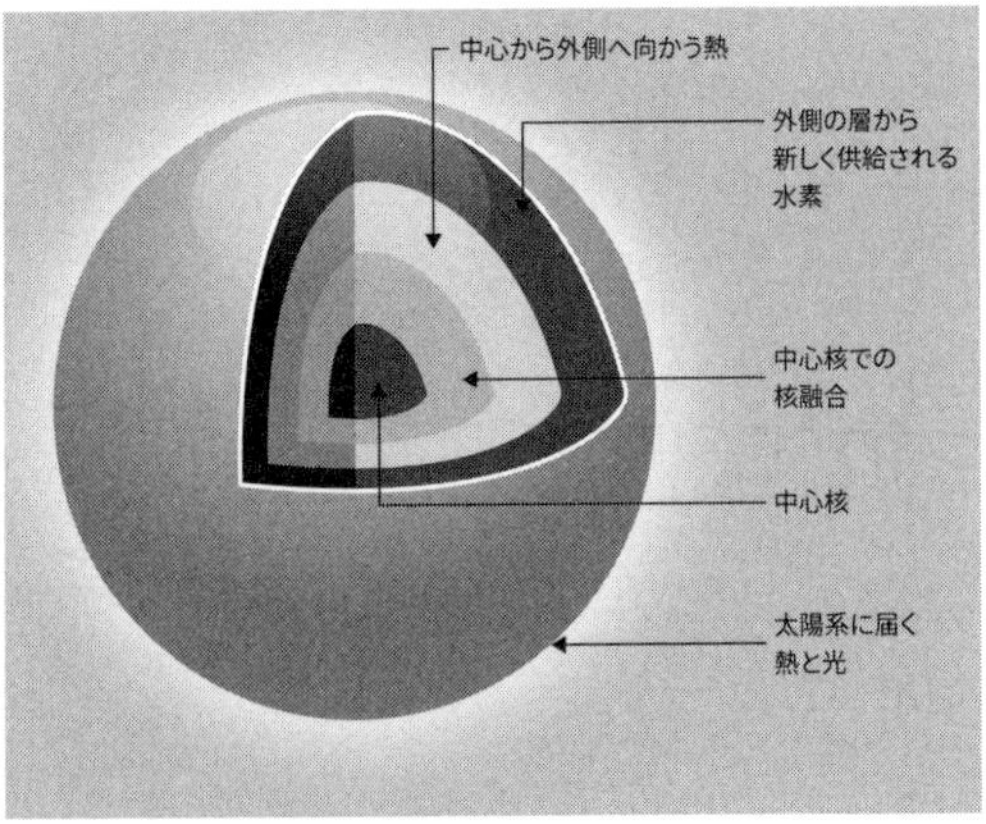

図6　私たちの恒星・太陽の構造　他の恒星と同じように、私たちの太陽は核で水素原子の核融合が起こっており、外の層にはさらに多くの水素が蓄えられています。

河は、これまで一度も他の銀河と衝突しなかったために、この形を保ち続けてきました。太陽は渦巻きの縁の方の腕に位置しています。この位置は銀河の中でちょうどよい場所です。なぜなら超新星の多い中心部に近すぎず、また遠すぎて惑星と生命を形成するのに必要な大きな化学元素を作る超新星が少なすぎるということもないからです。

私たちの太陽とその惑星は、天の川銀河の中心にあるブラックホールの周りの軌道上を動いています。太陽系はこの軌道上を秒速200キロメートルの速さで動いています。このようなものすごい速さでも、銀河を一周するのに約2億2500万年かかります。この速度だと、地球は天の川の中心をこれまで何周したと思いますか？（ヒント：太陽と地球は45億年前に誕生しました）。

私たちはこんなに速く動いているのに、どうして宇宙空間を動いているとは感じないのでしょうか。大気全体が私たちの惑星と一緒に動いているから、というのがその答えです。大気は私たちと同様に重力によって留められています。私たちが地軸を中心に毎日自転していることや、太陽の周りを毎年回っていることを感じないのもそのためです。私たちはただここに座っていると思っていますが、実際には複数の方向へ同時に猛スピードで動いているのです。そう考えると惑星酔いになりませんか？

先述しましたが、太陽に最も近い恒星はプロキシマ・ケンタウリです。その星は４・２４光年離れています。これは、プロキシマ・ケンタウリから秒速約30万キロメートルで進む光が、私たちに届くまで４・２４年かかることを意味します。一方で、太陽の光が私たちに届くまでは平均で８分18秒です（太陽を回る地球軌道は楕円形なので、距離は変化します）。

最も近い恒星と比べて太陽がどれくらいの距離にあるかを想像するために、次の３段階の思考実験をやってみましょう（リチャード・ドーキンスによります。彼はこのアイディアをジョン・キャシディの著書『地球の調査』から得ました）。

1．サッカーボールを太陽に見立て、それをサッカー場の真ん中に置いたところを想像してください。
2．そこから25メートル歩いて、地球に見立てたコショウの実を置いてください。これが地球の大きさと太陽からの距離です。

3．それから、プロキシマ・ケンタウリに見立てた少しだけ小さなサッカーボールをもう一つ想像してください。それは６５００キロメートル離れたところに置く必要があります。この距離は南米の長さとほぼ同じです。

恒星が出現した時、それは全く新しいものでした。重力が水素原子に作用して、新しくより複雑な原子の構造を生み出し、局所的な安定したホット・スポットにエネルギーの流れを集中させました。これらの恒星スポットはたくさんのエネルギーを生産して周りの空間を照らしました。恒星は、宇宙における局所的な秩序の大幅な増大をもたらしたのです。

宇宙がその始まりから膨張していたのは幸いなことでした。そうでなければ、重大な問題が生じていたでしょう。もし小さいまま膨張しない宇宙で恒星が燃えたら、宇宙空間全体がもっと熱くなっていたでしょう。熱力学第二法則によれば、局所的・地域的な秩序の創発は、必ずどこか他の場所での無秩序の発生を伴わなければなりません（この無秩序のことを、専門用語では**エントロピー**といいます）。恒星のようなシステムはより秩序のあるものになることができますが、それはどこか他の場所でより無秩序なものを作り出すという犠牲を伴うのです。無秩序の余地がなければ、そして余分な熱を捨てる空っぽの空間がなければ、恒星は自分の作る熱で息苦しくなり、安定した状態でいることはできなかったでしょう。

（同様に、私たちの体も無秩序を取り除くために熱を放出し尿や便を排泄していますが、これらは私たちが摂取するよりも質の低いエネルギーなのです。もし熱を放出し排泄物を排出することができなければ、私たちは死んでしまうでしょう）。

次の章では、恒星の一生――恒星は、どのように誕生し、どのような経過を経て、そして生命の化学元素を生み出す驚くべき爆発とともにどのように終わりを迎えるのかを学びます。

天文学のいま

初めに、天文学の歴史を少し見てみましょう。人類が宇宙にあるたくさんの銀河のうちの一つに住んでいるということが分かったのは、ほんの90年くらい前のことです。その確かな証拠が得られたのは、１９２４年の終わり頃でした。

エドウィン・ハッブル（１８８９－１９５３）が、この証拠を集めて分析した天文学者です。彼は、カリフォルニア州ロサンゼルス近郊のパサデナに近いウィルソン山にある、当時としては世界最大の望遠鏡を利用していました。鉄鋼業と慈善活動のリーダーであったアンドリュー・カーネギーが、この１００インチ望遠鏡の建設に出資していました。

この望遠鏡は、１９１７年から使用できるようになりました。当時、天文学者が最も遠くに見ることができたのは光の染みだけで、彼らはそれを**星雲**、つまりガスとちりの雲と呼んでいました。それが見えたのは、近くの恒星の光を反射していたからです。天文学者たちは、これらの星雲が天の川銀河の一部なのか、それとも私たちの銀河の外にある他の「島宇宙」なのかを議論していました。

天文学者たちは、それらの雲がどのくらい離れているかがより正確に分からなければ、論争に決着をつけることができなかったのです。ハッブルは、ウィルソン山の望遠鏡を最も近い星雲であるアンドロメダに向けました。彼の強力な望遠鏡は、星雲の個々の恒星に焦点を合わせることができました。そこで彼は、明るさが一定の速度で周期的に変化する星を見つけたのです。この種の星は、明るさが変化すること、そして最初の星がケフェウス座で見つかったことから、**ケフェウス型変光星**と呼ばれています（星座*とは、恣意的にグループ化されたいくつかの星のことです）。

天文学者は以前から、ケフェウス型変光星を観測して、変動の周期が長いほど星の実際の明るさが大きいことが分かっていました。ハッブルが発見したケフェウス型変光星は、周期が31・45日でした。これはその星が太陽よりも7000倍明るいことを意味しています。ハッブルは、その星の見かけの明るさ（非常に微かなものです）を、彼の知った実際の明るさと比べることによって、その距離を90万光年と推計しました。これは天の川銀河の内側にあるものとしては遠すぎます。ハッブルは、この星は別の銀河にあるに違いないということを天文学者たちに納得させました。天文学者は現在、アンドロメダまでの距離を249万光年と推計しています。

今日の望遠鏡はハッブルがウィルソン山で用いていたものよりもはるかに強力になっています。

天文学者は現在、可視的な宇宙全体の銀河の地図を作成しています。このプロジェクトは、スローン・デジタル・スカイサーベイ（ＳＤＳＳ）と呼ばれ、２０００年に始まり現在でも続いています。アルフレッド・Ｐ・スローン財団、アメリカ国立科学財団、その他多くの組織によって資金提供されています。プロジェクトでは2つの地上望遠鏡が使われています。一つはニューメキシコ州南東部のアパッチ・ポイント天文台にあるスローン財団望遠鏡です。もう一つは、チリ北部のラス・カンパナス天文台にあるイレネー・デュポン望遠鏡です。この2つは、光害をできる限り受けない場所にあります（大規模宇宙の驚くべき画像は、SDSS（https://www.sdss.org）を見てください。またWMAP- Expansion of the Universe（https://map.gsfc.nasa.gov/universe/uni_expansion.html）も参照のこと）。

地上望遠鏡には、地球大気が入ってくる光に干渉するために、星がまたたいて見えてしまうという問題点があります。これを克服するために、天文学者たちは大気の上の軌道を周回できる望遠鏡の設計を始めました。１９６０年代には、ロケットが望遠鏡を宇宙空間に運ぶようになりました。

１９９０年、アメリカ航空宇宙局（ＮＡＳＡ）と欧州宇宙機関（ＥＳＡ）は共同でハッブル宇宙望遠鏡（ＨＳＴ）を打ち上げました。この衛星はスクールバスくらいの大きさで、軌道は地球の上空約６００キロメートルです。時速2万８０００キロメートルで進み、97分で地球を1周します。この衛星は、最も性能の高い地上望遠鏡の5倍鮮明な光の画像を検出することができ、紫外

図7　ハッブル宇宙望遠鏡　ハッブル宇宙望遠鏡は、膨大なデータを提供して太陽系と宇宙に関する私たちの知識蓄積に貢献しています。2016年現在まだ稼動中であり、2020年まで稼働し続けると予想されています。

線の波長や特定範囲の波長の赤外線も検出できます。部品が古くなると、スペースシャトルで交換することもできます（About Hubble | ESA/Hubble | ESA/Hubble (https://esahubble.org/about/) を参照）。ＨＳＴは２０１６年現在まだ稼働中であり、２０２０年までは使用できると予想されています〔２０２４年現在も稼働中〕（図７「ハッブル宇宙望遠鏡」を参照）。

　ＮＡＳＡ、ＥＳＡ、そしてカナダ宇宙庁（ＣＳＡ）は、２０１８年10月にジェームズ・ウェッブ宇宙望遠鏡（ＪＷＳＴ）を打ち上げる計画です。費用は85億ドルで〔２０２１年12月25日打ち上げ。２０２４年現在稼働中で、費用は97億ドル、20年以上稼働できると見込まれている〕、ハッブル望遠鏡よりも10倍から１００倍の微かな天体を検出することができるでしょう。５～10年間活動すると期待されています。

天文学者のニール・ドグラース・タイソン（1958年生まれ）は、銀河と恒星に関する最新の知識を広く世に紹介しています。

エドウィン・パウエル・ハッブル：遠くにある星のパイオニア

ウィルソン山天文台に勤務していた天文学者であるハッブルは、銀河が他にもあること、そして宇宙が膨張していることを証明しました。

エドウィン・ハッブル（1889－1953）は天文学において2つの大きな貢献をしました。彼は天の川銀河以外にも銀河があることを証明し、しかもそれらが互いに遠ざかっている証拠を見つけたのです。これは、宇宙が膨張していることを意味していました。

ハッブルはアルバート・アインシュタイン誕生の10年後に生まれ、イリノイ州シカゴ郊外の町ウィートンで育ちました。

彼にはアスリートの才能があり、高校では勉強よりも野球、サッカー、陸上競技に明け暮れました。それにもかかわらず、校長は彼の才能を認めシカゴ大学で学ぶための奨学金を支給しました。

シカゴ大学で数学と天文学を学んだ後、ハッブルはイギリスのオックスフォード大学へのローズ奨学金を受けます。その頃、保険会社の重役だった父親は死の床にありました。父は息子が弁護士になることを望んでいたので、ハッブルはオックスフォードで法律を学びました。

帰国すると、ハッブルは自分が法律業務に興味がないことに気がつきました。1年間高校で教えた後、専門の天文学者になるために、新しく大学院で勉強を始めました。1917年、「微弱な星雲の撮影調査」というタイトルの論文でシカゴ大学から博士号を授与されました。

1919年、ハッブルはウィルソン山天文台の職員になり、生涯そこにとどまりました。それから5年以内に、ハッブルはアンドロメダ星雲の明るい星の距離を研究し、アンドロメダ星雲は天の河銀河の一部ではなく、別の銀河であると言えるほど十分遠く離れていることを天文学者たちに納得させたのでした。

次にハッブルは、宇宙は定常状態にあるのではなく、膨張しているという証拠を発見しました。彼は、分光器*を使って遠い星からの光を研究しました。1929年には、私たちの局地的な銀河団を除く全ての銀河が互いに遠ざかっていることに気づきます。さらに、遠く離れた銀河ほどより速く遠ざかっていたのです。天文学者たちはこの現象をハッブルの法則と呼んでいます。それは、銀河は距離に比例する速度で互いに遠ざかるというものです（分光器の仕組みに関する詳細は第4章を参照）。

宇宙が膨張しているという仮説から、別の人々によりビッグバン仮説が導き出されました。ハッブルは理論家というより優れた観測者でしたが、彼の観測は非常に重要な役割を果たしました。彼は自分の研究を『星雲の領域』（1936年）〔邦訳：戎崎俊一訳『銀河の世界』岩波文庫〕という一般向けの本にまとめました。

ハッブルは心臓発作あるいは脳内血栓により63歳で亡くなりました。彼の妻はハッブルの埋葬された場所を決して明かしませんでした。2008年に発行された4セント切手と、彼にちなんで名付けられたハッブル望遠鏡が彼の記念碑です。

ニール・ドグラース・タイソン：宇宙に呼ばれて

ニール・タイソン（1958年生まれ）はマンハッタン（ニューヨーク市）の病院で生まれましたが、彼の家族はブロンクス地区に住んでいました。母サンチタ・フェリシアー

宇宙物理学者のタイソンは、ラジオ、テレビ、そしてニューヨーク市のヘイデン・プラネタリウムを通じて、宇宙を一般市民に身近なものとしました。

ノ・タイソンはプエルトリコ系で高齢者問題の専門家であり、アフリカ系アメリカ人の父シリル・ドグラース・タイソンは社会学者で教育者でした。

ニールは3人兄弟の真ん中でした。両親は子どもたちをニューヨークの文化的財産に触れさせましたが、アメリカ自然史博物館内にあるヘイデン・プラネタリウムもその一つでした。ニールは9歳の時、初めてそこで夜空を見ます。その時の印象は強烈で、のちに彼は「私には選択の余地がなかった。実際、宇宙が私を呼んでいたんだと確信しています」と語っています（ロジャー・ビンガムによるインタビュー http://thesciencenetwork.org/programs/the-science-studio/neil-degrasse-tyson)。

タイソンは公立小学校に進学し、その後公立のブロンクス科学高等学校に進みます（同校は7人のノーベル物理学賞受賞者を輩出しています）。彼は天文学に熱中し、すでに高校在学中にヘイデン・プラネタリウムの講座を受講し、ニューヨークのアマチュア天文学協会に所属していました。彼は『サイエンティフィック・アメリカン』誌を購読していましたが、その中のコラム「著者について」を見て、どの大学に最も多くの天文学者が在籍しているかを調べました。その答えがハーバード大学だったので、そこが彼の進学先となったのです。

タイソンはハーバード大学で物理学、のちにテキサス・オースティン大学で天文学を学び、1991年にコロンビア大学で宇宙物理学の博士号を取得しました。彼の研究は星の生成と進化、銀河と銀河のバルジについてでした。

タイソンはプリンストン大学にポストを得ました。それはヘイデン・プラネタリウムでの半日の仕事も兼ねており、そこでプラネタリウムの改装をデザインし、2000年に完成しました。彼は惑星のグループ分けを行い、冥王星は、他の巨大なガス惑星*などではなく、他の小さな氷の天体と同類のものなので、惑星の数に入れるべきではないと結論付けました。この行動は、多くの人々、特に子どもたちから大変な抗議を受けました。タイソンの決断は、2006年に国際天文学連合により認められ、冥王星は準惑星に格下げされました。

タイソンは星と同じくらい言葉を愛しています。彼は、2番目にやりたかった仕事はブロードウェイ・ミュージカルの作詞家だったと語っています。彼はたくさんのラジオ・テレビ番組のホスト役を務めましたが、その中に2014年のPBS番組『コスモス：時空の冒険』があります。これは1980年に放映されたカール・セーガンの『コスモス：個人的な冒険』をアップデートしたものです。タイソンはヘイデン・プラネタリウムの館長も務めています。妻のアリス・ヤング、子どものミランダ、トラヴィスと一緒にマンハッタンの下町で暮らしています。

知のフロンティアにおける問い

銀河や恒星とその生成には多くの問いが残されています。以下はそのごく一部です。

? 「ダークマター」とは何でしょうか？　1970年代初頭に天文学者ヴェラ・ルービンと彼女の同僚たちは、天文学者たちに衝撃を与える発見をしました。銀河の円盤にある恒星が、中心からの距離に関係なく、みなほぼ同じ速度で中心の周りを回っているように見えたのです。恒星の速度は、恒星をその場所に繋ぎ止めておく重力から逃れるのに必要な速度よりも大きくなっています。銀河はばらばらになるはずですが、そうなっていません。天文学者たちは、何らかの目に見えない物質がそれらを繋ぎ止めているに違いないという結論に達しました。

ダークマターは電磁放射線を放出せず、その重力作用を通じて感知する以外は、現在あるどんな装置でも検出できません。ダークは「見えない」ことを表す科学用語です。ダークマターは光を放出せず通常の物質と相互作用しないので、その重力だけが分かるのです。

天文学者は、ダークマターが銀河の生成を手助けしたと考えています。今日、ダークマターがあるために恒星はそれがない場合よりも速く回転します。ダークマターは銀河の周りに幽霊のベールのように集まっています。ダークマターは銀河の周りの空間を歪めるということが分かっています。なぜなら、天文学者には、銀河の近くをもっと遠くの天体からきた光が通過する時、その光が曲げられるのが見えるからです。

ダークマターは、現代の宇宙論*と素粒子物理学の中心的な謎の一つです。それが何であれ、ダークマターは宇宙にある全てのうちの約25%を構成すると推計されています。科学者は、地下深くのトンネルや大型ハドロン衝突型加速器でそれを探索しています。ダークマターのジレンマを解決すれば、重力と物質のどちらかあるいは両方に対する私たちの理解に革命を引き起こす可能性があります。

■もう一つの中心的な謎は**ダークエネルギー**で、これは宇宙空間を加速度的に引き伸ばしている見えないエネルギーです。1998年の計測によって、遠くの天体が以前よりも速く遠ざかっていることが示されました。この動きが意味するのは、宇宙の膨張速度が加速していること、つまりどんどん速くなっているということです。この観測は物理学者と天文学者に衝撃を与えましたが、観測結果は確かめられています。加速は50億年前ないしそれ以前に始まったようです。宇宙の約70％を占める何らかの未知のエネルギーが、宇宙を押し広げているのです。

■また別の不確定な領域を構成しているのが**ブラックホール**と**クエーサー***です。ブラックホールの研究が難しいのは、いかなる物質、エネルギー、光もそこから逃れられないほど密度と重力が大きいためです。その結果、天文学者はブラックホールを直接観測することができません。彼らはその重力が他の天体に与える影響に基づいて、そこにブラックホールがあるはずだと推測するしかないのです。

銀河と恒星がそもそもどのように生成したかは、まだ完全には明らかになっていません。あるシナリオによれば、物質が集まり始めた時に、その質量が太陽の質量の200倍以下である場合、恒星を形成したと言われています。もし集まりつつある物質がこのサイズより大きいと、結果としてブラックホールになります。

ほとんどの銀河の中心には超大型のブラックホールがあるというのが、天文学者たちの現在ほぼ一致した意見です。彼らは、天の川の中心にあるブラックホールのサイズを、太陽の質量の430万倍と推計しています。

ブラックホールに関する難問の一つは、2つの極端なサイズがあることです。小さいブラックホールは、太陽の4倍から24倍の質量があります。超巨大ブラックホールは、太陽の数十億倍とまではいかなくとも数百万倍の重さです。こうした超巨大ブラックホールはどのように生成したのでしょうか？

仮説の一つは、初期宇宙において恒星が連鎖反応でお互いを引き寄せ、巨大な恒星が形成されたというものです。その後これらの恒星は中くらいのサイズのブラックホールを形成し、銀河の中心に沈んで近くの恒星を引き寄せたと考えられています。

ブラックホールを「見る」ためのサイトには、Science (https://hubblesite.org/science) があります。

クエーサーは「準恒星状の天体」つまりほとんど星に近いもののことです。クエーサーは中心のブラックホールの周りにある領域というのが、現在の天文学者たちの一致した意見です。大部分のクエーサーは100億光年以上離れているため、そのほとんどが初期宇宙で生成しました。

クエーサーはブラックホールとそれに吸い込まれる近くの物質を加えたものと思われます。それらの物質は大きなエネルギーを与えられて膨大な放射線を放出するため、クエーサーは宇宙で最も明るい天体として現れます。天文学者たちは、新しいクエーサーがほぼ存在していないのは、銀河の中心のブラックホールが、その近くにある銀河ガスのほとんどを吸収してしまったからだと解釈しています。

恒星とあなた

6月のある澄んだ夜、カリフォルニア北部のシャスタ山の頂上近くで、私はテントもなしにただ寝袋だけにくるまり、雪の溝の中で寝ていました。テントを張る時、杭を打ち込む前に風に吹き飛ばされてしまったからです。その雲ひとつない夜には、天の川銀河が私の膝の上に一晩中見えていました。バークレーの自宅にいる時は、都市の明るい灯りのために、銀河の鮮やかな姿はあまり見えません。

人々が都市に住む以前には、恒星は彼らにとってとても重要でした。初期の人類は、地球と空が分かれていることに気がついていなかったかもしれません。アンデスにあるミスマナイの村人たちは、ヴィルカノタ川が天空に延びていったのが天の川であり、天から地上に水が循環しているのだと考えています。中央アンデスの先住民はケチュア語を話しますが、その天の川を示す言葉「マユ」は川を意味します。

あなたの体の中にあるあらゆる原子は、ほぼ間違いなく、あなたになるまでの間に、一つ、もしかしたら複数の星を経てきました。あなたはまさに文字通りの意味で、星くずからできているのです。それがどのような仕組みになっているかは、次章でわかるでしょう。

それでは本章の初めの問いに戻りましょう。物質は宇宙にどのように配置されていますか？一般に銀河と恒星が宇宙空間にどのように配置され、どのように生成するか説明できますか？

第４章

複雑な原子

恒星がどのように元素を作るのか

スレッショルド３

137億年前から現在まで

ここまでの私たちの物語では、存在する原子は水素とヘリウムとわずかなリチウムだけでした。では、他の原子はどこから来たのか？　これが、本章で答えたい問いです。自然界に存在する原子は92種類ですが、宇宙はそれらをどのように生み出したのでしょうか？

化学元素の性質

文章の意味が明確になるように、例によって基本的な定義から始める必要があります。この章では化学の用語を用います。化学とは、原子がどのように結合して新しい物質を作り出すかを研究する学問です。

化学者は、**元素**、あるいは**化学元素**という言葉を用いますが、これは互いに結合していない1種類のみの原子からなる純粋な物質を意味します。動く電子に取り囲まれた1個の原子核からなる**原子**は、元素の最小単位です。元素の**原子番号***は、原子1個の原子核の中にある陽子の数を示します。

水素（原子番号1）とヘリウム（原子番号2）が基本となる元素です。より複雑な元素には、例えば炭素（原子番号6）、酸素（原子番号8）、ナトリウム（原子番号11）、塩素（原子番号17）があります。

元素の完全なリストとして、「周期表」と呼ばれる表があります。ロシアの化学者ドミトリー・メンデレーエフ（1834－1907）が1869年に最初にまとめました。それが周期表と呼ばれるのは、メンデレーエフが発見したように、陽子の数が増えるごとに同じ化学的性質が繰り返し現れるからです。ウラン（原子番号92）までの原子は自然界で発生します。物理学者は素

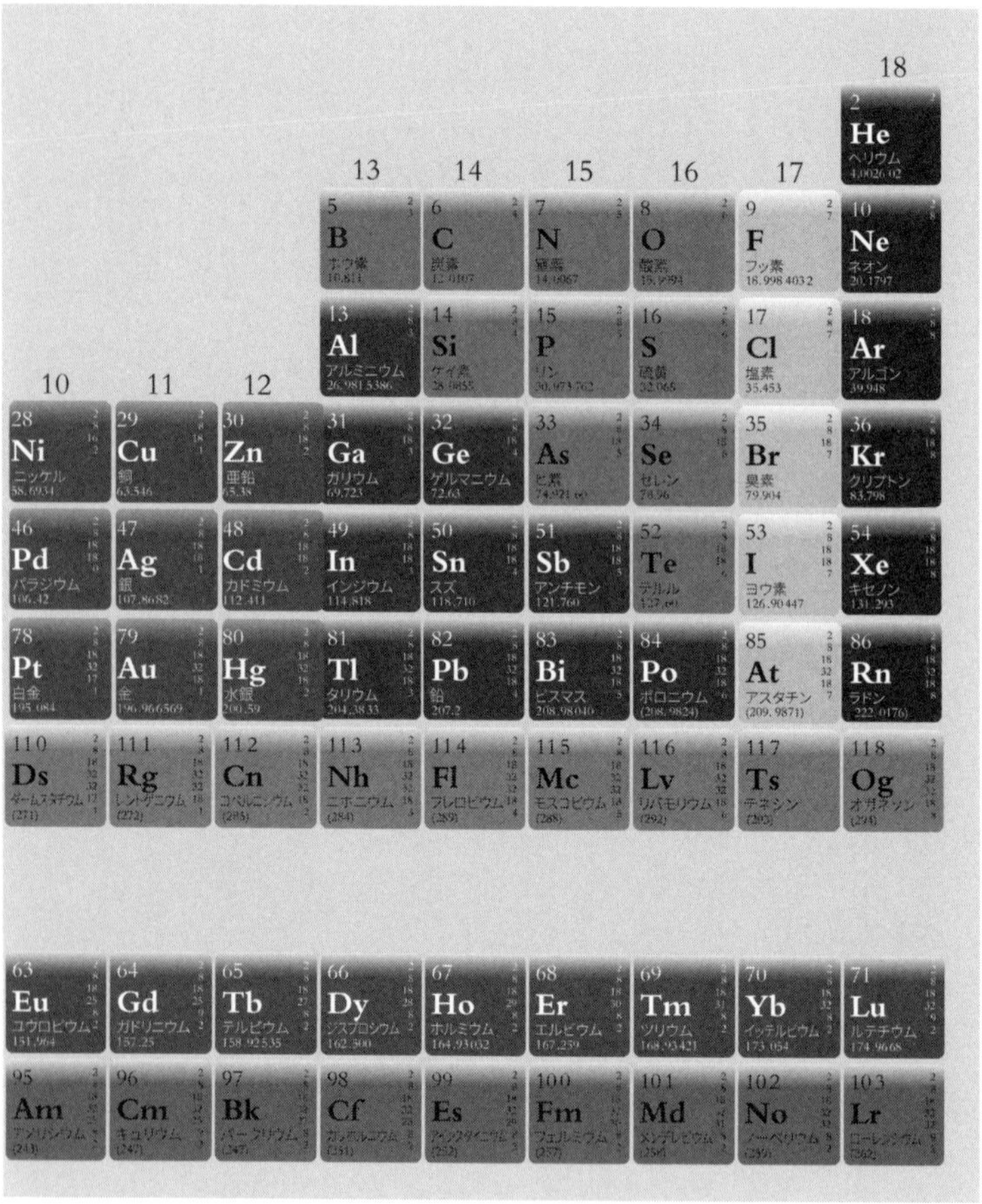

スレッショルド3　（137億年前から現在まで）

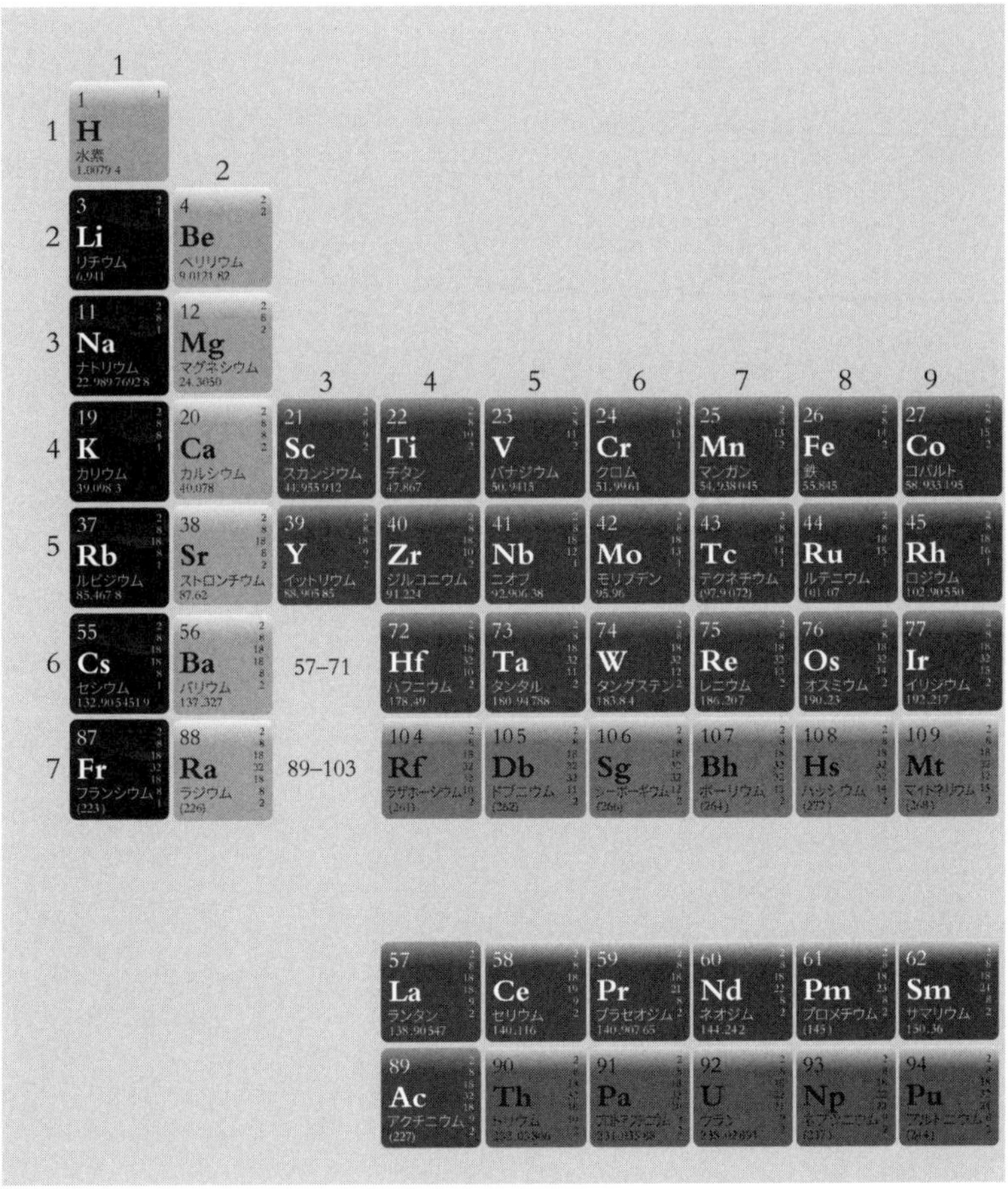

図8　周期表　各元素はそれぞれの箱をもっていて、左から右に行くほど原子番号が大きくなります。この箱は、似た化学的ふるまいをする元素が同じ縦列になるように配列されています。これは電子の殻への収まり方によって起こります（続きを参照してください）。

粒子加速器を用いて陽子が92個より多い原子を作り出すことができますが、原子核が大きすぎてお互い長く結合していられないため、すぐに崩壊してしまいます（図8「周期表」を参照）。

ある原子には、陽子と同数の中性子が含まれていることもあれば、陽子と異なる数の中性子が含まれていることもあります。このような原子を同位体*といいます。

同位体：ほぼ同じ双子

元素の原子は、その原子核に特定の数の陽子をもっています。原子をある特定の元素として定めているのは、陽子の数なのです。中性子の数は陽子の数と同じこともありますが、いつもそうではありません。一般に、原子番号が大きくなると、中性子の数も多くなります。例えば、ウランは92個の陽子と１４６個の中性子をもっていますが、これは強い力が、電磁気力が作用する距離を超えてしまうためにより急速に弱まってしまうからです。このように、原子核が大きくなると、それをくっつけておくためにより多くの中性子の「接着剤」が必要になります。

中性子の数が異なる元素を、ある元素の**同位体**と呼びます。同位体は、同じ元素ではありますが、中性子の数が異なる原子です。陽子と中性子の合計の数を質量数といいま

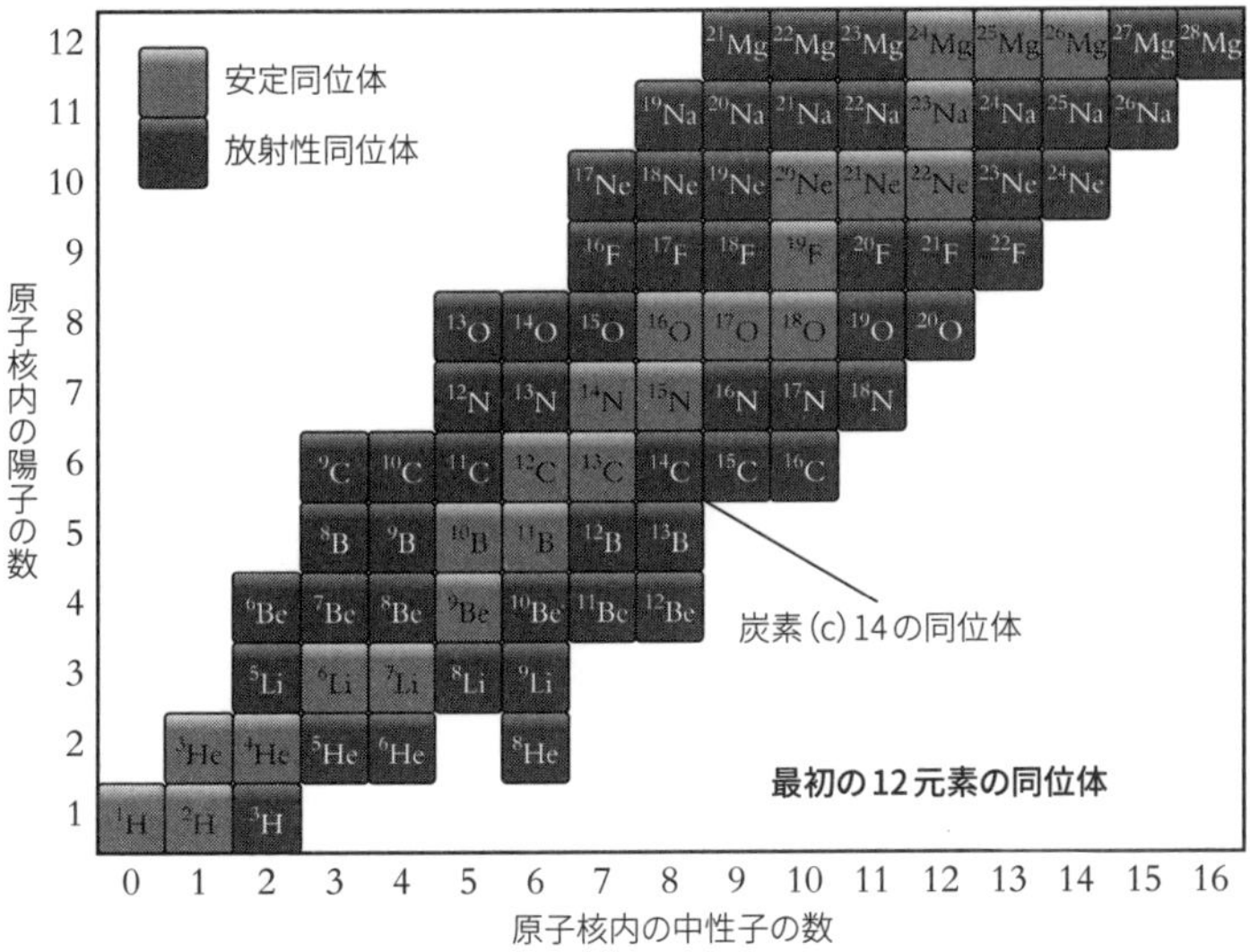

図9　最初の12元素の同位体　この図は最初の12元素がもつことのできる中性子の数の範囲を示したものです。また、どれが時間が経っても安定的で、どれが時間とともに変化するかを示しています。

す。元素の質量数は元素記号の左上に上付き文字で示しますが、入力しやすいようにしばしばC－12（もしくは炭素12）のように書きます。これは陽子6個と中性子6個をもった炭素であることを意味しています。

炭素は15種類の形、つまり同位体が知られています。最も一般的な炭素は^{12}Cと^{13}Cで、これは中性子が6個と7個の炭素を意味しています。この2つは安定しており、中性子を失いません。しかし炭素には他にも、6個の陽子と2個の中性子をもち原子核に合計8個の粒子をもつ^{8}Cから、6個の陽子と16個の中性子をもつ^{22}Cまで、13個の同位体があります（図9「最初の12元素の同位体」を参照）。

92元素のうち81の元素の同位体は安定しています。それらは時間とともに変化しません。その他は**放射性同位体**といいます。放射性同位体は時間の経過とともに崩壊し、その過程でさまざまな方法で放射線を放出してエネルギーを失います。原子核の半分が崩壊する期間を、その元素の半減期といいます。

炭素14（C－14）は重要な同位体の例です。これは陽子6個と中性子8個をもっています。成長する植物は、空気中の二酸化炭素から少量の炭素14を取り込んでいます。動物はその植物を食べて炭素14を吸収します。植物や動物が死ぬと、その体内にある炭素14は半減期５７３０年で崩壊します。これは、５７３０年ごとに炭素14同位体の半分が崩壊することを意味します。

1940年代に、カリフォルニアの物理学者ウィラード・リビー（1908－1980）が、死んだ生物の炭素14を測定して、生きている生物の炭素14と比較することで、その生物がいつ死んだかが分かることを明らかにしました。もし炭素原子の半分がまだ炭素14のままで、半分が崩壊していれば、その生物は5730年前に死んだのです。もし25％の原子が炭素14のままで、75％が崩壊していれば、それは1万1460年前に死んだことになります。この方法は約5万年前の生物にまで適用することができます。これはものがどれくらい古いかを明らかにする鍵となる発見であり、ビッグヒストリーを可能にするのに役立った年代測定技術でした。


私たちの周りに見える物質のほとんどは、元素ではなく化合物*です。2種類以上の元素の原子が結合すると、結果として化合物ができます。水素2個と酸素1個からなる水は、化合物の単純な例です。**分子**とは2つ以上の原子が結合したもので、同じ元素同士でもかまいません。数百個の原子からなる分子もあり、全てが特定の方法で結合しています。

私たちが呼吸している酸素は酸素分子で、酸素原子2個が結合しています。酸素原子3個が結合した分子をオゾンといいます。オゾンは吸うと有害ですが、地球の上空で層を形成しており、太陽の紫外線によって受けるダメージから生物を保護しています。

原子はどのように結合するのでしょうか？　原子には、大きな原子核とその周りの離れたところを回る小さな電子があり、両者の間には大きな空間があることを思い出しましょう。電子は原子核の周りを動いていますが、それが通る一連の3Dの軌道を殻と呼びます。最初の殻には2個の電子を入れることができ、次の2つの殻にはそれぞれ8個の電子が入ります。殻が全部埋まっている元素は最も安定的です。一番外側の殻が全部埋まっていない場合、電子はある元素の殻から別の元素の殻に飛び移ってしまうかもしれません。化学反応は電子自身の再組織化を引き起こし、そうすることによって、原子核の間の結びつきを作ったり壊したりするのです。化学とは、化学的な結びつきの形成と破壊をもたらす電子とその相互作用についての科学です。

原子は化学反応においてさまざまなやり方で結合します。ある原子のいくつかの電子が別の原子核の周りを回り始めることもあります。隣り合う原子がそれらを共有するのです。このような場合には、電子は2個以上の原子核の正の電荷に引きつけられ、多かれ少なかれその間にとどまります。原子どうしを繋ぎとめるこのタイプの電磁気的結びつきを、**共有結合**といいます（図10「共有結合」を参照）。

電子が、ある原子から別の原子へと移住する場合もあります。その例は食卓塩で、11個の電子をもつナトリウム原子の一番外側の電子が、17個の電子をもつ塩素に移ります。これによりナトリウム原子の電子は10個、塩素の電子は18個となって両方とも殻がいっぱいになります。ナトリ

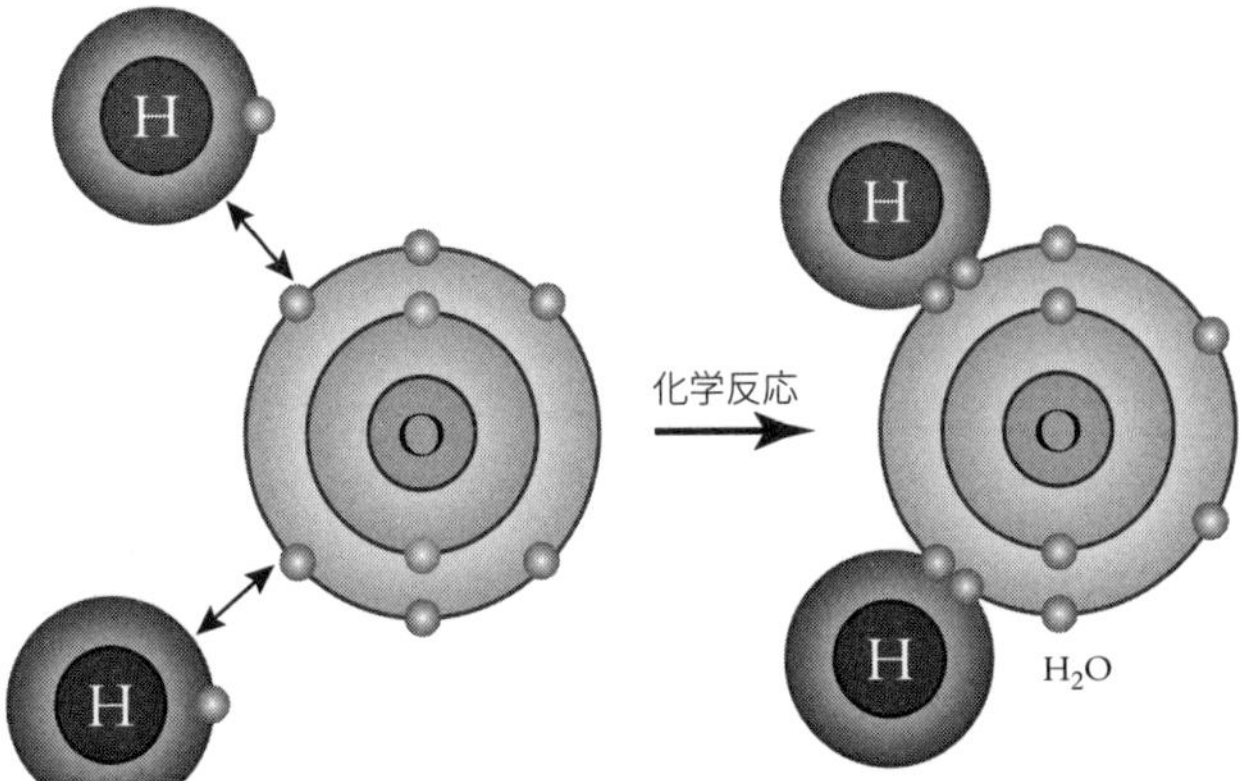

図10　共有結合　水(H_2O)は共有結合の化合物です。酸素原子はその外殻に6個の電子しかもっていないので、2個の水素原子がそれぞれ自分の電子1個を加えることによって、酸素の外側の核を埋めることができます。

ウムは電子を1個失うので正に帯電します。塩素原子は負に帯電するので、両者は引き合います。このタイプの化学結合を**イオン結合***といいます。

近接した原子のほとんど全てが一番外側の殻の電子との緊密な結びつきを失い、このくっついていない電子が原子の周りを流れることもあります。こうした結びつきを**金属結合**といいます。実際の過程がどうであれ、分子や金属のような他の物質の結びつきを作るのは常に電子です。電子は原子をくっつける接着剤なのです。

化学の用語を概観したので、私たちの問いに戻る準備ができました。宇宙は2個ないし3個の陽子よりも大きな原子核の原子を、いったいどのように生み出したのでしょうか？

原子核が大きくなるためには、より多くの

陽子がくっつく必要があります。しかし陽子はそれに逆らおうとするのです。というのは陽子は正の電荷をもっていて、別の陽子の正の電荷と反発するからです。この反発作用を乗り越えるためには、燃えている恒星の通常の温度よりも高い、非常に高い温度を必要とします。

そのため、恒星はずっと安定して燃え続けるわけではないのです。星には誕生、生存、死というライフサイクルがあります。星は一生のさまざまなステージでは異なる温度で燃えます。驚くべきことに、恒星は複雑な原子、生命を生み出す元素を作り上げてきました。

恒星の一生

恒星は一生の物語をもっています。恒星は地球上の生物のような意味での生命体とは考えられないとしても、生きているかのようにその生と死を語ることができます。

恒星の「一生」は、それが最初の物質の雲から作られる時の大きさに依拠しています。恒星の大きさは、太陽の0・01倍の質量から約200倍の質量まで幅があります。恒星が大きいほどその燃料を燃やすのが速くなります。最も大きい恒星は1万2500年くらいしかもちませんし、一方で小さな恒星だと16兆年くらい存在し続けるかもしれません。

天文学者の人生は短いので、どんな恒星であれそのライフサイクル全体を見ることはできません。その代わり、異なる発展段階にあるさまざまな恒星を観察できます。生成したばかりの幼い恒星もあります。太陽のように中年の恒星もあり、また50億年後の太陽がそうであるように、年老いて死につつある恒星もあります。

恒星は一生のほとんどの間、自らの水素を絶え間なく燃やしてヘリウムに変えています。この過程を**核融合**といいます。恒星のコアの熱はあまりに高いので、水素原子4個の陽子がお互いにくっついて融合します。これにより、原子核に陽子2個と中性子2個をもつヘリウム元素が形成されます。4個の陽子のうち2つは自らの正電荷をもつ陽電子を放出します。こうして、アインシュタインの有名な公式にしたがい、陽子の質量のほんのわずかな量が大量のエネルギーに転換されます。このエネルギーは、光の光子として宇宙空間に放出されます。

恒星が燃えるにつれて、ヘリウム原子を作るための水素原子が使われていきます。最終的に、恒星は水素原子を使い果たすことになります。外側に向けてのエネルギーの流れが止まり、重力の力が優位になります。次に何が起こるかは、恒星の大きさによって変わります。

もし恒星が小さいと、コアが崩壊して、外側の層が宇宙空間にばらまかれます。コアは小さくなって温度が上昇し、白色矮星《はくしょくわいせい》としてしばらくの間燃えます。ゆっくりと冷えていって、ついに黒色矮星と呼ばれる燃えかすになります。この死んだ星は宇宙空間を漂います。

恒星が大きいと、コアが崩壊した時、外側の層の温度が核融合反応の継続に十分なほど高くなり、恒星は赤色巨星となります。コアでは温度が上昇し、ヘリウム原子が核融合を始めてベリリウムになるくらいの温度になりますが、ベリリウムは1秒に満たない時間しか存在せず、それがさらに他のヘリウムと核融合して炭素になります。

ヘリウムが使い尽くされると、恒星のコアは再び崩壊します。存続するのに十分な質量がない時には、恒星は爆発して炭素が宇宙空間にばらまかれます。もし質量が十分にあると、コアの温度が上昇して、炭素原子が酸素へ、さらにはケイ素へ核融合できるくらいの温度になります。一連の核融合の間隔はより短くなります。

例えば、太陽より質量の大きな恒星は水素を数百万年で使い果たし、次に50万年でヘリウムを使い果たし、そして炭素は600年、酸素は6ヵ月、ケイ素は1日で使い果たしてしまいます。

このパターンは恒星が十分な質量をもっている限り繰り返され、温度がどんどん上昇していきます。十分な質量をもつ恒星は、ついにさまざまな層のさまざまな燃料を、信じられない温度で使うようになります。温度が摂氏約40億度に達すると、恒星は鉄（原子番号26）を作り始めます（図11「大きな恒星の内部における新しい元素の蓄積」を参照）。

そして恒星は最後の死を迎えます。鉄は最も安定した元素です。鉄の原子核は核融合しませんので、核融合を通じて新しい元素を作る過程は終わったのです。燃料が燃え尽きると、重力と釣り合いをとるエネルギーの流れはなくなります。続いて起こる急激な崩壊が大量のエネルギーを放出して、瀕死の星は超新星として知られる大爆発を引き起こします。

超新星

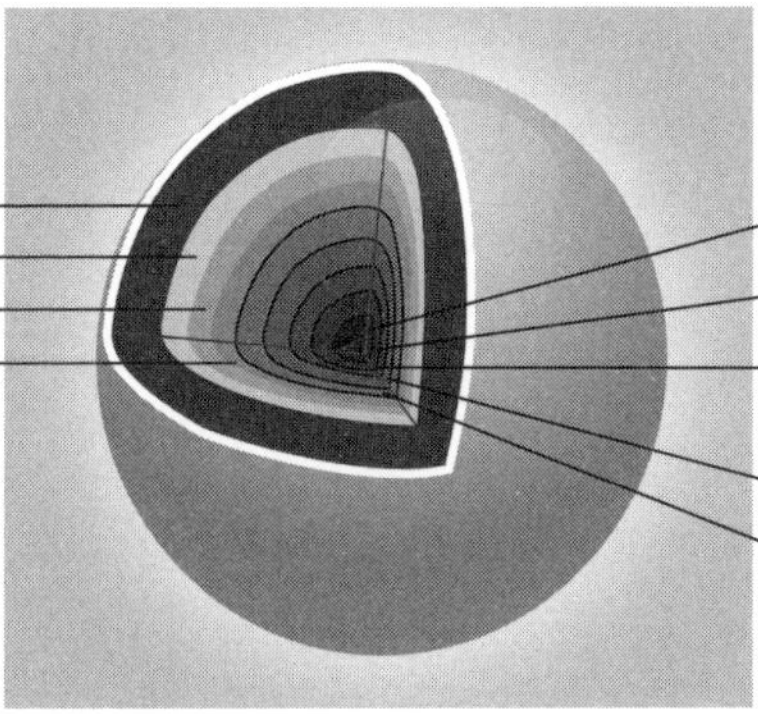

図11　大きな恒星の内部における新しい元素の蓄積　この絵は、巨大な古い恒星の内部で起きている核融合のさまざまな層を示しています。コアで鉄が作られ始めるとその恒星はやがて崩壊し、もし十分に大きければ、超新星爆発を引き起こします。

超新星は、超巨大な恒星がその生涯の最後に引き起こす爆発です。1ヵ月ほどの間、太陽がその一生の間に放出するエネルギーよりも多くのエネルギーを出します。超新星爆発の衝撃はあまりに大きいので、新しい種類の原子を銀河全体にばらまきます。

もし超新星が地球から500光年以内の距離で発生したら、私たちはトーストにされてしまうでしょう。しかし宇宙は広く、ほとんどの超新星は遠くで発生するので、私たちのもとに届く光は瞬く明かりだけです。現在、私たちをあぶり焼きにするほど近くに存在する超巨大恒星がないことを、天文学者は保証してくれています（聖書によれば、2000年前のイエスが生まれた時に明るい星が現れたとのことですが、天文学者はこれが超新星かもしれないと考えています)。

肉眼で見えるほど地球に近い超新星は、あまり多くありませんでした。1054年に発生した超新星は、中国の天文学者によって目撃されました。ただ、ヨーロッパでの目撃記録はありません。その超新星の残骸はかに星雲と呼ばれ、まだ望遠鏡で見ることができます(https://esahubble.org/images/heic0515a/ を参照)。

地球から見られた最新の超新星は1987年で、南半球だけでかろうじて目にすることができました。それは16万9000光年離れた近くの小銀河である大マゼラン星雲で発生しました。光は到達するまでに時間がかかるので、私たちは発生から16万9000年後にそれを見たことになります。これは望遠鏡が発明されてから最初の明るい超新星だったので、天文学者たちは大興奮しました。

中規模の銀河では、超新星は100年に1回くらいしか発生しません。そのため、天文学者がそれらを観察して何であるかを解明するのにしばらくかかりました。ロサンゼルスにあるカリフォルニア工科大学の宇宙物理学者フリッツ・ツビッキーが、1930年代に超新星(supernova)という用語を生み出しました。1957年になってようやく、ケンブリッジ大学のフレッド・ホイルが、他の研究者たちの協力のもと、超新星爆発でより重く複雑な原子がいかにして生成するかを明らかにしました。

超新星が爆発すると、中心部が崩壊して想像を絶するほど密な塊となります(アングロアメリカンのサイエンスライターであるビル・ブライソンは、100万個の砲弾をビー玉1個の大きさに圧縮したようなものであり、私たちは近づくことすらできないと言っています)。超新星のコアの温度はとても高いので、電子が陽子と融合して中性子になります。

超新星爆発は、鉄よりも重いウランまでの元素を、核融合ではなく中性子捕獲によって作ります。非常な高温下では、たくさんの陽子が電子と融合して中性子になります。この余分な中性子が、核の中に残った陽子とくっつきます。そののちこの余分な中性子は崩壊して(電子を失って)余分な陽子となり、より重い元素の原子核を形成するのです。

重い元素は、ごく少数の超巨大恒星が死ぬ際に、15分から30分くらいの短い時間で作られます。これが、より重い元素がごくわずかしかない理由です。超新星爆発が何十億年ものあいだ発生したあとの現在ですら、水素とヘリウムがいまだに全原子の98%を占めています。残りの2%のうち最も多くみられるのが、死にゆく星の中の核融合で作られる鉄です。残りの元素で鉄より重いものはごくわずかです。水素とヘリウムより重い元素は、恒星の崩壊と爆発により、これからも増え続けるでしょう。

ここまでのところで、なぜ死につつある恒星が私たちの物語における一つのスレッショルド、つまり転換点を意味するのかが明らかになったはずです。初期宇宙の膨張と冷却は、より重い元素が生成するには速すぎました。その代わりに、恒星のコアの熱が重い元素を作るエネルギーを供給したのです。これらの重い元素は、さまざまな方法で結合してまったく新しい、予期せぬ物質を作ることができます。ついにそれらは結合して生物となりました。もし水素とヘリウムしかなかったとしたら、宇宙では何も起きなかったでしょう。そうならずに私たちは、発展し主要なスレッショルドで思いがけない変化を遂げる、転換する驚くべき宇宙に生きているのです。

化学は、原子がどのように結合して新しい材料を作るのかを研究する学問です。次章では、化学反応が生じて元素の多くの新しい結合が形成される上で、地球の表面がいかに完璧な環境になったかを見ることになるでしょう。

ラス・ジェネット：ロボットの天文観測者

ラッセル・マール・ジェネット（1940年生まれ）は宇宙の観察は大好きでしたが、遠くの恒星からの光子を集めて恒星を観測するという退屈な作業のために、寒い中を何時間も座っているのは苦手でした。この問題を解決するために、彼は小型コンピュータに制御された全自動望遠鏡をそなえた初のロボット天文台を開発したのです。

そこに至るまでに、ジェネットは自分の関心に従ってさまざまな道を通ってきました。彼はカリフォルニア州ユカイパの大牧場で育ちました。すぐ近くにはパロマー山天文台があり、望遠鏡のドームが太陽の光に反射してキラキラ光っているのが見えました。毎

わが道を行く研究者であるジェネットは、小型の安価なコンピュータで望遠鏡を制御することを学んだ。

年夏にはウィルソン山のふもとに暮らす祖父母のところで1ヵ月を過ごし、みんなでよくウィルソン山天文台までピクニックに行きました。

8歳の時、ラス少年は顕微鏡、虫眼鏡、クエーカーオーツカンパニー〔グラノーラや朝食用シリアルの会社〕の箱を使って、初めて望遠鏡を作りました。それを使って、彼は月のクレーターや木星の衛星を見ることができました。

ジェネットは1964年にオクラホマ大学で電気工学の学士号を取得しました。その後彼が夢中になったのはロケット、飛行機、女性でした。彼はロケットと宇宙船の誘導システムを設計し、飛行機の訓練を受けました。1980年、空軍工科大学で航空機とロケットのコンピュータ・シミュレーションモデルに取り組み、物流管理の研究で修士号を取得します。

その頃、ジェネットはオハイオ州フェアボーン近郊に天文台を設立し、のちにより視界のよいアリゾナ州ホプキンス山に移りました。1983年には、同僚のルイス・ボイドとともに、最初の全自動望遠鏡を設置しました。そこではコンピュータで制御されたロボットが、恒星の明るさの変化の正確な光度測定を行いました。天文学者が寒い中に一晩中座り続けなくても、起動したコンピュータに恒星の場所を探させて、写真を撮影することができました。

1987年に南半球で観測可能な超新星が発生すると、ジェネットはそれに関する本『超新星1987A：天文学の爆発の謎』を書きました。彼のロボット望遠鏡はPBSの1時間番組『完璧な天文観測者』（1993年）で取り上げられました。

ジェネットは、子どもの頃から好きだったシェリル・リンダ・ダヴィッドソンとの再会を果たし、2001年11月17日に結婚しました。同年には天文学の博士号も取得し、二人はカリフォルニア州サンタ・マルガリータ近郊にオリオン研究所および天文台を設立しました。その場所は、夜空をさえぎる霧を避けるため、海から20マイル離れた内陸部にあります。二人は先進的な望遠鏡を備えた小さな天文台のそばに小さな家を建て、そこで暮らしました。

その頃すでにジェネットは、天文学者としての宇宙的視点を広げ、それを人類に適用していました。彼は、宇宙と人間の進化を説明し、人類の起こりうる運命に焦点を当てた一般向けの本『人類：アリになったチンパンジー』を２００７年に出版しました。

ラスとシェリルは、冬の数ヵ月間をハワイのオアフ島ワイアナエで過ごします。１年の残りの期間はサンタ・マルガリータで、クエスタ・カレッジでの講義と連星（つながった2つの恒星）における短期間の食の観測をします。ラスはまたカリフォルニア工科大学（Cal Poly）の研究員でもあり、そこで学部の研究プログラムを作成してきました。ラスとシェリルは自然科学者と人文科学者が集まるカンファレンスを開催し、シェリルはコリンズ教育基金の出版部門であるコリンズ基金出版を運営しています。

多才なジェネットは、自転車、カヤック、飛行機に乗り、キーボードを弾き、本を書くのも好きです。自分の情熱に大胆に従いながら、自分にとって良い人生を歩むことで、彼は人類にとって多大な貢献を行ってきました。以下が彼の未来に対する見方です。

「私たちは生まれ故郷の惑星を離れ、私たちの銀河の片隅にある他の恒星系に広がり、おそらく最終的には銀河全体へと広がっていく運命にあると私は確信しています。私たちは、郷里の恒星である太陽に残された50億年という短い寿命を超えて生きる運命にあります。宇宙は若く、私たちも若く、私たちの前には、私たちの宇宙の未来が、私たちが永遠に楽しめる巨大な祝宴が広がっているのです」。

(http://www.orionobservatory.org/About%20Russ.html)

宇宙化学のいま

光は宇宙の大きな謎の一つです。第2章で私がそれを質量のないエネルギーと定義したのを思い出してください。科学者はそれを電磁放射と呼んでいますが、これは何もない空間を波として進む電場と磁場です。光は動くのに物質的な媒体を必要としません。ガラスのような物質的な媒体の中を進むと、光の速さは遅くなります。

アルバート・アインシュタイン（1879－1955）は、光が波として理解できることを示しました。この波は、何もない空間をほぼ秒速30万キロメートルという常に同じ速さで動きます。彼はまた、光がエネルギーの包み、つまり粒子としても理解できることを示しました。しかし実際には、光は粒子でも波でもないことを彼は示しました。それが何になるかは状況によります。このアイディアをもって、アインシュタインは永続しない量子の世界の扉を開いたのです。

アインシュタインよりもずっと前に、アイザック・ニュートン（1642－1727）は光がさまざまな色から成ることを初めて明らかにしました。光を三角形のガラスのプリズムに透過させることによって、光の波長を色のスペクトルとして帯状に広げることができます。光のスペクトルは最も長い波長である赤から、中間の緑、そして最も短い波長の青／紫まであります。

恒星からの光は地球上の光よりもはるかに遠く微かなので、それを研究するには誰かがプリズ

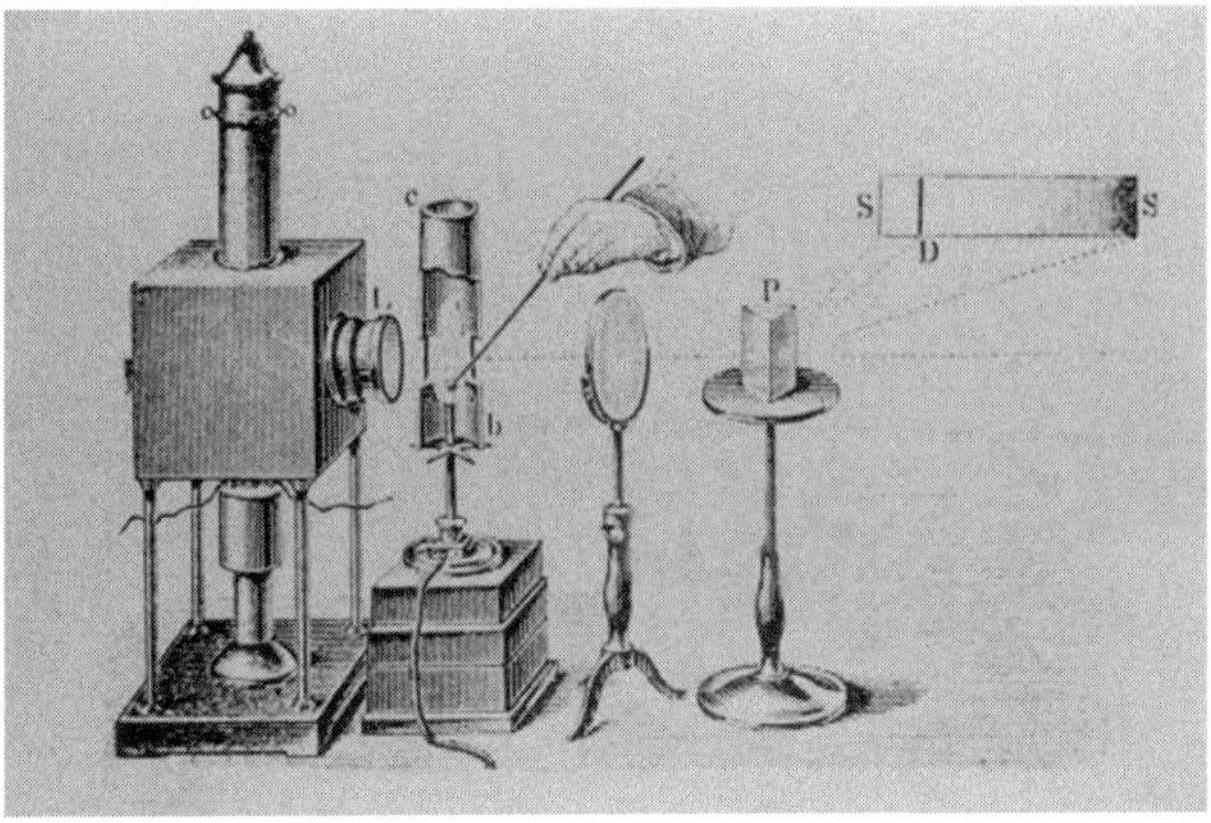

図12　1900年頃の分光器　分光器によって、レンズとプリズムを通じて燃焼する元素のガスを見ることができます。これにより、色のスペクトルを背景に、その元素が何であるかを同定する黒い線が浮かび上がります。図のスペクトルは、シリンダーの中の元素がナトリウムであることを示しています。

ムよりも精巧な器具を発明する必要がありました。1814年にそれを行ったのが、ドイツのガラス職人（物理学者で光学器機技術者）ヨゼフ・フォン・フラウンホーファー（1787－1826）でした。彼が発明した器具を**分光器**といいます。今日、それは望遠鏡に取り付けられ、観測者は恒星からの可視光線を別々の波長に分けて見ることができます。この発展が、天文学を宇宙物理学に変えたのです（図12「1900年頃の分光器」を参照）。

分光器を使うことによって、天文学者は遠くの恒星や銀河からの光には地球上の光と同じ色が含まれていることを知りました。一部の人が想像していたような新しい色は、他の惑星や恒星にはなかったのです。

ところが、分光器によって示された色のスペクトルには、新たに驚くべきものが写っていました。**吸収線**と呼ばれる細く黒い線の不思議なパターンが、色のスペクトルの特定の場所に現れるのです。それはお店で買い物をする時に使われているバーコードに似ています。恒星からの光は、地球上の光と同じ光の虹をもっていますが、それに加えて黒い吸収線があるのです(https://astronomy.swin.edu.au/cosmos/S/Spectral+Line を参照)。

さらなる研究によって、地球上の光もまた黒い吸収線を示すことが明らかになりました。地球の光のバーコードの研究によって、科学者は、このバーコードを作っているのはさまざまな化学元素の存在であることを知りました。例えば、ナトリウムはスペクトルの黄色の部分にはっきりとした線を示します。

それぞれの元素は、電子の軌道に関連した理由により、光に対して独自の効果をもたらします。各元素の原子が、それぞれ独自の特徴をもつ線・スペース・色のバーコードの線を作り出すのです。このことは、天文学者が恒星からの光を観察すれば、どんな元素が存在するかが分かることを意味します。天文学者は恒星がみな同じではないことを発見して驚きました。ある恒星に含まれる元素は、別の恒星の元素とは異なっていたのです。通常いくつかの元素がどの恒星にも存在しているので、吸収線はしばしばごちゃごちゃになっています。しかし観測者はそれらを整理する方法を発見してきました。

地球と私たちの天の川銀河の星では、元素の存在により引き起こされる吸収線は、色のスペクトルの中で同じように並んでいました。

しかし、もう一つの驚きが天文学者を待っていたのです。19世紀末、天文学者ヴェスト・スライファー（1875－1969）はアリゾナ州フラッグスタッフの天文台で働いていました。彼は、星雲では現れる線のパターンがスペクトルの赤の側にシフトすることに気がつきました。吸収線は同じパターンですが、予測される場所よりもシフトして見えたのです。もし線のパターンが赤の側、つまりより長い波長にシフトしているならば、星雲は私たちから遠ざかっていることになります。もし線が青の短い波長の側にシフトしているのなら、星雲は私たちに近づいていることになります。線の位置のパターンは同じままです。赤の側への線のシフトは、**赤方偏移***と呼ばれています。

赤方偏移は何を意味するのでしょうか？　これは**ドップラー効果**の例です。ドップラー効果は、音波の進み方に関するみなさんおなじみの現象です。

光波も音波も、波の山の間の距離で測られる波長で進みます。波長の周波数は、単位時間当たりの山の数です。

音は光よりもはるかに遅く進みます。それは、雷が光ってからその音が聞こえるまでに時間がかかることで分かります。もし遠くのほうで光ったのであれば、光が見えてから音が聞こえるまでに数秒かかります。

近づいてくる救急車やパトカーのサイレンの音は高く聞こえます。サイレンが通り過ぎると、その音は低くなります。このようになるのは、サイレンが近づいている時には音波の波の間隔が縮められ、サイレンが離れる時にはそれが長く延ばされるからです。言い換えると、波長の周波数が変化し、耳がその違いを記録するということです。

光波も同じ効果をもちます。光が遠ざかる時には、その波の山の周波数が延ばされて赤の長い波長になります。もし近づいているなら、青の短い波長となります。

こうして天文学者は、遠くの星雲の光がスペクトルの赤い端にシフトしているのだから、その星雲が私たちから遠ざかっているに違いないことを理解したのです。ハッブルや他の研究者たちが発見したように、宇宙の膨張に伴って、星雲が離れているほど速い速度で遠ざかっていることを突きとめたのです。分光器の利用から得られたこの知識が、第2章で説明したビッグバン宇宙論の基礎を作るのに役立ちました。分光器は、ビッグヒストリーの物語を可能にした最も重要な発明の一つです。

私たちの銀河の中にある星は、なぜ太陽系から遠ざからないのでしょうか？　近くの恒星の重力、中心部のブラックホールの重力、そして銀河に浸透していると思われる神秘的な目に見えないダークマターの重力が、それらを繋ぎ止めているのです。

知のフロンティアにおける問い

？　中性子星とは何ですか？

超新星の爆発するコアが、**中性子星**＊を作ることがあります。コアが崩壊して陽子と電子が一緒に押しつぶされ、結合することで中性子に変換されます。もしそれらの星がそれほど大きくなければ、中性子は崩壊を止め、当面これ以上は核融合が起きない中性子星となります。かに星雲の超新星の残存物に、極めて小さい高温の星として見ることができます。

中性子星は、太陽の大きさの塊を町の大きさに閉じ込めたもので、既知の宇宙で最も密度の高い物質です。角砂糖1個分の中性子星の物質の重さは約1億トンで、それは山1つ分と同じくらいの重さです。また、宇宙で最も強い磁場をもっていて、おそらく高温のチャンピオンです。ときどき非常に速く回転していて、電磁放射のビームを規則的に放出します。それらは**パルサー**＊として知られています。中性子星の状況はとても極端なので、他では研究できない物理学の魅力的な領域を天文学者に垣間見せてくれます。

死にゆく星とあなた

あなたは死にゆく星と直接つながっているのです。もしあなたの体の中にある原子の数を数えることができたら、平均してそのうちの約62%が、138億年前に宇宙の始まりとともに作られた水素であることが分かるでしょう。

気体の形態での純粋な水素は体内にはありません。それらは他の原子と結合しています。こうしてあなたの体の全ての分子、少なくとも一部は死にゆく星か超新星で作られたのです。あなたの体の全原子のうち、約24～26%が酸素（原子番号8）で、約10～12%が炭素（原子番号6）です。上位10位の残りの原子は、それぞれわずか1・5%かそれ以下ですが、窒素（原子番号7）、ナトリウム（原子番号11）、マグネシウム（原子番号12）、リン（原子番号15）、硫黄（原子番号16）、塩素（原子番号17）、そしてカルシウム（原子番号20）です。あなたの体の中にあるこれら上位10位の原子は、全て死にゆく星の高温の中で作られたのです。平均的な人間の体からは、少なくとも60種類の重い化学元素が検出できますが、その多くが超新星で作られたものです。

一人一人の人間は、まさに文字通り星くずによってできているのです。実際、地球上にある全てのものは星くずからできています。このようにして私たち、そして地球上にあるその他全てのものはみなお互いに結びついており、また宇宙の全てのものと結びついています。天文学者、物理学者、化学者は、長年にわたる大変な努力によって、この壮大な起源物語のパズルをつなぎ合わせてきたのです。

ここで本章を通しての問いに戻りましょう。複雑な原子／元素はどこから来たのでしょう？宇宙はどのようにしてそれらを作ったのでしょう？

第５章

太陽と地球

スレッショルド４

46～35億年前

地球という惑星のどのような特徴が生命を可能にするのでしょうか？　本章では、この問いに対する答えを探究します。生命は宇宙の他の場所にも存在するかもしれませんが、現在までに生命が存在することが分かっている唯一の場所が、まさにここ地球なのです。データがないために、私たちの宇宙物語は、地球の物語に限定されることになります。ここに生命が出現することを可能にした特徴とは何でしょうか？

以前の章では、亜原子粒子が常に動いていることを学びました。この章では、より大きな尺度のものも、やはり常に動いていることを見ていきます。喩えて言えば、あらゆるものが夢中になって踊っているのです。あるいは、シートベルトを締め直しましょう。私たちが住んでいる惑星は、地軸の周りを赤道では時速約1700キロメートルで回転しています（これは約4万キロメートルの赤道上の地球の円周を、1日24時間で割れば出てきます）。この惑星はまた太陽の周りの軌道を時速10万6000キロメートルで回っており、同時に太陽とその全惑星が一団となって天の川銀河の中心の周りを時速79万2000キロメートルで回っています。銀河の周りを一周するには2億2500万年かかり、これを**銀河年***と呼ぶこともあります。太陽と地球が生成してから、私たちは銀河の周りを約20周したことになります。

私たちの星・太陽の生成

私たちは、太陽と呼ばれる恒星を回る地球という惑星にいます。太陽は、私たちの銀河に少なくとも1000億個以上ある恒星の一つです。私たちの恒星は、銀河のどこに位置しているのでしょうか？　銀河の中心にあるブラックホールとの関係では、私たちの恒星の銀河上の軌道はどこにあるでしょうか？

私たちの銀河は、平坦で丸い円盤の形をしており、真ん中におそらくブラックホールを含むバルジがあるという、標準的な構造をしています。この円盤は、宇宙空間にらせん状に延びた恒星・ガス・ちりからなる腕をもっています。私たちの恒星は、銀河のらせんの腕の一つ、銀河の円盤の平面よりも20光年ほど上に位置しています。

天文学者は、生命が可能となる銀河上の領域を**ハビタブルゾーン***と呼んでいます。それは中心部に近すぎず遠すぎない場所です。中心部に近すぎると、超新星がしばしば発生して惑星を破壊する可能性がありますし、遠すぎると超新星爆発が少なすぎて、生命の出現に必要な重い元素が形成されません。

私たちの恒星とその惑星は太陽系と呼ばれ、銀河のハビタブルゾーンで、ばらばらに回転する物質が重力で引き合い巨大な雲が作られた時に出現しました。この雲はどこから来たのでしょうか？

　もうお分かりでしょう。地球には最も重い自然の元素であるウランがあるので、太陽系を形成した初期の原子雲は、ウランの重さの原子を形成できるほどの超新星が近くで爆発したことによってもたらされたに違いありません。この物語を擬人化すれば、この仮説上の超新星は私たちの祖母なる星でした。

　重力は原子雲をお互いにどんどん引き寄せました。約100万年後、水素原子がヘリウムに核融合するのに十分なほどコアが高温になりました。太陽は恒星として輝き始めましたが、その時の明るさは現在よりも25～30％ほど暗かったのです。この一連の出来事は、約45億6800万年前に起きました。

　今日、太陽は主系列星の中年にあたる年齢の恒星で、公式分類では黄色矮星です。地球から太陽までの距離は平均でわずか約1億5000万キロメーターと非常に近いので、どの恒星よりも大きく見えます（地球の軌道は楕円形なので、距離は常に同じではありません）。太陽の光が私たちに届くまでにかかる時間は平均で8分18秒ですが、他の恒星は最も近いものでも光が届くのに4年と少しかかります。

　地球の衛星である月は自分では光りません。月は太陽の光を反射し、月の光が私たちに届くのに1秒とちょっとかかります。月は太陽よりはるかに小さいのに、太陽と同じ大きさに見えるのは奇妙に感じます。このように見えるのは、太陽は月の400倍の大きさなのに、私たちからさらにはるか遠くにあるからです。

太陽は太陽系にエネルギーを送ることによって自分自身を消費しています。太陽は毎秒約500万トンの質量を光の形でエネルギーに変換しています。太陽はとても大きいので、この速さでこれまで45億6800万年の間燃え続けてきましたし、今後も燃料がなくなるまで同じくらいの期間燃え続けるでしょう。

約20億年後には、太陽はいまより15％ほど明るくなり、地球上の温度ははるかに高くなって現在の金星くらいになるでしょう。太陽が熱くまた明るくなり続けるのは、水素のヘリウムへの核融合によって、コアにヘリウムが多くなるからです。ヘリウムは水素よりも高密度なので、より圧力がかかり温度が上昇するのです。温度が上昇すると水素からヘリウムへの核融合反応が速くなり、より速くエネルギーを放出するので、太陽がより明るく輝くのです。

30～40億年後には、太陽は水素を使い果たしてしまいます。それから太陽はヘリウムを燃やし始め、膨張していきます。その外側の層が地球の軌道に達するかもしれません。今から40～50億年後には、ついに太陽は爆発して炭素元素をまき散らし、崩壊して白色矮星になります。太陽はさらに冷えて黒色矮星となり、エネルギーを放出することをやめます。太陽は、超新星になるほど大きくはないのです。

惑星の生成

太陽とその惑星はほぼ同じ時期、45億6800万年前に生成しました。太陽のもととなる回転する雲の物質のうち、その全てが中心部に集まって太陽を形成したわけではありません。約0・1%、1000分の1の物質が、生成しつつある太陽の周りを円盤状に回り続けました。なぜ太陽からの重力がそれら全てを引きつけなかったのでしょうか？　確かなことは分かりません。おそらく回転する円盤の慣性が物質を中心から引き離したのでしょう。

太陽が輝くと同時に、太陽から放射線と粒子の突風が発生しました。これは**恒星風**、またはおうし座T型星風と呼ばれています。それが内側の微惑星（赤ちゃん惑星）のガス状の大気を吹き飛ばして、4つの岩石惑星が現れました。太陽に近い方から水星、金星、地球、火星です。それらは太陽の軌道を回っている間に、近くにある物質の塊を重力で引きつけて生成していったので、軌道上は他に何もなくきれいになりました。

天文学者はこのプロセスを**降着**＊と呼んでいます。降着では物質の塊が衝突し、くっつくことによって惑星のサイズが大きくなります。惑星は生成後も降着を続けますが、そのペースは生成時よりもはるかに遅くなります。

太陽系の外側の部分は、内側の部分よりも温度が低くなります。そのためにより軽い化学物質

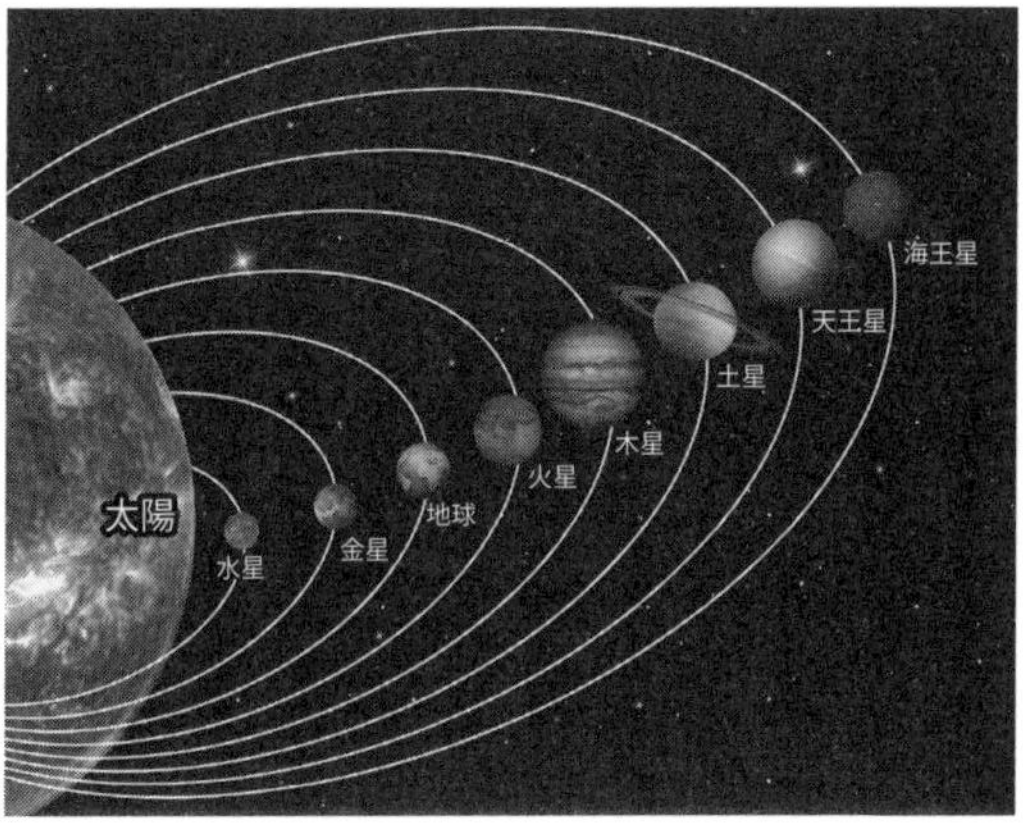

図13　太陽系　地球は左端の太陽から3番目の惑星です。天王星を除く全ての惑星は、地軸がおおよそ直立しています。この図は正確な縮尺ではありません。

がまとまります。次第に4つの大きなガス状の惑星が太陽系の外側の領域に現れました。木星、土星、天王星、海王星です。成分のほとんどは凍ったガスですが、重い元素のコアをもっています。

冥王星は1930年に発見され、2006年までは9番目の惑星と考えられていました。しかし冥王星は、降着などによりデブリ（宇宙ゴミ）から「軌道をきれいにする」という真の惑星の基準を満たすには小さすぎるので、今日では準惑星と考えられています。冥王星は地球の衛星である月の3分の2ほどの大きさしかありません。

木星は直径が地球の11倍、質量が300倍以上あります。木星はとても大きいので、その重力のために木星と火星との間に惑星が生成しなかったのだと天文学者は考えています。

木星の重力が生成中の惑星をばらばらにしたのでしょう。惑星の代わりに、現在は小惑星帯と呼ばれる物質の塊（小惑星*）の輪がまだ存在していて、木星と火星の間で太陽の周りを回っています。これらの塊は衝突して、時には塊の一つが軌道からはじき飛ばされることがあります。それが地球に達すると、大気上空で「流れ星」として燃えるのが見えます。冥王星の軌道の外側には、初期太陽系の残存物であるカイパーベルトと、オールト雲という彗星の雲があります（図13「太陽系」を参照）。

太陽と太陽系はこのようにして生成しました。太陽の周りを回っている全ての惑星は、古いビニール製のLP盤レコードのように、天にある平らで目に見えない円盤と同じ平面上にあります。全ての惑星は同じ方向に動いていますが、太陽からの距離は異なっています。銀河の生成でも見たように、宇宙のガスと粒子の大きな雲は、真ん中にこぶのある回転する円盤を形成する傾向が見られます。私たちの太陽系の雲の場合は、物質のわずかなかけらが、中心のこぶに落ちずに、太陽の8個の惑星を形成したのです。

地球の初期の歴史

地球は太陽から3番目の岩石惑星です。地球は他の3つの岩石惑星と比べると直径が水星の3倍で、金星よりもやや大きく、火星の2倍あります。

他の惑星と同様に、地球の生成においても物質が降着しました。地球が生成し始めてからおそらく1億年後に、新しく生成した地球の4分の1ないし2分の1の大きさのもう一つの原始惑星が地球に衝突しました。地質学者は、この原始惑星が地球をかすめて、かなりの量の地球の物質をはぎ取ったという説を唱えています。重力が地球の周りの軌道上で、その物質のほとんどを降着させ、今日私たちが見ている月となりました。初めのうちは月は地球のすぐ近くを周回していましたが、年に5センチメートルの割合でゆっくりと遠ざかっています。

ジャイアント・インパクトと呼ばれることもあるこの衝突は、月を形成するとともに、地球の直立した位置を変えてしまいました。この衝突のために、地球の自転軸は太陽の面に対する垂直方向から23度傾いています。この地軸の傾きが地球の四季をもたらしています（詳しくは以下に述べます）。

サイズが大きくなるにつれて、地球は熱くなっていきました（しかし、恒星のように水素の核融合が起こるには至りません）。この加熱の発生にはさまざまな原因があります。第一に、材料となる他の塊との衝突が熱を生み出しました。第二に、重力の影響下でサイズが大きくなるにつれて、塊の潜在的な重力エネルギーが減少して熱に変換されました。第三に、地球には豊富な放射性元素が含まれていました。それが崩壊するとき熱を放出します。地球の放射性物質は、この章の初めに述べたように、太陽系が生成する直前に発生したに違いない超新星爆発によってもたらされたものです。

地球が熱くなると内部が融けて、元素はその密度によって仕分けられますが、地質学者はこの過程を化学的分離*と呼んでいます（そう、学問分野が天文学、物理学、化学から地質学へと次々に変化してきています）。地球が融けると、鉄やニッケルのような重い元素は中心へと沈みました。より軽い物質は中間にとどまり、最も軽い物質は表面に浮かびました。

地球史の最初の6億年（46億年前から40億年前まで）を、地質学者は冥王代（Hadean Eon）と呼んでいます。これはギリシア語の冥界に当たるハデスHadesからきた言葉で、そこは死者の魂が生きている場所と信じられていました。この時代がそう名付けられたのは、キリスト教徒がこのギリシアの言葉を彼らの熱い冥界である地獄Hellと同義語として用いたからです。

最初、地球は非常に速く自転していたので、1日はわずか8時間でした。約40億年前までに地球の自転は月や太陽からの重力の影響のために遅くなり、1日が15時間になりました。太陽の輝きは鈍く、現在の明るさの25〜30％ほどでした。もし当時人間がいたとしたら、空は大気中の二酸化炭素（CO_2）のために赤く見えていたことでしょう。小惑星の爆撃〔小天体の衝突が激しい時代のことを重爆撃期と呼ぶ〕が続きましたが、その数は少なくなりました。地表の水は全て蒸発して厚い雲になりました。火山は灼熱の地表に溶岩を噴き出しました。想像するだけで恐ろしい地獄のような場所でした。

時が経ち、放射能と小惑星の爆撃が減少するにつれて初期の地球は冷めていきました。地球が冷えると、水蒸気が暖かい水になって何百万年ものあいだ雨が降りました。これらの水はもともとどこから来たのでしょうか？　かなりの部分は、衝突して地球を形成した最初の物質の塊に含まれていました。後には、ほとんど氷でできた彗星の衝突によって、さらに多くの水がもたらされました。

少なくとも38億年前までには、地球は海ができるくらいまで冷えました。海が空気中の二酸化炭素を十分に吸収したことで、大気は青く見えるようになりました。いくつかの大陸地殻が生成し始めました。現在分かっている最も古い地球の物質は、２０１０年に西オーストラリアで発見されたジルコン結晶で、44億年前のものです。38億年前の岩石が、カナダ、オーストラリア、南アフリカ、グリーンランドで見つかっています。30億年前までには、現在の地球の地殻の65％が形成されたと推測されています。約20億年前には、プレートテクトニクスの運動が本格化していたと考えられています。

少なくとも35億年前までには、地球は生命の出現を可能にする驚くべき特徴を獲得しました。おそらく重要であった特徴は、地球の太陽からの距離でした。それは、地球の表面で水が液体でいられるのにちょうどいい距離でした。もし地球の軌道が太陽に近すぎると、地表水は沸騰して気体になってしまうでしょう。もし地球が太陽から遠すぎると、地表水は凍ってしまうでしょう。

地球の層構造は、もう一つの重要な特徴です。地球の中心には鉄とニッケルの固体の内核があります。これは熱のために液体になるはずですが、重力の巨大な圧力のために固体になっています。鉄とニッケルが液体として流れる外核は、地球の**磁場**を生み出しています。次の層は**マント**

ルといい、固体ですが非常に長い時間をかけて流れることができ、大陸を運んでいます。大陸の下をゆっくりと流れるマントルは、約650キロメートルの厚さをもち、その上の大陸地殻の厚さは平均で35キロメートルの厚さです。海洋は約5キロメートルの深さで、その下はマントルが始まるまで地殻が約5キロメートルの深さになっています。最後に、薄い大気の層が地球を覆っています。重力が大気を繋ぎ止めていて、私たちと宇宙空間とを隔てています。

地球の層構造は、生命にとって鍵となるものです。すでに述べたように、液体の外殻は、溶けて流れる鉄の電流によって磁場を生み出します。この磁場は、降り注ぐ有害な宇宙線（高エネルギーの陽子と原子核）から地球表面の生物を守ります。

マントルは、底部の方が上部より高温になっています。熱は鍋の中にある豆スープのように上部に伝わりますが、沸騰はせずにゆっくりと反転します。プレートが上部マントルの上に浮かんでいるので、これによりプレートテクトニクスのプロセスが機能します。プレートの境界では、あるプレートが別のプレートの下に押し込まれて（**沈み込み**）マントルに戻ります。このようにして地球表面のほとんどは常にリサイクルされています。このサイクルは現在では約5億年かかっています（図14「地球の内部構造」を参照）。

地球のサイズもまた、生命を可能にする鍵となる特徴です。もし地球がもっと小さければ、生命に不可欠な大気や液体の地表水を重力がとどめておくことができないでしょう。逆に地球がもっと大きければ、重力によって地上のほとんどの生物がつぶれてしまうでしょう。

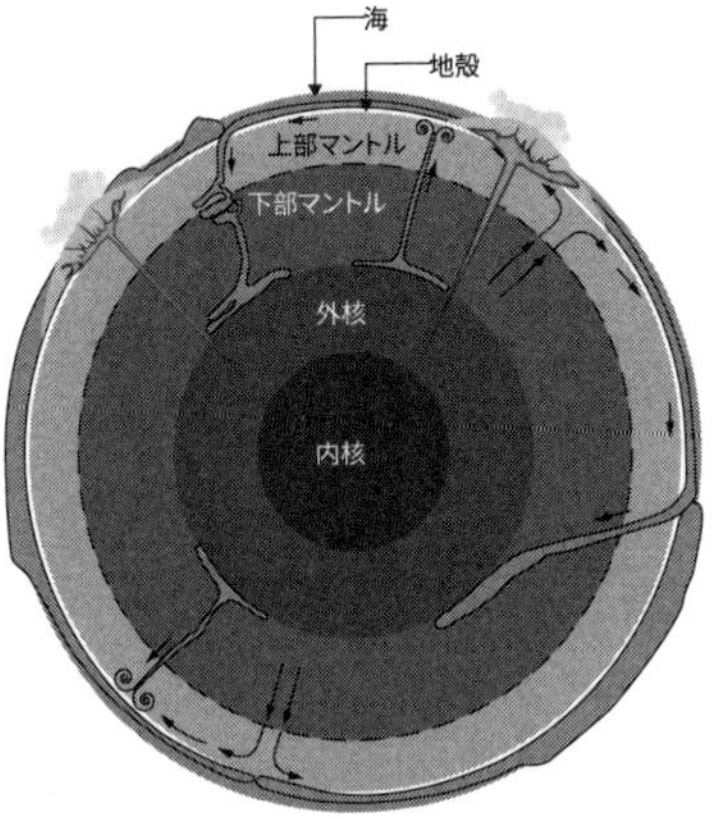

図14　地球の内部構造　この絵は地球内部の流れを示しています。地殻の外の小さな波線は火山を示しています。

地球の地軸の傾きもまた生命にとって重要です。太陽を回る軌道の一部では、北半球が太陽の方向に傾き、軌道の他の部分では太陽から離れて傾いています。太陽光が地球に当たる角度がこのように変化すると、届く熱の量も変化します。地軸の傾きは変化しません。変化をもたらすのは軌道上における地球の位置です（傾きは少しだけ変化しますが、それについては以下を参照）。

地球の太陽の方向に傾いている部分はより多くの直射日光が降り注ぎ、それゆえより多くの熱を受けます。英語ではこれをsummer（夏）と呼んでいます。地球の私たちがいる部分が反対側に傾いている時、私たちは冬を経験します。南半球では四季が北半球と反対になります。赤道近くの熱帯では、違いははっきりしなくなります。

太陽の熱が正確にはどのくらい地球に届くかは、非常に複雑です。大きな時間の尺度で見ると、完全に安定的ないし一定というわけではありません。地球の軌道（太陽からの距離）は少しだけ変化し、地軸は揺れて傾きもわずかに変化します。

地球の軌道は楕円（卵型）で、1月は7月より太陽に480万キロメートルほど近くなります。しかしこの楕円は、楕円に近い形から円に近い形へ、そしてまたもとに戻ってと約10万年ごとに変化します。地軸の傾きは、4万1000年ごとに21・5度と24・5度の間を変化します（月の重力が安定させていなければ、地軸はもっと大きく変化したでしょう）。地軸の向きは2万1000年ごとに揺れ動きます。軌道、傾き、揺れのこうした変化は、太陽と月の重力、そして地球が金星・火星・木星・土星にどれくらい近いかによって引き起こされます。それらが周期的なサイクルで地球に近づくと、その大きな質量による重力が地球の軌道と傾きをゆがめます。私たちは、万物が万物に引っ張られている重力系の中で生きているのです。これら全てが、私たちの惑星に到達する放射線の量と配分をわずかながら変化させ、気候に影響を与えます（図15「ミランコビッチ・サイクル*」を参照）。

地球が元素を加工する

地球は太陽系で常に変化している唯一の惑星です。大きな時間の尺度では、地表のどんな特徴

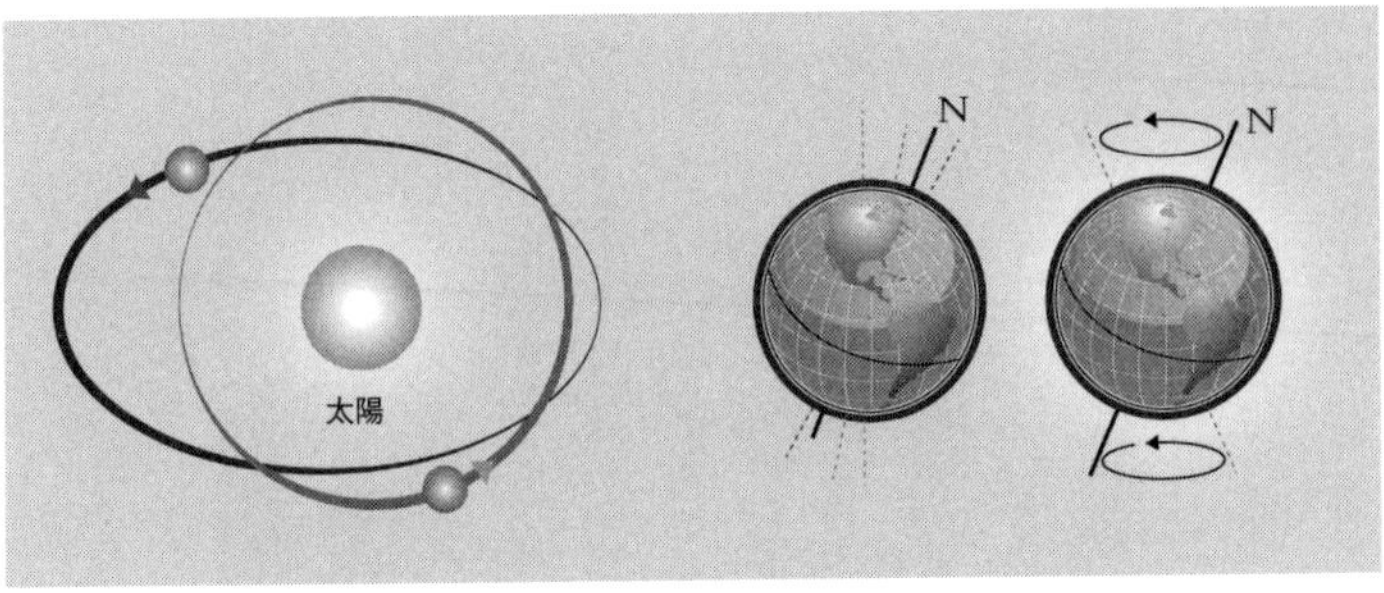

図15　ミランコビッチ・サイクル　これらのサイクルは、地球の傾き、揺れ、公転軌道の離心率、つまり軌道の真円からの偏差が周期的に変化することを示しています。この名称は、発見者であるセルビアの天文学者ミルティン・ミランコビッチ（1879－1958）にちなんでいます。

も永続的ではありません。マントルのゆっくりとした流れは、地表の大陸を動かし、分割し、結合し、マントルの中へと繰り返しリサイクルしています。

地球とその大気は、元素と栄養素に関してはほぼ閉鎖系を形成しています（太陽からのエネルギーについては開放系です）。地球の原子のほとんど全ては、地球が生成した46億年前からここに存在していました。その後加わった少しの原子は小惑星によってもたらされました。重力が最も軽い原子（水素とヘリウム）を除いて原子の漏出を防いでおり、それらの喪失も非常にゆっくりとしています。その結果、全体として地球はほぼ変わらない量の原子をもっています。

それでは、大気を除くと地球の主な元素は何でしょうか？　4つの主要元素は、鉄、酸

図16　炭素循環　数百万年もの間、炭素は火山から大気中に噴出され続けます。酸性雨が炭素を地表に運び、そこで炭素は海に放出されて岩石に取り込まれ、上部マントルから再び火山を通じて現れることによって循環が繰り返されます。

素、ケイ素、マグネシウムです。この4つの元素で、地球の質量の90%以上を占めています。地殻だけで見ると、そのほぼ半分が酸素、約4分の1がケイ素で、鉄が5%くらいです。加えて、より少ない割合しかない元素の長いリストがあります。

これらの元素の原子は、止まっていて何もしないわけではありません。大気、生物圏、水・土壌システム、地殻、マントル、コアといった地球システムのさまざまな部分、つまり貯蔵場所の間を、さまざまに結合しながら動いています。この動きを**生物地球化学的循環**といい、これは地質と生命の活動が結びついた結果生じる、閉鎖系における循環の流れです。

地球の生命にとって、少なくとも4つの生物地球化学的循環が特に重要です。それは炭素循環、窒素循環、酸素循環、水循環です。人類文明が化石燃料の燃焼によって深刻な影響を与えている炭素循環を見てみましょう（https://en.wikipedia.org/wiki/Carbon_cycle を参照）。

火山が二酸化炭素を空気中に噴出すると、炭素原子が地球大気に入ります。そこで二酸化炭素は雨に溶けて酸性雨となります。酸性雨は露出した岩石に降り注いでそれらを溶かし、岩からの余分な炭素を豊富に含んだ雨水は、河川を流れて海に注ぎます。そこで炭素は魚、プランクトン、貝の体や殻に取り込まれます。残りは海底に沈んで岩となります。プレートテクトニクスの活動によって海底の岩はマントルに戻り、熱い内部のマントルにリサイクルされます。そこから再び火山からの噴出によって、炭素原子が大気中に再び現れます。この循環は平均で1億5000万年かかると推計されています（図16「炭素循環」を参照）。

レアアース

いわゆるレアアース*は、携帯電話やコンピュータを作るのに必要なため、最近ニュースで取り上げられています。しかし、レアアースという言葉は誤解を生む名前です。これらの元素は特に希少なわけではなく、たんに身近にないだけだからです。

レアアースのいくつかは、地球の地殻内の銅、スズ、亜鉛と同じくらいありふれたものです。最もまれなもの（ツリウムとルテチウム）でさえ、金の200倍近く存在するめずらしくないものです。

　レアアースは採掘が容易な鉱床に集中していません。散らばって存在しているため、採掘するには広大な地面を荒らさなくてはなりません。中国はこれまでほとんど全ての採掘を行ってきたので、環境に多大な損失を与えました。現在、他の国々もレアアース採掘の準備に入っています。採掘の難しい元素を再利用し、またそれらがそのまま捨てられた際に生じる毒性から水資源を守るために、人類がリサイクル・システムを構築することが極めて重要と思われます。

月の地質学のいま

天文学者が遠く離れた星のでき方を詳しく知るようになってから何十年経っても、月の生成*については誰も分かりませんでした。この違いは不思議に思えます。なぜなら月は恒星よりもはるかに近いからです。

　考えてみてください。月は自分自身では光らないのです。その見かけの光は全て太陽光の反射です。月は自分自身で光を生み出さないので、天文学者は月からの光のスペクトルを利用することができません。光のスペクトルがないと、どんな元素が月を構成しているかを知る方法がないのです。

アメリカ航空宇宙局（NASA）は、1967年4月20日、〔月の表面の〕土をすくうシャベルを搭載した装置を月に送って着陸させました。月では、14日間続く夜のために太陽光パネルが動作を停止するまでの、14日間続く日光の照る日に計画が実行されました。1969年11月にアポロ12号の宇宙飛行士がその一部をもち帰りました。

人類が初めて月に降り立ったのは1969年7月20日です。続く3年間で、**アポロ**計画の宇宙飛行士は382キログラムの月の岩、コア試料、小石、砂、ちりを6ヵ所の異なる探査地から集めてもち帰りました。ソ連からの自動宇宙船もまた300グラムを別の場所からもち帰りました。

米国の集めた月の岩は、主にテキサス州ヒューストンにあるリンドン・B・ジョンソン宇宙センターの100棟の建物の一つに保管されています。サンプルは科学者と研究者に送られます。月のサンプルのある建物へは、Lunar Sample Laboratory Tour (https://www.nasa.gov) からバーチャルツアーを行うことができます。

月の地質学者はこれらの月の岩石を分析して、月の年齢を約44・5億年と定めました。彼らは、比率は異なるものの、月が地球と同じ元素で構成されていることを発見しました。そして、月の岩石が地球マントルの岩石によく似た化学組成であることから、月の起源に関する現在の理論を形成したのです。月の地殻は約44億年前に生成され、その後多数の小惑星の爆撃を受けたことが分かりました。地球の地殻には、浸食とプレートテクトニクスによる大陸リサイクルのため、そうした爆撃の痕跡は残っていません。月にはプレートテクトニクスはないのです。月から得られた証拠は、小惑星がこの時期に地球にも降り注いだに違いないということを地質学者に示しました。

2014年11月19日、**フィラエ**と呼ばれる洗濯機ほどの大きさの着陸機が、地球から5億キロメートル離れた時速6万6000キロメートルで進む彗星に着陸しました。この小型機はアンカーで固定する前に数回バウンドしましたが、着陸に成功してドイツのダルムシュタットにある飛行管制センターを安堵させました。これは欧州宇宙機関のプロジェクトで、ロゼッタ宇宙探査機に搭載されて10年前に打ち上げられました。探査機は彗星に追いつくのに十分なスピードを得るために、地球で3回、火星で1回のスイングバイ〔惑星の引力を利用して加速すること〕を行わなければなりませんでした。収集したデータの分析には時間がかかるでしょう。

知のフロンティアにおける問い

？　大型の小惑星が地球に衝突する可能性はあるのでしょうか？

小惑星は太陽の周りを回る岩でできた物体で、氷はわずかにあるか、または全くありません。流れ星は、小さな岩の塊が地球の大気で燃え尽きる時に形成される光の筋です。隕石は、地球に衝突する岩の塊です。彗星はほとんど氷でできています。科学者はこれらの専門用語を常に首尾一貫して使っているわけではありません。

宇宙空間からの物質は今でも地球に衝突しており、そのほとんどは岩、ちり、水で、年間約4万トンにのぼります。そのほとんどは小さすぎて気がつきません。

ふつう、地球の大気に突入する直径約10メートル以下の物体は、地球に衝突する前に「流れ星」として「燃え尽き」ます。大気中の原子による摩擦が物体を熱して壊してしまうのです。

しかし時折、大型の小惑星が地球、またはその近くに向かって進むことがあります。そうしたことが、欧州とアジアの境界をなすウラル山脈の真東にあるロシアの100万都市チェリャビンスクで2013年に起こりました。

2013年2月15日の朝、直径約20メートルの物体が、チェリャビンスク上空約29・7キロメートルで爆発し、太陽よりも明るく輝きました。大気がエネルギーのほとんどを吸収しましたが、爆発によりガス・ちりの雲と衝撃波が生じ、6つの都市の7200棟の建物が被害を受けました。もっとも、そのほとんどは窓が壊れるといった被害でした。死者はいませんでしたが、多くのけが人が出て、ほとんどは割れたガラスによるものでした。チェリャビンスク小惑星の画像は、インターネットで見ることができます。

侵入経路が太陽の近くで、その明るさのせいで小惑星の観測ができなかったために、近づく物体に誰も気がつきませんでした。物体は大気に浅い角度で突入したため、崩壊するまで時間がかかりました。もしもっと急角度で突入したら、事態はより悪くなっていたでしょう。その16時間後に、それとは無関係な直径30メートルの別の小惑星が地球に接近しましたが（2万7000キロメートル離れていました）、地球には当たりませんでした。

過去5000年の有史時代で最も広く知られている衝突は、1908年6月30日にシベリアのツングースカ川近くの無人地帯で発生しました。直径60メートルの物体が地上5〜10キロメートルの上空で爆発したと考えられています。死者はいませんでしたが、約2200平方キロメートルにわたって8000万本の木々が熱で枯死しました。

天文学者は、宇宙空間からの衝突の頻度について、今まさに研究を始めたところです。ある研究によれば、過去20年間に直径20メートル以下の小型小惑星およそ60個が地球の大気圏に突入しました。しかし、核兵器実験を検知するのに用いられるセンサー以外からは、ほとんどが検知されませんでした。

天文学者の推計によると、その太陽周回軌道が地球の軌道と交差する可能性のある、直径10〜20キロメートルの大型小惑星が10個から20個あります。太陽を周回するある程度の大きさの小惑星は100万個ほどあると思われますが、天文学者が追跡してきたのはそのわずか1パーセントほどにすぎません。宇宙望遠鏡で検知するのが難しいのです。こちらに向かって進んで来る小惑星のコースを変えるために宇宙船を送る方が困難ではないかもしれません。

大型小惑星の軌道をそらすというアイディアだけでなく、それらを検知するプログラムも進行中です。マサチューセッツ州ケンブリッジの小惑星センターは、１９４７年から彗星と小惑星の軌道を分類してきました。ＮＡＳＡには、地球近傍天体（Near Earth Object: NEO）プロジェクトがありますし、欧州連合（ＥＵ）にもＮＥＯシールド・プログラムがあります。天文学者は、２０１４年6月30日に最初の小惑星デーを開催しました〔２０１６年、6月30日を国際小惑星デーとすることが国連総会で採択された〕。地球近傍物体についてさらに知りたい人は、Center for NEO Studies (https://www.nasa.gov) を見てください。

？　地球の磁場では何が起こっているのですか？

地球磁場の歴史はあまりよく分かっていません。地球の磁場は、その極性を約３００回不規則な間隔で反転させてきたようです。変化ないし反転の間隔は、数十万年から１０００万年にわたっていると見られており、最後の反転は、約78万年前に起こったと考えられています。科学者は、岩石中の鉱物の極性を研究することによってこの値にたどり着きました。鉱物の極性は、その生成時に決まります。反転にかかった時間は、数百年から１０００年と推定されています。なぜこのような反転が起きるのかは分かりません。

磁場は今後100年以内にまた反転すると思いますか？　地質学者は、地球磁場の強さが過去数世紀の間に弱くなっているので、地球の次の反転が近づいている可能性があると考えています。磁場の反転により、一時的に全ての磁気が消滅する期間が生じる可能性があります。この変化が起こると、宇宙線が磁界偏向によって妨げられずに地球に達することになり、通常発生する以上の突然変異*をもたらすかもしれません。誰も78万年前に何が起きたのかを記録することはできませんから、これが何を意味するのかは実際には分かりません。この問題に引き続き注目しましょう。

太陽と地球とあなた

太陽は私たちの生命の光です。そのエネルギーがなければ私たちは死んでしまいます。なぜなら、地球の気温がすぐに摂氏約マイナス240度まで下がってしまうからです。

私たちは常に暖かさと食料を直射日光に依存してきました。現在私たちは、機械を動かしたり食料を生産したりするため、化石燃料に蓄えられた日光にも同様に頼っています（第10章を参照）。

多くの人類文化が太陽を崇拝し、あるいは最高神とみなしてきたのは驚くべきことではありません。古代ギリシア人は、太陽神をヘリオスと名付けました。ヘリウムはこれに由来しています。アステカ人は太陽が自分自身を犠牲にしていると（正しく）信じていましたが、それゆえに彼らは、太陽が輝き続けるには人間の犠牲が必要であると（間違って）信じていました。

古代エジプトの最高神の一人は太陽神ラーでした。エジプト人は、女神ヌトが毎晩天を横切って弧を描き、ラーを飲み込んで、翌朝再び彼を産むと信じていました。

日本の神道は、太陽をアマテラスという女神と見なし、月を弟のツクヨミと見なしています。私たちは一年を通じて太陽の光を同じように感じるわけではありません。地球の地軸は傾いているので、たとえ都市に住んでいても、私たちの生活を律する四季の変化のリズムを体験しています。

地球に関しては、私たちはそれが生命を与えてくれる特徴をもっていることを見てきました。1960年代末まで、人類は地球を直接見たことはありませんでした。人類は地球が宇宙空間からどのように見えるかを想像するしかなかったのです。

1969年1月、雑誌『ライフ』の表紙に月軌道から撮影した初めての地球のカラー写真が掲載されました。ついに人類は、水蒸気の渦巻く白い雲に覆われた、宇宙に浮かぶ自分たちの美しい惑星を見ることができたのです。生命に満ちあふれたこの惑星は、何もない空間を背景にして、はかなげに見えました（図17「月からの地球の出」を参照）。

呼吸をするたびにあなたの肺を満たす酸素は、地球、海、空の一部でした。酸素は数十億年も前に二酸化炭素の一部として火山から噴出し、雨となって蒸気の充満した地球に降り注ぎました。同様に、あなたが食べる植物のあらゆる炭素原子は、火山、空、雨、海、岩と、1回に約1億5

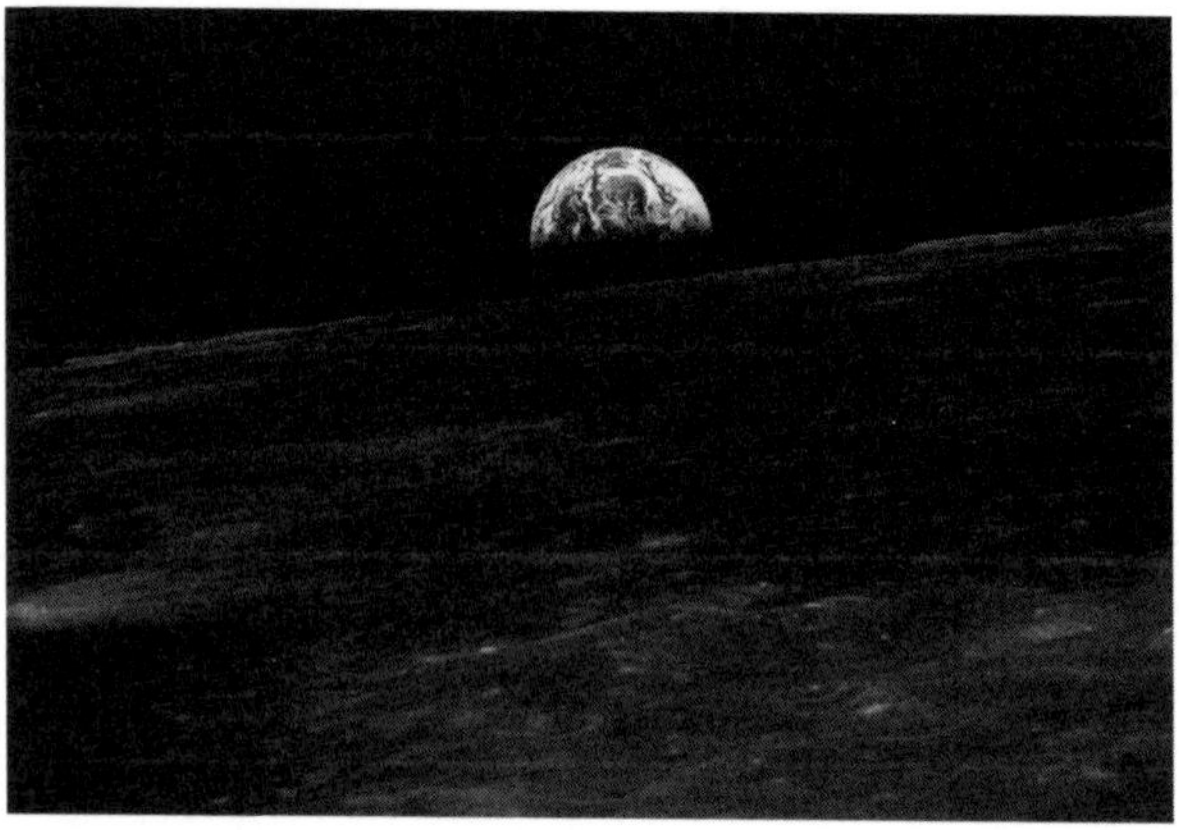

図17　月からの地球の出 1968年　アメリカのアポロ8号は、人類初となる有人の月周回飛行を行いました。「地球の出」とはこのミッション中の1968年12月24日に月の周回軌道上から撮影した写真に付けられた名前です。この写真は、自分たちの惑星が宇宙空間に浮かぶ姿を人々が初めて見たもので、世界中に影響を与えました。

000万年かかる循環を約30回繰り返してきたものです。

あなたがリンゴを食べる時、その物質の電子があなたの細胞を流れ、体の代謝*を促進しています。リンゴの中の電子は、土と水のミネラル、そして空の二酸化炭素から来ています。電子は数十億年ものあいだ地球システムを循環し、さらにそれらの電子は、ビッグバンの38万年後にさかのぼる宇宙的規模の循環によって、他の太陽系からやってきたのかもしれません。あなたが毎日飲んでいる水の大部分は、小惑星が地球に届けてくれたものです。

本章の最初の問いに戻りましょう。地球のどんな特徴が生命の存在を可能にしたのでしょうか？　ベストを尽くしてがんばってみましょう。

第6章

生命の進化（a）

細菌とウイルス

スレッショルド5

35億年前から現在まで

生命はどのように始まったのか？　これが本章を通しての問いです。私たちはすでに、私たちの体の原子の多くは初期の宇宙に由来すること、そしてその他の原子は、巨大な星が爆発して銀河中に複雑な原子をばらまいたことにより、時とともに徐々に現れたことを見てきました。ここでは特に次のことについて問います。原子と分子が生物へとどのように進化していったのでしょうか？

2つの言葉

この章では、生物の研究である生物学の語彙を使い始めます。この分野の最も基本的な言葉は**生命**と**進化**です。

「生きている」とはどういう意味でしょうか？　星は生きていますか？　地球は生きていますか？　宇宙は生きていますか？　科学者と哲学者は現在、こうした問いを提起し、自分自身の学問分野の枠を超えて考えています。生命の定義は、多くの文脈で議論され続けています。

生命を定義するのは難しいことです。物質の元素は、生命体と非生命体の両方を作ります。その違いは何でしょうか？　生物は、小さな化学工場である**細胞**からできています。さらに生物学者は、代謝、生殖*、適応*という3つの特徴があることについて意見が一致するでしょう。**代謝**とは、有機体が環境から物質とエネルギーを活発に取り入れて使いながら、自分自身の同一性を失わずに化学物質を補充することを意味します。**生殖**とは、自分自身に似ている子孫を残すことを意味します。**適応**とは、環境の変化に対応するため時とともに世代を超えて変化する能力を意味します。

進化もまた定義するのが簡単ではありません。それは現在の生物が初期の形態から発展してきたことを表しています。生物が生殖する際、その遺伝子のいくつかは正確に複製されずに**突然変**

異（遺伝子の構造変化）を引き起こします。多くの場合、こうした突然変異は有害であるために、有機体は子孫を残さずに死んでしまいます。時折、突然変異はその時の特定の環境の中でその生物に有利に働き、その突然変異が受け継がれて集団全体を変化させ、その結果新しい種が生まれることもあります。

19世紀半ば、チャールズ・ダーウィン（1809－1882）とアルフレッド・ラッセル・ウォーレス（1823－1913）という2人のイギリスの博物学者が、このことをある程度解明しました。ダーウィンは進化を「自然選択*」の結果としての「変化を伴った由来」と呼び、名著『種の起源』（1859）を書きました。

1850年代までには、ヨーロッパの多くの人々は動植物が時とともに変化してきたことを理解していました。化石（あるイギリスの解剖学者〔リチャード・オーウェン〕が1842年に初めてdinosaurs 恐竜という名前をつけました）と動物の育種（人為選択ともいいます）によって、その証拠は明らかでした。動物育種では、農民が繁殖させる動物を選ぶことによって、羊や牛のサイズを大きくしたり、犬を狩猟用に作り替えたりしました。

ダーウィンは、育種家がどの動物を育種するかを選ぶのとちょうど同じように、自然（環境）が個体差のある個体のうちどれを繁殖させるかを選ぶということに気がつきました。細菌ではこれは非常に短いあいだに行われますが、自然は通常はそれをより長い期間を通じて行っています。

しかしダーウィンの知識には欠落がありました。彼は地球の年齢を約3億歳と考えていました

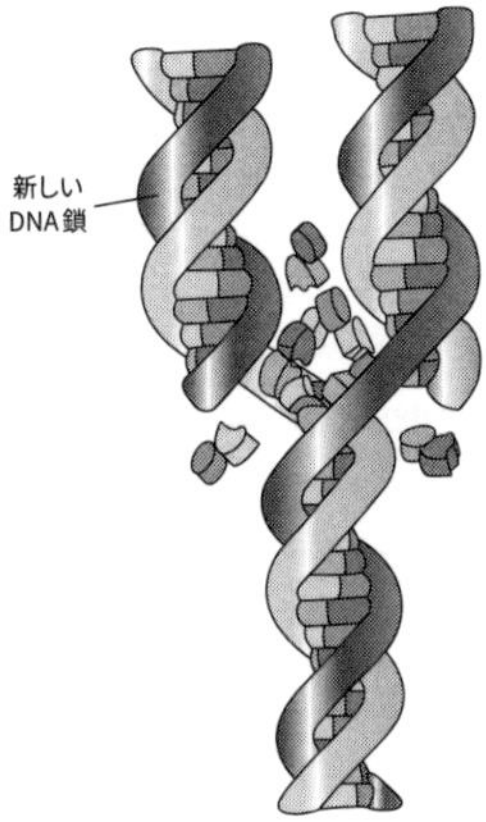

図18　DNAの構造とその複製　DNAは、塩基対の真ん中から分かれることによって自己を複製します。おのおの半分は、別の糖分子と相補的塩基のらせんを引きつけて、元の分子と同じ新しい分子を形成します。遺伝子は、それよりはるかに大きなDNA分子の配列に沿った小さな分子の配列です。

が、これは全ての変化が起きるのに十分な長さではありませんでした。その上、彼は突然変異の発生するメカニズムを理解していませんでした。そのことは1953年、ケンブリッジ大学のキャヴェンディッシュ研究所で、ジェームズ・ワトソン（1928年生まれ）とフランシス・クリック（1916－2004）という2人の分子生物学者が、遺伝の分子的基礎であるDNA*の構造を明らかにするまで分からなかったのです。

（図18「DNAの構造とその複製」を見てください。これがワトソンとクリックが明らかにしたものです。DNAは**デオキシリボ核酸**の略です。これは各細胞の中心にある巨大分子で、ねじれたはしごのような構造をしています。はしごの両側の柱には糖分子があり、横木には4つの基本となる分子があります。その4つとはアデニン（A）、チミン（T）、シトシン（C）、グアニン（G）です。AとT、CとGだけがお互いを引きつけてうまく結合できます。各横木はAT、TA、GC、CGのいずれかの基本分子の対《つい》をもっています。DNAは基本となる対の真ん中から分かれることによって、自分の複製を作ります。そしてもとの二重らせんのひもの半分のひもが相補的な分子を引きつけることによって、もとのDNAの複製が2つできます）。

進化論は現在、生物学の分野における中心的な教義ないしアイディアです。言い換えれば、それは生物学の中心となるパラダイム（モデルまたはパターン）です。生物学者は今でも進化を理論と呼んでいます。というのは、第1章で説明したように、それが科学者の従わなければならない慣習だからです。科学者は、それを支持する十分な証拠があるアイディアのことを理論と呼びます。進化論は、現在の生物がそれ以前の生物から進化したということを、確かな観察にもとづいて説明しようとしています。新しい発見が、その機能を説明する助けになっています。

生命の出現

あらゆる生物は細胞からなり、単細胞生物と多細胞生物があります。生物学者は最初の生物は単細胞生物であったと考えており、今日と同様あまりに小さいので肉眼では見えません。最初の細胞は、非生命の分子集合体がおそらくは数百万年もの非常に長い時間をかけて複雑になり、自生的に発生したと考えられています。

生きている細胞はどのような元素からできているのでしょうか？　最も多い4つの元素は水素、酸素、炭素、窒素で、その他に少量の硫黄とリンがあります。これらの原子が分子を構成しますが、それらは4つの大きなカテゴリーに分類されます。体の構造を作り諸機能を可能にするタンパク質、エネルギーを蓄える炭水化物、水に溶けず膜を作る脂質、適切なタンパク質をどう作り生殖をどう行うかを細胞に指令する核酸です。

地球上で最初の生細胞はどのように発生したのでしょうか？　それがどのように起きたのか、正確な順序は依然として謎であり、おそらくこれは宇宙自体がどこから来たのかという問いの次に大きな謎です。しかし生物学者は、それがどのように発生したかの一般的なプロセスを示すたくさんの証拠を集めてきました。

ここにはジレンマがあります。生きている細胞はアミノ酸*（ほとんどが炭素、水素、酸素、窒素）と、それらに加えてリンを含んだ核酸の2種類のタンパク質をもっています。核酸は遺伝的指令を実行するもので、2本のらせんからなるDNA（デオキシリボ核酸）と、1本のらせんからなるRNA*（リボ核酸）の2つがあります。

ところで、タンパク質とDNA／RNAのどちらが先なのでしょうか？　それらはどのような順序で発達したのでしょう？　ともに進化したのか、それとも片方が先でもう片方が後に進化したのか、それとも別々の原始細胞が合体したのでしょうか？　まだ分かっていません。生物学者は、RNAがDNAより先だったのではないかと考えています。というのは、RNAの方がより単純で、細胞の中で多くの他の行為もしているからです。

科学者たちは、どこか水のあるところで、保護膜に包まれた細胞のようなボールの中で複雑な分子が結合したことにより生物が出現したと想像しています。それは他の原子や分子を吸収し、複製するために分裂することを可能にしました。初期の原始細胞が有用な遺伝的変化をどのようにして保持できたのかは、いまだ明らかになっていません。

地球上の最も初期の生命には、宇宙から小惑星が地球に頻繁に衝突していた時期と一致するものがあったようです。２０１４年12月に報告された実験では、チェコ共和国のプラハの生物化学者が、強力なレーザー光線を化学物質入りのスープに照射しました。これは地球に高速でぶつかった小惑星のエネルギーを再現したものです。レーザーの熱は、ＲＮＡを作るのに必要な４つの化学塩基を作り出し、これは現在ある理論を支持するものでした。

小惑星について言えば、タンパク質を作るのに必要な最も初期のアミノ酸は、隕石によって地球にもたらされた可能性があると考えている科学者もいます。アミノ酸の分子は宇宙で自然に生成されます。科学者たちは、南極の氷に突き刺さった隕石のかけらや、１９６９年にオーストラリアのマーチソン上空で爆発した隕石のかけらから、多くの異なるアミノ酸を発見しました。それらの隕石は45億年前のもので、地球のタンパク質にもある８つのアミノ酸を含んでいることが分かりました。

最初の生きている細胞はいつ出現したのでしょうか？　**ストロマトライト**＊（単細胞生物の層また

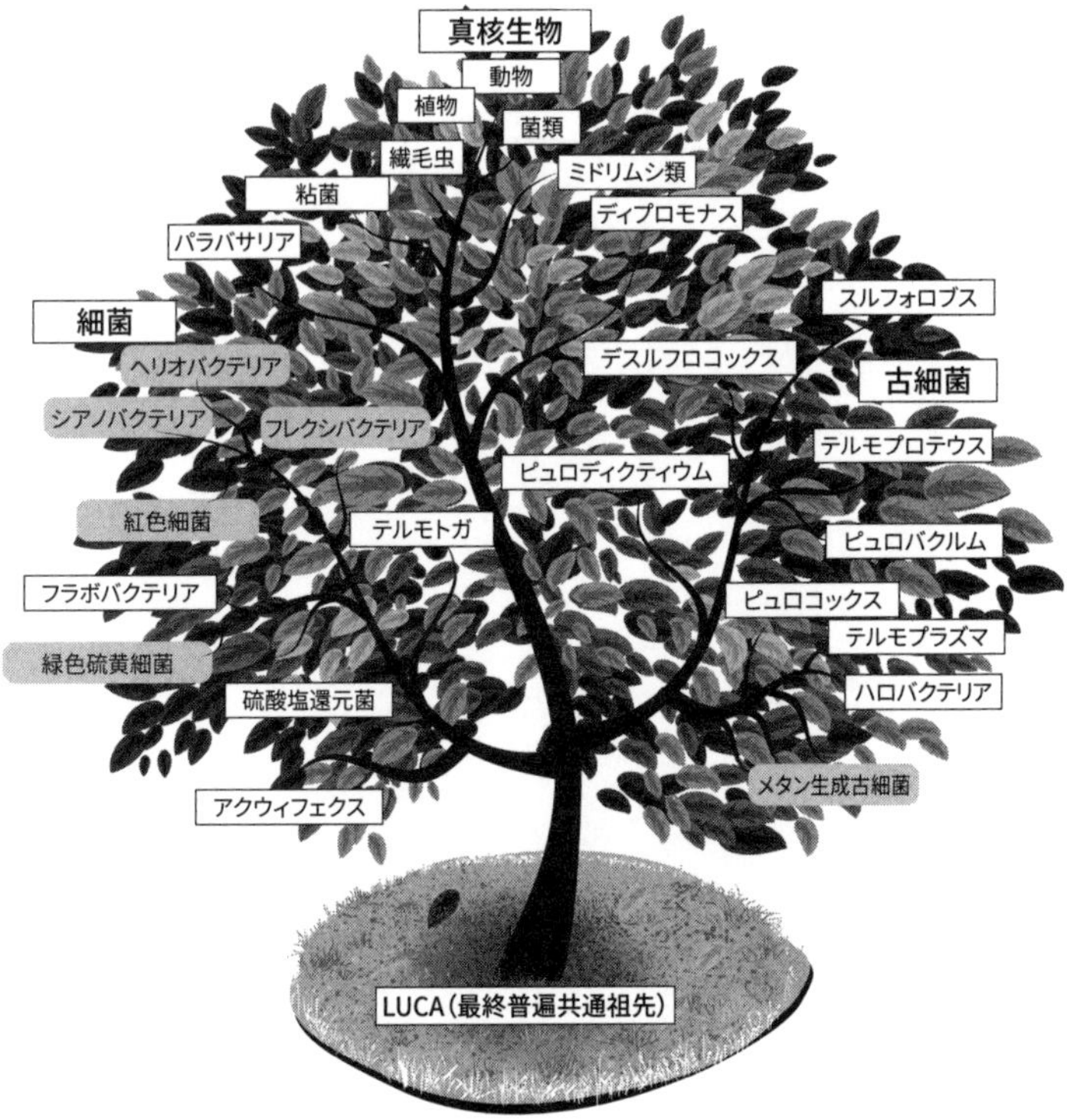

図19　生命の樹　これは生物をカテゴリー別に分類する方法の一つです。生命の樹をどのように描くべきかについて、生物学者の意見は分かれています。いずれにせよ、人間は動物から分かれた小枝の一つであり、この樹では見ることさえできません。

はマット）と呼ばれる化石が、驚くべき答えを与えてくれます。生命は地球が生成してから10億年も経たないうちに誕生したのです。化石のストロマトライトは34億年前にさかのぼり、その時すでに太陽光からエネルギーを得る（光合成）ことができるようになっていました。これはその生命がある程度進化してきたことを意味しており、それゆえ科学者は最初の生命が38億年から35億年前に出現したと推定しています。

　ここで最も驚くべき、信じられないような事実があります。私たちの知っている生命は、間違いなく水の中で、おそらくはどこかの海洋、継続的なエネルギーの流れを提供できる海底火山の火口で、過去にたった一度だけ出現したのです。地球上のあらゆる生物は同じ遺伝子情報をもっており、これは全生物が一つの元となる細胞の子孫であることを意味します。その細胞の子孫は急速に海洋を満たし、有機物を消費したので、他の型の細胞が生ずる可能性が減少しました。生物学者は、この最初の細胞を最終普遍共通祖先（Last Universal Common Ancestor）またはＬＵＣＡ*と呼んでいます。

　あらゆる生物は、ＬＵＣＡから進化しました。生物の初期の形態は全て単細胞でした。生物学者は現在、生物を古細菌と細菌（どちらにも核はありません）と真核生物*（核があります）の３つのグループに分類していますが、生物の分類方法についてはいまだに議論が続いています（図19「生命の樹」を参照）。

細菌の数十億年

細菌は、多細胞生物の動植物が出現するまでの20〜30億年の間、めまぐるしく進化しました。この間に細菌は、複雑さを増大させ、自らの惑星まで変えてしまう4つのイノベーションを生み出しました。それは、光合成、呼吸、核をもつ細胞、そして有性生殖です。

まず、最古の細菌の食料が不足し始めました。おそらく細菌は身の回りの化学物質を手当たり次第に食べていたのですが、そのうち足りなくなってしまったのです。そして、突然変異によって、空気、太陽光、水を使って必要とする分子を全て作ることのできる細菌が現れました。なんてすごい発明でしょう！

細菌は、**光合成**と呼ばれる化学的プロセスを発達させることによってそれを行いました。このプロセスでは、葉緑素*の分子が太陽からの光子を吸収します。細胞はこのエネルギーを使って水（H_2O）と空気中の二酸化炭素（CO_2）を結合し、エネルギーを蓄えるために炭水化物を生産して、一方で酸素を水中に放出します。植物は現在も全く同じプロセスを用いています。それは「この惑星の生命の歴史において疑いなく最も重要な代謝のイノベーション」(Margulis, Lynn and Sagan, Dorion.(1986). *Microcosmos: Four billion years of microbial evolution*. Berkeley and Los Angeles: University of California Press., P.78.）と言われてきました。細菌は光合成を発明し、海洋プランクトンとして、地球上における全光合成の約半分をいまもなお行っています。

その後どうなったと思いますか？　時が経つにつれて、光合成を行う細菌によって放出された酸素が大気中に蓄積し始めました。生命が始まった時、大気中の酸素は非常に少なくわずか1％でした。ほぼ30億年後の6億年前には、大気中の酸素の割合は現在と同じ約21％まで上昇しました。

大気中の酸素濃度の上昇は、細菌に危機をもたらしました。酸素は化学的に反応性が非常に高く、他の原子と結合しやすい傾向があります。酸素が細菌と結合すると細菌を殺してしまうのですが、そこから光合成の逆のプロセスに酸素を利用する方法を進化させた細菌が出てきました。これらの細菌は炭水化物を消化するために酸素を取り入れ、光合成よりも多くのエネルギーを細胞に供給することができたのです。副産物として、二酸化炭素が大気中に放出されました。この過程を呼吸といいます。

なんて賢い細菌でしょう！　細菌のうち、光合成を行う細菌は二酸化炭素を用いて酸素を放出し、呼吸を行う細菌は酸素を用いて二酸化炭素を放出します。それらはともに大気のバランスを保つリサイクル・システムを作っているのです。

これらの細菌はまだとても簡単な単細胞生物で、はっきりとした構造や中心（核）がありませんでした。それらは原核生物*、あるいは無核細胞（中心がないという意味です）と呼ばれています。その内部は、細胞膜の内側でさまざまな化学物質がランダムに漂っています。

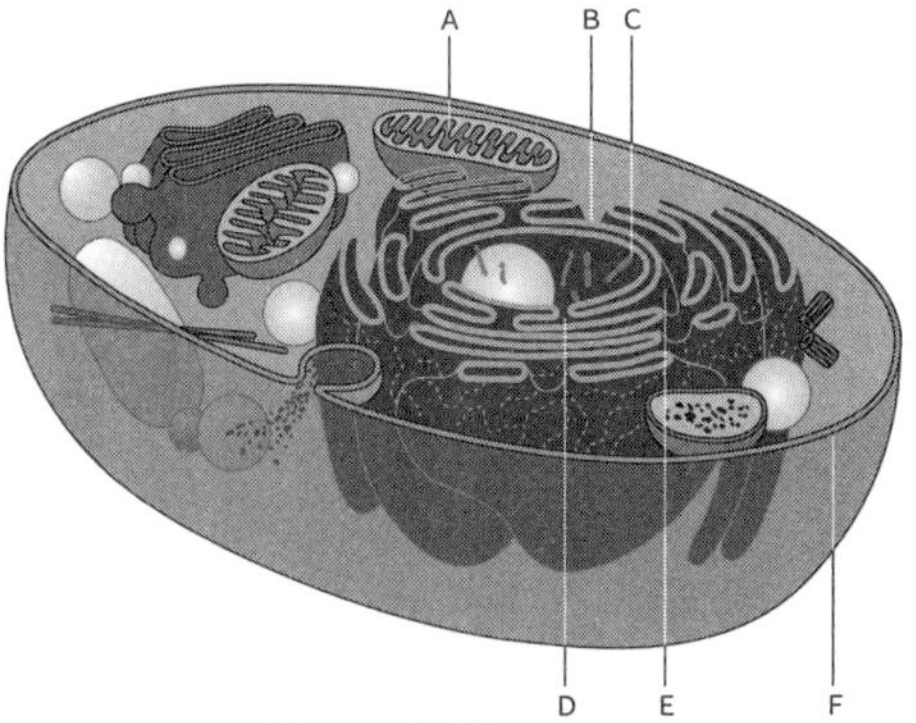

図20　真核細胞　真核細胞は遺伝物質を保護するために膜で包まれた核をもっています。別の膜が細胞全体を包んでおり、その全ての器官で活発な活動が行われています。

これらの単細胞生物は半分に分かれることによって繁殖し、それぞれの新しい細胞は親のクローンです。しかしこれらの単細胞生物は、細胞膜を通過させるだけで隣の細胞と遺伝物質を交換することもできます。これによって単細胞生物は、より複雑な生物にはない遺伝的柔軟性をもつことができたのです。単細胞生物は急速に突然変異します。

約20億年後（今から約15億年前）、細菌は極めて難しい作戦行動を成功させました。ある細菌が、別の細菌と合体したのです。宿主の細菌は、侵入した細菌を食べて消化する代わりに、それと合体して共生しました。このようにして、細胞の中心に保護された核をもつ、真核生物または有核細胞と呼ばれる、新しくより複雑な細胞が現れました。

これらの新しい細胞は、核のない細胞より

もはるかに大きく、通常10倍から100倍の大きさでした。この新しい細胞は、一種の骨格による構造と、細胞の中で遺伝物質を包んで保護する核と呼ばれる膜をもっていました。真核細胞はまた、細胞小器官と呼ばれる2つの小さな器官をもっており、これらは以前は別の細胞でした。それらはミトコンドリアと葉緑体（光合成を行う細胞にあります）と呼ばれています。生物学者は、それらがいまだに自分自身の独自のDNAをもっているので、以前は別の細胞だったということが分かっています（図20「真核細胞」を参照）。

細菌は再び事を成し遂げました。より複雑な細胞へと進化する道を発見したのです。しかし、それ以降はさらに新種の細胞が生まれることはありませんでした。

私のこれまでの説明は細菌を擬人化し、細菌をあたかも意識的に発明を行ってきた人のように描いてきました。私がそうしてきたのは、意識的で意図的な生物としての私たちにとって、細菌という存在がより興味深くなるのではないかと思ったからです。しかし、ほとんどの生物学者は、私がしたように細菌が意識的・意図的な生物だとは考えていません。細菌のイノベーションはランダムな突然変異によって生じ、環境にとって有利なものが自然選択によって受け継がれました。それが自然選択による進化の意味するところです。

約10億年前、真核細胞は4つめの重要なイノベーションである有性生殖を進化させました。これは藻類、*アメーバ、粘菌の間で起こりました。ある細胞がたまたま繁殖のために、自分のDNAを2倍にせずに分裂しました。DNAの1本のらせんをもつ細胞は、1本のらせんをもつ別の細胞と合体して子孫を作ることができます。この過程は、細胞が分裂してそのDNAが2つになるよりも、遺伝的指令の新しい結合や変化を生み出すことができます。この新しい有性生殖は、より多くの突然変異と子孫の多様性の増大をもたらし、進化の変化の速さがスピードアップしました。

次章では、有性生殖が実際に始まった後に何が起きたのかを示します。この章を終えるにあたって、細菌がその最初の20～30億年の間に地球全体のシステムにどのように適合していったのかを考えておく必要があるでしょう。

リン・マーギュリス：ミクロコスモスの異端者

リン・マーギュリス（1938－2011）は米国の生物学者で、真核細胞の起源に関する彼女の研究は、30億年前までさかのぼる進化の研究となりました。

彼女の本名はリン・アレクサンダーで、イリノイ州シカゴのサウス・サイドで育ちました。ポーランド系ユダヤ人の父は弁護士で、母は旅行代理店を経営していました。リンには3人の妹がいました。

リンは4年生から8年生まで、シカゴ大学の提携校で教育哲学者のジョン・デューイ

自分の洞察に忠実であった生物学者のマーギュリスは、真核細胞はより小さな細菌が新種の細胞へ合体したことにより発生したにちがいないと明らかにしました。

が設立した私立のディスクールであるシカゴ大学実験学校に通いました。８年生の時、彼女はもっとたくさんのボーイフレンドがいそうな大きい学校に行くことを決めました。彼女は両親に内緒で生徒数５０００人の公立学校ハイドパーク高校に入学しました。

リンは早熟な生徒でした。彼女は15歳でシカゴ大学に早期入学し、19歳で卒業しました。彼女は、「グレートブックス」カリキュラムを学び、そこから批判的に考え、鵜呑みにしない姿勢を教えられたと語っています。ウィスコンシン大学で遺伝学と動物学の修士号を取得し、１９６５年にはカリフォルニア大学バークレー校で遺伝学の博士号を取得しました。

彼女は最初ボストン大学で20年間、次い

でマサチューセッツ大学アマースト校で23年間教え研究しました。

博士号取得の直後、マーギュリスは、進化は細菌から始まり、真核細胞はいくつかの種類の細菌が合体してより大きな細菌になって始まったのだとする、革命的なアイディアを提示する論文を書きました。これに関する彼女の最初の論文は、彼女もおそろしく難解で分かりにくかったと認めていますが、学術雑誌に1967年に掲載されるまで15回掲載不可となりました。著書『真核細胞の起源』は1970年に出版されました。

生物学者たちは当初、マーギュリスの説を無視したり笑いものにしたりしました。しかし、1980年代に、真核細胞にある細胞小器官のDNAが、細胞自身のDNAとは異なるという証拠が出てきました。このようにして、細胞小器官はもともと別の細胞であったに違いないということになったのです。こうして世界中の生物学者が彼女の意見を受け入れるようになりました。

1986年、マーギュリスは一般読者向けの名著『ミクロコスモス：微生物進化の40億年』を出版しました。彼女は多くの科学分野の賞を受賞し、1999年にはクリントン大統領からアメリカ国家科学賞を授与されています。

マーギュリスはジェームズ・ラヴロック（後述）と共同でガイア仮説*を展開しました。ガイア仮説とは、地球は自分自身でその存続条件を維持できる自己永続的な生態系である、というものです。ラヴロックはマーギュリスよりもう少し進めて、地球はそれ自身が一個の生命体であると論じています。

マーギュリスは2度結婚しています。1度目は19才の時に『コスモス』の著作で有名なカール・セーガンと、29才の時にはX線結晶学者のトーマス・マーギュリスとです。4人の子どもを育て、息子のドリオン・セーガンは彼女と共著で『ミクロコスモス：微生物進化の40億年』（邦訳：田宮信雄訳『ミクロコスモス：生命と進化』東京化学同人）を書いています。65才になっても朝6時に自転車で出勤していました。脳卒中により73才で亡くなりました。

地球システム

私たちの惑星は均衡した安定的なシステムではありません。それは、相互に結びついてお互いに影響し合う多くの部分からなっている、絶えず変化するシステムです。第5章で描かれていたように、地球上の物質のほぼ全ての原子は変わらないまま地球にあります。しかしエネルギーの流れが絶えず私たちの惑星を出入りしており、また地球内部からのエネルギーの量や地表が受け取るエネルギーの量も、地質学的時間の膨大な期間を通じて変化します。

地球内部からの熱の流れは、地球が生成された時の熱が消えるにしたがって減少します。同時に、私たちの恒星系が生成する直前の超新星爆発で形成された、地球内部にある元素の放射能も減少します。

地球の表面では、太陽がより温度を上げて燃えさかり、より多くの放射線を放出するにつれて、太陽からの熱は時とともに増大します。太陽系の生成以来、太陽のエネルギー放出量は約30％増加しました。低レベルの放射線が小量絶えず宇宙に流れているので、地球の表面はそれほど熱くなりませんでした。また、次章で見るように、植物が海から地上へ移動したことにより、空気中の二酸化炭素の除去が促進され、地球の温度が生命を維持できる範囲内に保たれました。

地球システムを全体として描くために、光合成を行う非核細菌から始めましょう。それらは空気中に酸素を送り込むことによって、おそらく二酸化炭素、窒素、硫化水素で占められていた大気を変化させました。当初は化学反応によってこの酸素は再吸収されたのですが、約21億年前には、酸素は大気中の気体の約3％を占めるまでになりました。

同時に、酸素はオゾンと呼ばれる酸素原子3つからなる分子（O_3）の層を形成しました。この薄い層は、地球の上空約30キロメートルにあります。オゾン層は地球を紫外線から保護し、そのため生命が陸地に広がっていくことが容易になりました。オゾン層はゆっくりと発達し、現在の組成に達したのはわずか6億年ほど前でした。

他方、プレートテクトニクスの全プロセスが始まりました。地質学者が相応の自信をもって再構築できる地球表面のプレートの配置は、過去5億年のものだけです。彼らは、初期地球には小

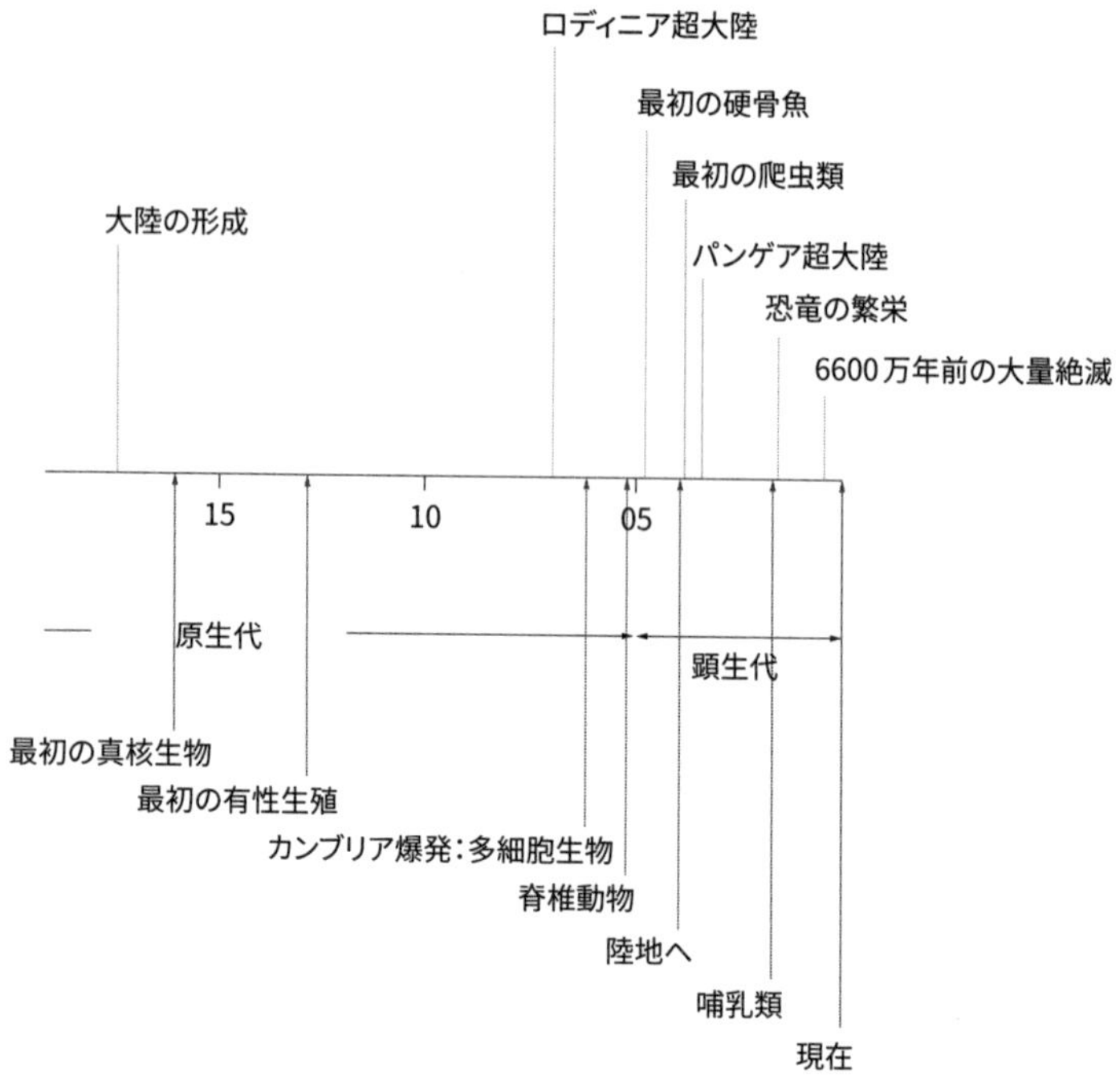

スレッショルド5　(35億年前から現在まで)

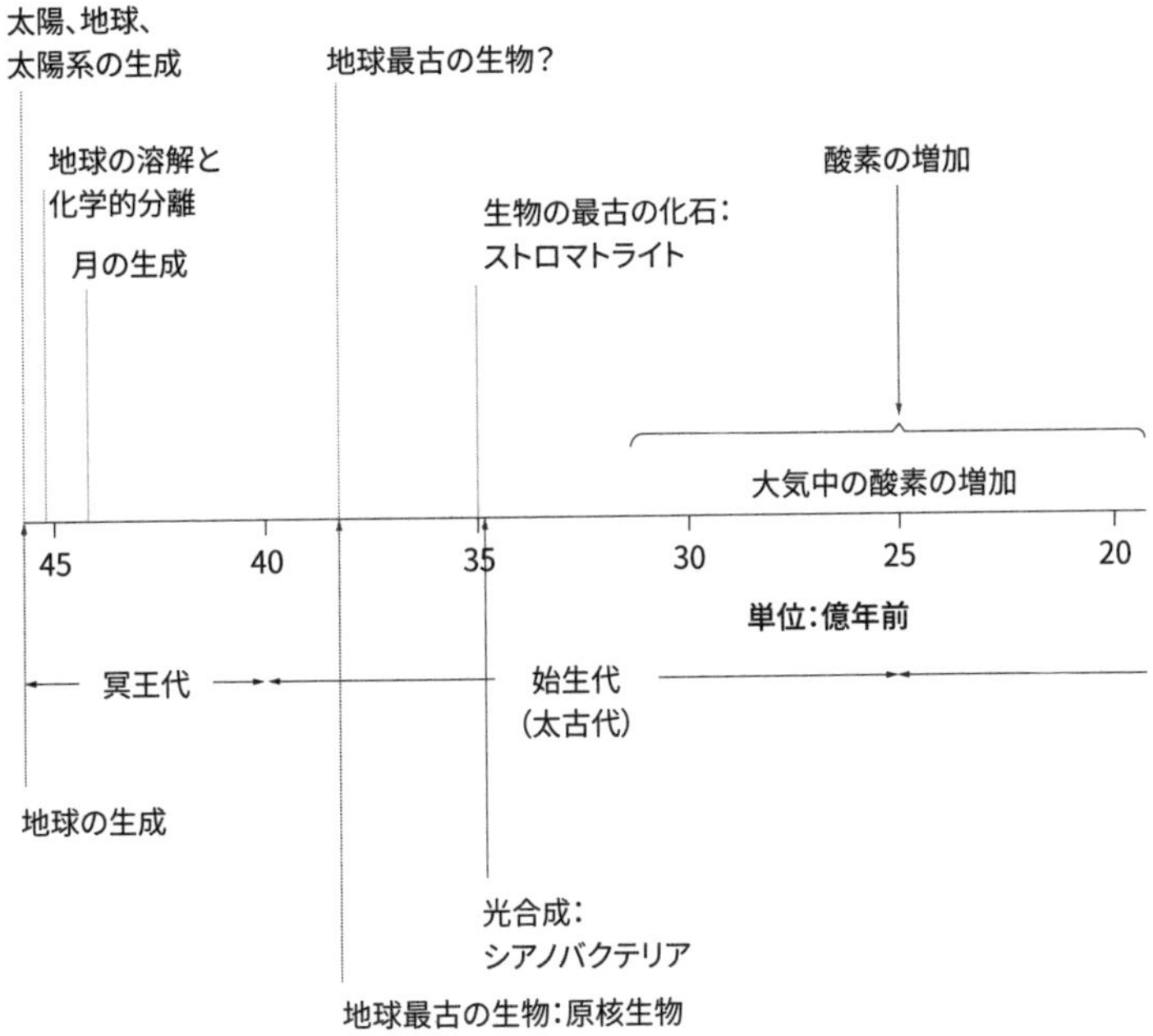

図21　地球史年表　細菌が地球史の大部分を支配していることは明らかなようです。大気中の酸素濃度が増大するのにどれくらいの年月を要したか、そして人類史が年表のいかに小さな点であるか――印がつけられないほど短い――に注意してください。

プレートがあり、放射性物質と衝突する小惑星からの熱が下がるにしたがって、それがより大きなプレートへと生成していったと推測しています。プレートテクトニクスの現在の活動は、20億年前から15億年前のどこかで始まったと考えられています（図21「地球史年表」を参照）。

生物が地球の条件に与えた影響についてのこの物語をどう思いますか？　イギリスの大気化学者ジェームズ・ラヴロック（1919－2022）はこれについて考え、もしかしたら生命は自分の生き残りの条件を自分自身で作り出し維持しているのかもしれないと提案しました。このアイディアは**ガイア仮説**として知られています。この名前は、古代ギリシア語の母なる大地という言葉から名付けられました（この語根はまた地質学 geology、幾何学 geometry、パンゲア* Pangaea にも用いられています）。

地球システム科学者は、この仮説を裏付ける証拠を探究しています。おそらく自分自身の生存条件を掘り崩す生物個体群は生き残ることができず、一方で生き残る生物個体群は生存条件を掘り崩すことを控え、それを改善しているのでしょう。

微生物学のいま

現代微生物学の勝利の一つは、エイズ（ＡＩＤＳ）*を死の病から治療可能な慢性的疾患へと変えた治療薬の開発でした。

エイズ（ＡＩＤＳ）は「後天性免疫不全症候群」の頭字語（略語）です。これは１９８２年に初めて名付けられ、当時は患者が特殊な肺炎やリンパ節・血液細胞のガンで亡くなっていました。何がこの病気の原因であるか分かりませんでした。

それから１年足らずで、フランスの微生物学者リュック・アントワーヌ・モンタニエ（１９３２－２０２２）が原因を突き止めました。それは、エイズ患者のリンパ節と血液細胞にいたウイルス*でした。ウイルスは、典型的な細菌よりもはるかに小さいものです。ウイルスは外側に膜がないタンパク質によって包まれた遺伝物質からなります。それは生命と非生命の中間の存在です。ウイルスは自分の遺伝物質を宿主細胞の中に挿入して、命令するためにその細胞を乗っ取ります。科学者はそのウイルスをＨＩＶ、「ヒト免疫不全ウイルス」と呼んでいます。それは免疫系の細胞で繁殖し、他の病気を撃退する免疫系の能力を低下させます。

１９９０年代まで、研究者はウイルスの増殖を抑えることのできる多数のさまざまな抗ウイルス薬の「カクテル」を考案してきました。しかしそれらの薬はこの病気を治すことができませんでした。なぜなら、このウイルスは細胞の中のＤＮＡらせんで長く休眠できるからです。エイズは長期寛解にすることはできますが、治すことはまだ叶いません。

２０１３年までに世界中で３９００万人がエイズで亡くなったと推定され、現在３５００万人がエイズを患っており、そのうちの71％がサハラ以南のアフリカの人々です。２０１２年までに世界で推定１８９０億ドルの資金がこの病気に対処するために費やされました。

エイズは血液や精液といった体液の交換を通じて、また汚染された皮下注射針によって、あるいは妊娠、出産、授乳時に感染します。涙や唾液では伝染しません。現在、微生物学者はエイズの治療法やそれを防ぐワクチンの発見に熱心に取り組んでいます。幸いなことに、蚊はＨＩＶを広めません。蚊の代謝作用がウイルスを分解するからです。

知のフロンティアにおける問い

今みなさんのホワイトボードには2つの大きな疑問が書かれています。生命は地球以外の宇宙の他の場所でも発生したのでしょうか？　私たちは高度な意識をもつ唯一の存在なのでしょうか、それとも宇宙のどこかに他のそうした存在がいるのでしょうか？

（地球以外の場所にいる生命を地球外生命 extraterrestrial life といいます。extra はラテン語の「外」で、terra はラテン語の「地球」です）。

これらの問いに対する答えは誰にも分かりません。これまでのところ、他の生命は発見されていません。これらの問いに対する可能性のある答えとしては、地球以外のどこにも生命は存在しないというものから、多数のハビタブル惑星に技術力のある高度に知的な生命体がたくさん出現しているというものまで幅があります。生命の発生はまれではあるけれども一度始まればふつうに進化する、あるいは、生命の発生はありふれているものの、ほとんどの場合単純な細菌を超えて進化はしない、といった中間の答えもあるのかもしれません。

他の星の生命の問題に取り組むため、科学者は私たちの隣の惑星である火星からの証拠を研究しています。現在火星の表面は冷たく乾燥していますが、以前は暖かく液体の水があったようなのです。かつては存在していたかもしれない生命も、おそらく死んでしまったのでしょう。生命の痕跡はまだ見つかっていません。より詳しく調査するためには、人が火星に着陸する必要があるようです（火星旅行についてより詳しくは第11章を参照）。

火星以外に、太陽系におけるどの惑星も生命が要求する条件をもっていないように思われます。その条件とは、水が凍ったり沸騰したりせず液体のままでいられることと、その惑星の大きさと太陽からの距離がちょうどよい、いわゆるハビタブルゾーンにあることです。金星は熱すぎ、火星より遠い星は冷たすぎます。木星の衛星、特にエウロパや、土星の衛星、特にエンケラドスなどのいくつかの衛星は、単純な生命を支えられる条件をもっているように思われます。

天文学者はまた、太陽系の外で彼らが**系外惑星***、ないし**太陽系外惑星**と呼ぶものを探し始めています。天文学者は１９９５年に太陽と同じような恒星の周りを回る惑星を初めて観測しました。その惑星が恒星の前を横切ると、恒星の明るさが明らかに暗くなったのです。それ以来、天文学者は１０００個以上の系外惑星を発見しており、いまも続々と見つかっていて、それらの中にはハビタブルゾーンにある惑星も含まれています。系外惑星を見つける努力は続いています。それを追うには Exoplanet Exploration: Planets Beyond our Solar System (https://exoplanets.nasa.gov)

にアクセスしてください。

単なる生命ではなく、私たちと通信できるような文明を天の川銀河に発見できる可能性はどれくらいでしょうか？　アメリカのコーネル大学の天文学者フランク・ドレイク（1930－2022）は、1961年に現在はドレイクの方程式*と呼ばれている方程式を考案しました。彼は通信可能な生命の発見に関して考えられる全ての要素を列挙しました。それらの要素には、私たちの銀河で1年間に生成する恒星の数、生命のある惑星をもつ恒星の数、電波で通信できる生命をもつ惑星の数、そして通信文明の平均寿命（私たちの電波時代はまだ100年に満たない期間しか経っていません）があります。ドレイクの方程式についてより詳しくは第11章を参照してください。

地球外生命を真剣に探すことを決意したフランク・ドレイク、カール・セーガンらは、1984年にSETI研究所を設立しました。SETIは、地球外知的生命体探査の略語です。研究所は恒星からの電波の観測を1992年に始めましたが、これは自然界で発生するものです。彼らは自然のランダムなパターンとは異なる普通でない順序のパターンを探していますが、これまでのところ、何も発見できていません。もしあなたが支援したいと望むなら、無料のSETIスクリーンセーバーを使うことができます。これを利用すると、あなたがパソコンを使っていない時に、そのパソコンを調査に参加させることができます。支援したい方は、SETI@home にアクセスしてください〔SETIプロジェクトは2020年3月に終了〕。

2015年7月、ロシアの億万長者ユーリ・ミルナーが地球外生命体調査を応援するために1

億ドルを寄付しました。ミルナーは、彼の10年計画プロジェクトを進めるためにカリフォルニア大学バークレー校から数名の宇宙物理学者を選びました。彼らは世界中の望遠鏡を使って、電波信号だけでなくレーザーの信号も調査しています。

大衆文化を見ると、地球外生命の可能性に対して私たちが強い興味をもっていることが分かります。『スター・ウォーズ』（1977）や『E.T.』（1982）のようなSF映画が私たちを魅了し、多くの人がいわゆるUFO（未確認飛行物体）の目撃情報を信じています。映画ではしばしば宇宙をビュンビュン飛んで互いに遭遇する人類と異星人双方の宇宙船を描いています。星間距離が遠すぎるので、これは極めて非現実的です。現在のロケットのスピードでも、4・24光年離れた最も近い星まで行くのに約10万年かかります（私たちの銀河が約10万光年の幅をもつことを思い出してください）。

プレストン・クラウド：初期のビッグヒストリアン

プレストン・クラウド（1912－1991）はアメリカの地質学者、古生物学者で、地球の初期の歴史に関心をもっていました。彼は生物と惑星系全体との相互作用を最初に理解した一人で、最初のビッグヒストリーについての著書の一冊を書いた人でもあり

地質学者で古生物学者のクラウドは、生物が惑星系に与えた影響を最初に描き出し、またビッグバンから現在までに関する著書を書いた一人でした。

ます。

プレスと呼ばれていた彼は、1912年にマサチューセッツ州西部で生まれ、メリーランド州との州境に近いペンシルベニア州ウェインズボロで育ちました。父はエンジニアの製図工で、母は系図学者でした。彼は7人兄弟の3番目でした。

プレスはアウトドアが大好きで、ボーイスカウトでイーグルランク〔最高位〕を獲得しました。高校卒業後、大恐慌の最中に、彼は1930年から1933年までアメリカ海軍に入隊し、太平洋偵察部隊ではボクシングのバンタム級チャンピオンとして名を上げました（プレスは身長が168センチでした）。

教育を受けようと決心した彼は、ワシントンDCにあるワシントン大学の最初の学期のために十分なお金を貯めました。その後は国立自然史博物館でフルタイムで働きながら夜間の授業を受けました。彼は1938年に地質学の理学士号を取得して卒業し、1940年にはイェール大学から地質学と古生物学（植物と動物の化石の研究）で博士号を取得しました。

クラウドは、学界と米国地質調査所の仕事を行き来しました。魅力を感じるわくわくするようなプロジェクトのあるところにはどこへでも行きました。彼は200以上の論文や本を書き、専門家として多くの栄誉を受けました。3回結婚し、子どもが3人と再婚した妻の子が3人います。彼の同僚たちは、彼は靴紐を結ぶ時間も無駄にしないためにスリッポンシューズを履いているのだと冗談を言っていました。

1968年までに、クラウドは、光合成を行う細菌によって作られる酸素が、真核細胞とその後の大きな多細胞生物の誕生につながったと、明らかにしました。彼は、自分の子どもたちが、自分たちがその一員である世界のことを理解できるように、地球の全てのシステムのつながりを説明したいと思っていました。子どもたちは、彼が最初の草稿を仕上げる前に大きくなってしまいました。何社かの出版社に断られたのち、1978年に『宇宙・地球・人間』（邦訳：一国雅巳・佐藤壮郎・鎮西清高訳『宇宙・地球・人間 I II』岩波現代選書）を出版しました。

クラウドは政策や道徳についての議論をいとわない科学者でした。彼は人口増加と資源の利用可能性の減少の危険性について最初に警告した一人です。彼は何をすべきかについて具体的な勧告を行いました。1家族につき子どもは2人に自発的に制限すること、車の大きさと馬力を制限すること、未来省という名の計画センターを設置することなどです。彼は著書で「この本を終えるにあたり、読者のみなさんは望むと望まざるとにかかわらず自然とともにいるのだということを思い出してほしい」と結んでいます。

細菌とあなた

もし細菌がなければ、私たちは存在しなかったでしょう。私たちの体は、1兆個の動物細胞と10兆個の細菌細胞で構成されています。細菌細胞の数は動物細胞の10倍です。私たちは皆、巨大な歩く微生物コロニーなのです。

細菌は私たちの体を構成しているだけではありません。細菌のおかげで、私たちの体は機能します。細菌は私たちの体内の老廃物を処理し、腸でビタミンを合成し、体外からの微生物と闘い、空気中から窒素を取り込んでアミノ酸に変換します。私たちが死ぬと、主に細菌が私たちの体を食べて（分解して）元素をリサイクルします。元素を土に還し、それを植物の根が摂取して再び生命に変えるのです。

細菌は私たちの体全般を機能させているだけではありません。一個一個の細胞も機能させています。本章で見てきたように、真核細胞は全てミトコンドリアと呼ばれる小器官をもっていますが、これは海の中で自由に生きていたものです。あなたの細胞に生きているミトコンドリアには、半分に分かれながら文字通り連綿と続いてきた細胞の血統があります。それは海の中で自由に生きていた細菌までさかのぼるもので、母親たちからあなたへとはるか昔から母系遺伝によって受け継がれてきたのです。

細菌はまた、環境を私たちのために保ってくれています。私たちの水を浄化し、土壌を生産的に保ち、呼吸する酸素を供給し、大気を安定化させています。

ほとんどの細菌は人間の味方です。1000個のうちのわずか1個が、私たちにとって（病気を起こす可能性のある）病原菌です。しかし、私たちがいつも注意を払っているのはそうした病原菌なのです。それらのために、残りの細菌が悪者扱いされています。悪い細菌を取り除こうと努力する一方で、その他の999個の役に立つ細菌に感謝し、よい細菌を殺さないように努めましょう。

咽頭炎、耳感染症、肺炎を引き起こす細菌を殺す薬のない生活を想像できますか？　イギリスの細菌学者アレクサンダー・フレミング（1881－1955）は、1928年に、初の抗生物質（細菌に害を与えたり殺したりする薬）であるペニシリンを発見し、人類に巨大なブレークスルーをもたらしました。抗生物質は第二次大戦後、商業的に利用可能となりました。1960年代にアメリカ公衆衛生局長官は感染症の終焉を宣言しました。しかし細菌はいとも簡単に、そしてまたたくまに突然変異するのです。現在の抗生物質に耐性をもつ細菌もいます。2014年4月にWHO（世界保健機関）は、微生物耐性が、単なる未来予測ではなく、いま公衆衛生にとって深刻な世界的脅威であると警鐘を鳴らしました。

本章を通しての問いに戻りましょう。生命はどのように始まりましたか？　答えは完全に明らかなわけではありませんが、トライしてみましょう。

第７章

生命の進化(b)

多細胞生物

スレッショルド5（続き）

20億年前から20万年前まで

地球上の細菌という生命は、やがて高度の意識をもち、知性があり、思いやりのある人間へと進化しました。これはいったいどのようにして起こったのでしょうか？

前章では、単細胞生物には核のないものと核のあるものの2種類があることを学びました。核のある細胞は、原生動物などの動物のような細胞、藻類などの植物のような細胞、粘菌と呼ばれる菌類*のような細胞の3つの型に分かれます。それぞれの細胞は集まって集団を構成することもありましたが、相互に接続して機能しているわけではありませんでした。

約10億年前のいつか（正確には分かりません）、多数の相互接続した細胞（多細胞）から構成される最初の生物が海中に出現しました（陸地は不毛な場所で、植物も土壌も生きた細胞もありませんでした）。細胞は、結合し、特殊化し、お互いにコミュニケーションを行うための化学的な方法を発達させました。これは複雑さを増大させる大きな飛躍でしたが、科学者はまだこれを十分に理解できていませんし、このプロセスを示す証拠ももっていません。科学者に分かっているのは、約6億年前から多細胞生物の豊富な化石の証拠があるということだけです。

カンブリア大爆発（5億4200万年前〜5億500万年前）

いったい何が爆発したのでしょう？　それは小惑星や火山ではなく、口、脳、眼、足、ひれなどの器官をもつさまざまな生物の形態だったのです。5億4200万年前から5億500万年前までの期間は、地質学者にカンブリア紀として知られています。この名前は、この時代の化石が多く見つかったイングランド北西部のカンブリアに由来します。

多細胞生物の最古の化石には骨や殻がなく、柔らかくてぶよぶよした体で、チューブスポンジ*のようですがもっと単純なものです。カンブリア紀が始まる頃には、化石は骨と硬い殻の痕跡を示すようになります。続く2000万年の間に、これらの生物は現代の複雑な有機体のあらゆる構造的なデザインを発達させました。

化石の記録において種の数が急激に増加する時はいつでも、多数の種を一掃して新しい種のための余地（ニッチ）を残す出来事が直前に起きたのではないかと科学者は考えています。

カンブリア爆発*の前に起きたと科学者が考えているのは次のことです。地球は科学者が**スノーボールアース***と呼ぶ極度の凍結状態にありました。その時、この惑星の地表全体はほぼ氷に覆われていたのです。それ以前は、地球でははるかに高い気温が続いていました。スノーボールアースは最初の氷河期だったのかもしれません。それは6000万年ほど続きましたが、陸地にまだ生命はなく、海洋にいた生命もそれ以前よりはるかに少なくなりました。

いったい何がスノーボールアースを引き起こしたのでしょうか？　現在知られている最古の超大陸であるロディニアは、11億年前から7億5000万年前にかけて赤道に存在していたと考えられています。カナダの地質学者ポール・ホフマン（1941年生まれ）は、約7億5000万年前に起きたロディニア超大陸の分裂が降水の増加をもたらし、それが大気中のCO_2を地上に運んだという仮説を立てました。空気中のCO_2の減少により、気温が低下しました。石灰岩が生成し、大気の循環からCO_2をさらに取り除きました。凍結の急速な進行は1000年以内に起きたかもしれません。なぜ地球は再び氷が溶けたのでしょうか？　おそらく火山がCO_2を大気中に補充したからです。CO_2の増加により熱が保たれたので、気温はわずか数世紀のうちに凍結状態から摂氏10度（華氏50度）に上昇したと考えられています。

生物の体の構造形態上でカンブリア爆発を引き起こしたものが何であれ、そうした形態の多くが現在まで続いています。私たち人間は、蠕虫《ぜんちゅう》のような泳ぐ生物から進化しました。カンブリア紀には、背中にそって走る軟骨でできた長い棒が発達してきたことが、**ピカイア**と呼ばれる生物の化石に見ることができます。この生物はおそらく最初の脊索《せきさく》動物で、魚類、両生類、爬虫類、鳥類、哺乳類*といったあらゆる脊椎《せきつい》動物*の祖先です。脊椎動物は、骨でできた脊柱をもつ動物です。約5億年前までに、次第に魚は背骨、あご、そして背骨にそって走る神経のための頭蓋骨を追加していきました。

陸地へ（5億年前から4億年前）

自分が5億年前の海を漂って光合成を行う多細胞植物であると想像してみてください。陸にはまだ生き物はいません。水があなたを太陽の紫外線から守っています。なぜあなたは水から離れようとするのでしょうか？　あなたはそれをどのように行いますか？　あなたは子孫を守る方法、立ち上がる方法、体内の化学物質を乾燥から守る方法を発達させる必要があります。それは人間が他の惑星に移動しようとしているのと似ています。多細胞植物には宇宙服が必要なのです。

海を離れた最初の生物は間違いなく細菌でしょうが、小さすぎて痕跡が残っていません。次に上陸したより大きな多細胞生物は、植物、動物、菌類の3つの主要なグループに分けられます。植物は太陽光（エネルギー）を利用し、土壌と空気から養分（物質）を摂取します。動物は植物や他の動物を食べ、蓄えられたエネルギーと物質を利用します。菌類は他の生物を体外で消化し、その養分を吸収したり、炭水化物と引き換えに植物に養分を与えたりします。

海を離れた最初の多細胞生物は植物でした。緑色をした光合成を行う藻類が、大陸の端にある浅い沼地になんとか足掛かりを得、おそらくはそこで立ち往生しました。そのため大陸の端は、青い海を背景にオレンジ色の岩の一部が緑色になりました。藻類は酸素を放出し、これにより大気中の酸素が増加し、オゾン層が形成されて、紫外線の保護が強化されました。

4億7500万年前までに、緑の藻類の子孫は、現代の苔類のような地を這う根のない植物になりました。それらは湿った場所だけで育ち、微小な胞子によって繁殖しましたが、4億7500万年前の岩石中にそれが見つかっています。

次に、蘚《せん》類《るい》と、内部配管システムとして樹液を運ぶ道管をもつ単純な維管束植物が現れました。菌類は植物が根を発達させるのを助けました。4億年前には、地上から数インチの高さの維管束植物が陸地の至るところで群生していました。まだ葉はありませんでしたが、その後すぐに葉が現れました。

3億6000万年前から3億年前までには、種子を作る木々からなる大きな葉の茂った森が出現しました。それらの木が枯れ、倒れて堆積物になると、圧力によって石炭と呼ばれる化石になりました。これが石炭を化石燃料と呼ぶ理由です。

動物は、緑藻類の1億年ほど後に上陸しました。最初の動物は、浅い日なたの海の端からやってきた蠕虫と飛ばない昆虫だったはずです。背骨のある動物で現在知られている最古の化石は、3億9500万年前の中国の魚の骨です。ひれのような足をもった歩くハイギョの最古の化石は、3億7500万年前のものです。

3億4000万年前までに、最初の両生類が現れました。両生類は、つま先のある足や音を聞くための耳など陸地用の特徴をもった生き物でしたが、産卵と受精のために海に戻る必要がありました。3億年前までに空気中の酸素がさらに増加しました。そのことは太古の空気の泡が入った化石化した木の樹液から分かります。

時とともに、一部の両生類は、繁殖のために水に戻る必要のない爬虫類に進化しました。オスの爬虫類は、水の中ではなくてメスの体内で卵子に受精させるために交尾をしました。メスは硬い殻に包まれた卵を産み、この殻が卵を乾燥から保護してくれました。最古の爬虫類は約3億年前に現れましたが、繁栄したのは、約2億5000万年前に大量絶滅*が起きた後のことです。

こうした大量絶滅、つまり種の大量死の期間は、私たちの物語に繰り返し現れます。私たちはすでに、どのようにしてスノーボールアースが最初は生命を制限し、地球の暖かさが回復するにつれて新しい種の爆発の引き金となってきたかを見てきました。その絶滅以来、化石の記録は少なくとも5回の大量絶滅と多数の小規模な絶滅が起きたことを示しています。絶滅は地球における生命の基本的な特徴のようです。

最も大規模な大量絶滅であるペルム紀末（P－T境界）の大量絶滅は約2億5000万年前に起こりました。海の種の90％と陸の種の70％が絶滅しましたが、ゴキブリはうまく切り抜けました。イチョウとカブトガニの祖先も生き残りました。また原始的な哺乳類（protomammals）へと変化し始めていた小さな爬虫類も絶滅を免れました（「プロト」はギリシア語で「原始の」という意味です）。

最初の4回の大量絶滅の原因が何なのかは分かっていません（5回目の大量絶滅の原因は、1990年代にかなり明らかになりました。以下を参照）。分からない理由は、地球のシステムが複雑で込み入っており、また何百万年もの年月が経って証拠が消えてしまったからです。

おそらくペルム紀末の大量絶滅の原因は一つだけではなかったのでしょうし、また原因となる出来事の全てが一度に起きたのではなく、長い間積み重なっていったのでしょう。巨大な森林の時代には30〜35％あった酸素レベルが約20％にまで低下してしまい、多量の酸素に慣れていた生物にストレスをあたえたことが科学者には分かっています。

ペルム紀末の大量絶滅の時代には大規模な火山活動が特にシベリアで起こっており、日射量が減少しました。おそらくシベリア火山からの噴火物による化学反応で、オゾン層が崩壊したことを示唆する証拠もあります。2億5000年前の絶滅によって残された空白の中に生命が戻り、小さな爬虫類が大きな爬虫類である恐竜へと進化しました。この史上最大の陸上動物は地球全体に広がり、次の絶滅がそのほとんどを一掃するまで、1億5000万年のあいだ世界を支配しました。

恐竜はどのようにして地球全体に分布することができたのでしょうか？　泳げた恐竜はほんの一部でした。実はそれは簡単だったのです。約3億年前までに全ての大陸が再び集まって、パンゲアと呼ばれる超大陸になりました。地球上のほとんど全ての陸地がそれに含まれ、その4分の3が南半球にありました。約1億7500万年前、パンゲアは再び分裂を始め大西洋が開かれました。「Pangea animations」でグーグルを検索すると、パンゲアの生成と分裂を見ることができます。

恐竜がどのように最期を迎えたかの物語に移る前に、生物が陸地に上陸したことのもう一つの重要な結果に注目する必要があります。陸上の生命は火を生み出しました。植物が上陸するまで火はありませんでした。なぜなら燃えるものがなかったからです。岩は熱くなって溶けるだけで、燃えることはありません。

いつ火が始まったかを示す最初の証拠はフゼインと呼ばれる化石化した炭で、4億1000万年前のものです。その時の大気は、酸素が約13%を占めていました。酸素は、炭素から電子を奪って燃焼を引き起こす元素です。森林は6000万年のあいだ急速に成長したので、3億5000万年前までに酸素レベルは30~35%に急上昇しました。

陸上植物が自然発火しなければ、大気中の酸素レベルは高くなりません。落雷が森林や乾燥した植物材料に火をつけることによって酸素レベルを抑制しました。これにより炭素が大気に戻り、大気中の酸素の割合を減少させました。これは地球の自己調節の美しい例です。

炭素は別の方法でも大気中に戻りました。細菌と菌類は進化して、木が枯死した時にその外側の木質を分解できるようになりました。石炭が生成されていた時代には、生物はまだ木質部分を分解できなかったのです。そのため木質部分は石炭の化石に変化しました。これによって、炭素は空気中に放出されるのではなく、地下に蓄えられました。ひとたび細菌と菌類がそれを分解できるようになると、石炭の生成は止まりました。現在、人間は石炭を掘り起こして、埋まっていた炭素を空気中に急速に放出しています。

私たちの種である哺乳類

恐竜がまだ存在していた頃に、最初の小さな哺乳類が現れました。それらは暖かい柔毛に覆われており、つまり毛皮のコートを着た温血動物でした。**温血**とは体温が一定であることを意味します。体温の上昇は、代謝（食物をエネルギーに変える細胞内の化学的プロセス）率の上昇によるものです。代謝率の上昇はまた、より高いレベルのエネルギーをもたらし、より広範囲の気候帯に居住することが可能となりました。哺乳類と鳥類が温血動物と考えられています。

最初の哺乳類は約2億年前に出現しました。それは恐竜に変化した爬虫類のいとこから進化しました。初期のプロトタイプの哺乳類は温血で毛皮がありましたが、まだ卵を産んでいました。カモノハシはその子孫です。

やがて、卵の代わりに幼児を生きた状態で生まれるまで十分に長い期間体内に入れておく哺乳類が現れました。母と胎児をつなぐ胎盤をもつ私たちの種は、有胎盤哺乳類*と呼ばれています。現在分かっているそうした生物の最古の化石は1億2500万年前のもので、北京近郊で発見されました。恐竜が生きていた頃、有胎盤哺乳類は小さなねずみのような生き物で、夜に地面を小走りに動いていましたので、恐竜にはよく見えず食べられずに済みました。

有胎盤哺乳類が進化を始めた時、赤ちゃんは母親の毛の生えた腹の汗をなめていました。長い間にその汗は次第に甘く脂肪を含んだミルクとなりました。母親の脳は、自分では何もできない赤ちゃんを愛する能力、そして長期のケアを提供する能力を発達させました。

6600万年前には、世界は私たちになじみのある美しい場所になりました。パンゲアは分裂して私たちが目にしている大陸となりました。植物は花を発達させ、蜂はブンブンと飛びました。さまざまな大きさと種類の恐竜が全大陸で繁栄しました。恐竜のある小さな系統が鳥に変わり始めました。小さな哺乳類が夜に動き回りました。これは、地球のことを学んでいく人間の幼児たちを喜ばせる光景です。

そして約6600万年前のある日――あなたの視点によって地球史の最悪の日とも最善の日とも言えますが――推計で幅10キロメートルの小惑星が地球の方向に飛んできました。地球が小惑星の進路を通過したのはわずか数分間でしたが、小惑星は現在のメキシコ・ユカタン半島の端の辺りで地球に衝突しました。こうして第5の大量絶滅が始まったのです。

小惑星は、幅180キロメートルのクレーターを作りました。それはあらゆる方角に巨大津波を発生させました。粉々に砕かれたちりと岩が大気中に高く巻き上げられ、ちりの雲が地球を覆い、日光をほとんど遮ってしまいました。多くの植物が死にました。おそらく小惑星の衝撃により大規模な火山噴火が発生し、それが大気中にちりを加え、またCO_2を大気に放出したので、地球の温暖化と海洋の酸性化を引き起こしました。

鳥になった系統を除いて、恐竜はみな死に絶えました。70％の種が絶滅しました。ほんのわずかの小さな毛皮をもつ哺乳類が生き残ったのは驚きです。おそらく小さな個体群が地下で冬眠していたのでしょう。

この6600万年前の絶滅がどのくらいの速さで進んだのかは分かりません。衝突から数日ないし数週間のうちに死んだ種があったかもしれませんし、それから100年、1000年、10万年のうちに絶滅した種もあったかもしれません。

この絶滅については、小惑星の証拠を発見し、運命のクレーターの場所を見つけ出した地質学者たちのおかげで多くのことが分かっています。彼らの仕事がなされたのは、1980年から1990年までのわずか35年前のことでした。

この小惑星の衝突は、人類史において決定的な出来事であったことが判明しました。それは哺乳類の捕食者である恐竜を一掃し、私たちの小さな毛皮の祖先にかつて恐竜に占領されていた空間を埋めるチャンスを与えました。500万年以内に、いくつかの小さな哺乳類が果実を求めて木を登るようになりました。それらは、サルに向けての道を歩み始めました。2000万年以内に、クジラ、コウモリ、ウマ、ゾウの初期の祖先、そしてネコとイヌの共通の祖先が進化しました。

大きな小惑星の衝突は、偶然の出来事でした。地球がその進路にいたのはわずか数分間でした。岩か氷でできたその塊にとって、あらかじめ定まった針路はありませんでした。それは科学者が「偶然」を表現する際に使う大げさな言葉である**偶発事態***の例です。もし小惑星の衝突がなかったとしたら、人間は存在しなかったでしょう。科学者はそれに同意しています。

小惑星が衝突してから１０００万年後の今から約５６００万年前に、地球は小規模な絶滅事件を経験しました。地球の気温が10度近く上昇して、地球の平均気温が摂氏28度（華氏82度）となったのです。１０００年のうちに数千種が絶滅しました。

火山の噴火によって大気中のCO_2とメタンが増加し、この気温上昇が引き起こされたことは確かなようです。海水面は上昇し、海洋は酸性化して、生態系は極地に向かって移動しました。暁《ぎょう》新世－始新世温暖化極大（ＰＥＴＭ）*と呼ばれるこの期間は、地球史の中で十分な裏付けのある最も急速な温度変化です。

この温暖な時期に果実を求めて木を登った小さな哺乳類は、前足の代わりに手を発達させました。そのかぎ爪は指の爪となり、片手で枝を摑んでもう一つの手で果実をもぎ取るために、他の指と向かい合うことのできる親指をもつようになりました。枝にぶら下がって3次元の視界を得るために、眼が顔の前に移動しました。それらはゆっくりとサルになったのです。

約２５００万年前に気温が再び下がった時には、食料を求めて地上に戻ったサルもいました。それらはチンパンジー、ゴリラ、テナガザル、オランウータンなどを含む類人猿の集団となりました。そして類人猿の一系統であるチンパンジーの系統が、人類へと進化しました。その物語については、次章を見てください。

ウォルター・アルバレス：運命のクレーターを追った探偵

スペイン系の地質学者アルバレスは、何によって恐竜は一掃されたかを発見した人物として広く知られています。

ウォルター・アルバレス（1940年生まれ）は、カリフォルニア大学バークレー校の地球惑星科学部の元教授です。彼は、小惑星の衝突が6600万年前の大量絶滅*を引き起こし、それにより恐竜が絶滅したという説で知られています。

ウォルターはカリフォルニア州バークレーで生まれました。父のルイス・アルバレスはノーベル物理学賞の受賞者で、地質学は面白くない学問だと思っていましたが、後にその考えを改めました。母のジェラルディンは彼と妹を壮大なアメリカ西部を巡る列車の旅に連れ出し、彼に初めてロックハンマーをもたせ、バークレーの丘で鉱石を採取できる場所を教えてくれました。

アルバレスはミネソタ州のカールトン大学に通うことを選び、21歳の時に地質学の学士号を取得しました。彼は地質学の博士号を取得するためにプリンストン大学に進学しました。そこで彼は研究の合間にカリブ海での野外の冒険を楽しみました。1965年、彼はハイキングとキャンプが大好きな心理学を学ぶ大学院生ミリー・ミルナーと結婚しました。

アルバレスは最初に石油会社で働き、オランダとリビアで石油を探索していました。続いて考古学者たちと一緒にローマ近郊の火山を研究するために奨学生になり、それからニューヨーク市近くのコロンビア大学ラモント・ドハティ地質研究所の研究員になりました。

アルバレスはイタリアでの奨学生の時代に、その地に魅了されました。夏になると、彼とミリーはローマ北部のアペニン山脈にある中世都市グッビオを訪れました。近くの山々には、1億年にわたる地球史の連綿たる記録を含む石灰岩の素晴らしい崖がありました。石灰岩は深海に堆積したもので、浸食によるかく乱がほとんどありませんでした。アルバレスと友人の地質学者たちは、これらの石灰岩が世界で最も優れた地層の一つであり、地磁気逆転の歴史を研究するのに絶好の場所であることに気づきました。

グッビオの近くで、アルバレスは、ちょうど6600万年前の境界、それ以前の層とそれ以降の層の間に生物の微小化石のない薄い粘土層が横たわっていることを発見しました〔K－Pg境界〕。さらなる分析の結果、この粘土には、地球ではまれですが小惑星には比較的よく見られるイリジウムが含まれていることが明らかになりました。その後の研究によって、このイリジウムの層は、地球上の多くの場所で、常に6600万年前の境界にあることが分かりました。

アルバレスは物理学者の父に助力を求め、1980年に、巨大小惑星が地球に衝突したことにより恐竜が絶滅したという仮説を共同で提示しました（この時までに、アルバレスはカリフォルニア大学で教えるためにバークレーに戻っていました）。

ほとんどの地質学者は懐疑と嘲笑をもってこの仮説を受けとめました。誰がこのようなことを想像できたでしょう？　その時期にできたそれだけ大きなクレーターが、知られてもいなかったのです。

衝突説を支持した地質学者たちは諦めませんでした。彼らは、クレーターは水中にあり、津波と呼ばれる巨大な海の波を引き起こした可能性があることに気がついていました。彼らは津波の証拠を探し、そして1990年に、メキシコのユカタン半島の沖合、地表の下深くに、180キロメートルのクレーターが埋まっていることを突きとめました。この発見は、ほとんどの地質学者が小惑星仮説を納得して受け入れる証拠となりました。アルバレスはクレーターを見つけるための30年にわたる調査についての魅力的な本を書きました。彼は自分の物語を『Tーレックスと運命のクレーター』（邦訳：月森左知訳『絶滅のクレータ：Tレックス最期の日』新評論）と名付けました。

アルバレスは多くの学術賞を受賞しています。おそらく最高の賞は２００８年に受賞したヴェトレセン賞で、これは地質学のノーベル賞に相当すると多くの人が認めるものです。アルバレスは、地球外からの衝突の研究をＳＦから科学へと移行させました。彼は、宇宙からの衝突と、進化がいつも徐々に起こるわけではないという証拠を発見することによって、私たちの地球史の見方を変えたのです。

２００９年のインタビューで、アルバレスは次のように述べています。「地質学は21世紀における最も重要な科学です。なぜなら、地球はただ一つであり、私たちが地球に与えるダメージが、地球が私たちを支えられる点を超えてしまう可能性があることが明白になりつつあるからです」（パメラ・ウェイントラウブとの対談、『ディスカバー・マガジン』２００９年10月。https://www.discovermagazine.com/planet-earth/the-man-who-discovered-what-killed-the-dinosaurs を参照）。

進化生物学のいま

エボデボ evo/devo* という新しい分野のことを聞いたことがありますか？　この表現は、進化生物学 evolutionary biology と発生遺伝学 developmental genetics を組み合わせて略したものです。この分野では、化石を見つけ、最高の分子技術を用いてそれらを分析します。化石と遺伝子の両方を用いて物語を語るのです。

エボデボの第一人者はニール・シュービン（1960年生まれ）で、現在シカゴ大学の生物学と解剖学の教授、フィールド自然史博物館の元館長、そして人気作家でもあります。

フィラデルフィア近郊で育ったシュービンは、アメリカの共和制の起源に興味をもつようになりました。彼はニューヨーク市のコロンビア大学に通い、そこで多くの時間を自然史博物館で過ごしました。物事の起源に興味をもち続けていた彼は、進化における大きな飛躍に注目しました。彼は、魚類がどのように陸に上がったのか、爬虫類はどのように哺乳類になったのか、鳥はどのように飛ぶようになったのかなど、大きな転換がいかにして起こったのかを理解したかったのです。

彼は1987年にハーバード大学で博士号を取得すると、フィラデルフィアに戻ってペンシルベニア大学で教育と研究を始めました。魚が陸に上がるという進化を研究するために、彼は3億

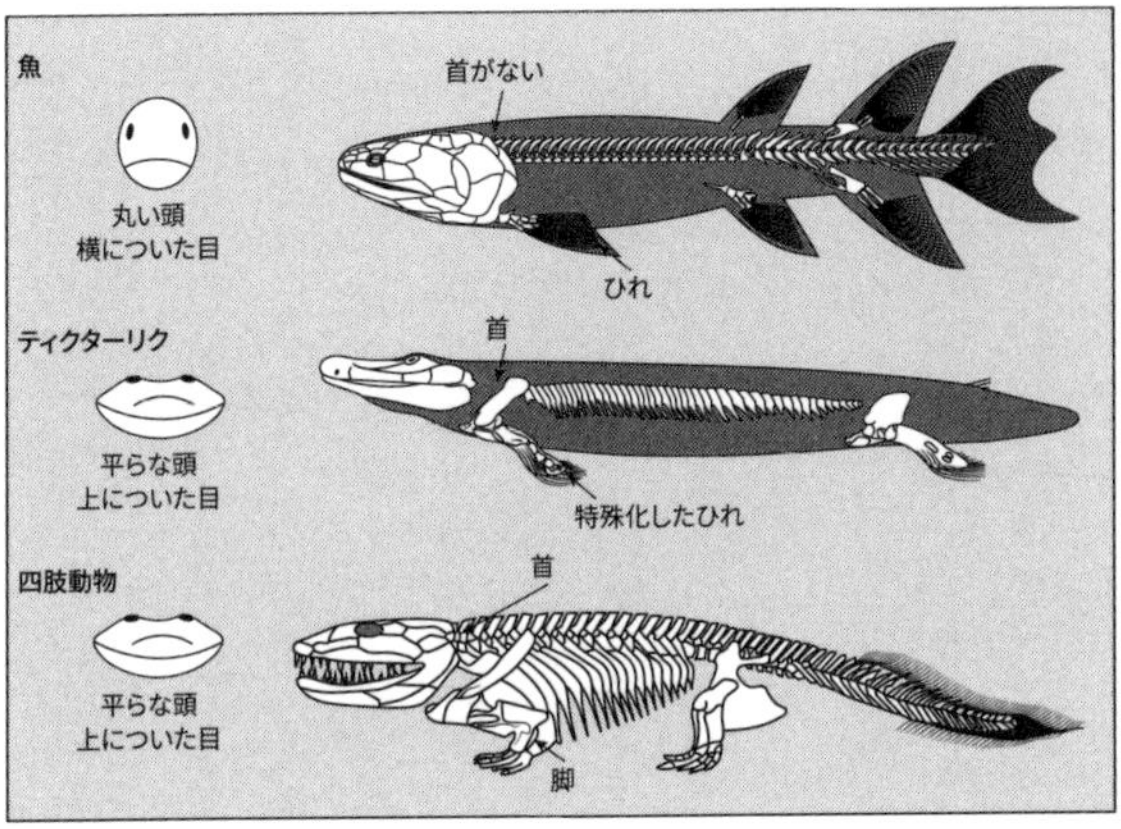

図22　ティクターリク：魚と陸上動物の間の生物　ティクターリクと名付けられたこの化石の生物は、魚と陸上に生息する動物の中間的な生物であることが明らかになりました。その骨格は、魚のひれが前足にどのように進化したかの一つの段階を示していました。

8000万年前から3億6500万年前までの岩石から化石を見つける必要がありました。幸いなことに、ペンシルベニア州には古い化石が豊富でしたが、高速道路が建設中の場所を除いては、ほとんどが地表に露出していませんでした。

ペンシルベニア州の化石は、生物の海から陸への移行を示すには新しすぎることが分かりました。シュービンは、3億7500万年前の化石が必要であることを知りました。彼は1970年代初頭の地図から、あまり探索されていないカナダ北極圏のエルズミア島に、この時期の露出した岩があるのを見つけました。化石が生成した時、この島は赤道に位置する大陸の一部で、現在よりもはるかに温暖な気候でした。

シュービンは他の2人の研究者とともに、

飛行機とヘリコプターを借りる資金を集めました。この3人の同僚は、低温の地でキャンプする方法を学びました。彼らは6年間で4度の遠征を行いましたが、風や雪や霧のために4日に1日を無駄にしました。

それでも決意を固めていた研究者たちは、2004年、彼らが探し求めていた魚類と両生類の移行期に当たる生物の骨の化石を発見しました。彼らは4本足の生物のほぼ完全な骨格を3体発見し、それにイヌイット語で「大きな淡水魚」を意味するティクターリクという名前をつけました（図22「ティクターリク：魚と陸上動物の間の生物」を参照）。

シュービンと同僚たちが調査を行っている間に、ペンシルベニア州ドーバーで、「インテリジェント・デザイン」を公立高校で教えたいという人々による取り組みが行われました。彼らは、化石の記録にはあまりに多くのギャップがあるので、進化論は正しくないと論じていました。こうしたギャップは、種が知的な創造者によってデザインされたことを示していると彼らは信じていたのです。

ティクターリクは、彼らの議論が誤りであることを証明しました。これらの化石は、魚類と両生類の間の記録のギャップをまさに埋めたのです。ティクターリクにはえらと肺の両方がありました。うろこと水かきのついたひれの一部もあります。泳ぐことができ、浅瀬に住んでいましたが、そこではより大きな捕食者の魚から逃れることができました。頭は平らで目が上にあり、首の骨と肩、ひじ、手の骨がありました。泥の中で腕立て伏せのような動きはできましたが、まだ歩くことはできませんでした。この化石はまさにあるべき姿をしていましたが、それを発見して分析するためには、専門家チームによる何年もの忍耐強い作業が必要でした。

シュービンは、過去15年間に古生物学者（化石を研究する科学者）によってなされた偉大な発見を挙げて、今後15年間でさらに多くの発見がなされるだろうと予測しています。彼は未来に対して楽観的です。著書『内なる宇宙』（邦訳：吉田三知世訳『あなたのなかの宇宙：生物の体に記された宇宙全史』早川書房）の終わり近くで、シュービンは次のように書いています。「人類文明の夜明けから1万1000年が過ぎた。われわれをめぐる変化のペースはますます増大している。これからの1万1000年に人類に何ができるようになるか想像してみよう」。

シュービンがティクターリクの発見について語るのを見るには、YouTubeの「Finding Tiktaalik: Neil Shubin on the Evolutionary Step from Sea to Land」にアクセスしてみてください。

知のフロンティアにおける問い

生態系はどのように組み立てられているのでしょうか？　そのルールと制約は何でしょうか？

一つの生態系がどれくらいの生物多様性を支えられるでしょうか？

人間は、どうしたら生物多様性を保護できるでしょうか？　もし大きな変化を起こせなければ、この1世紀のうちに地球上の半分の種が失われる可能性があります。

E・O・ウィルソン：アリ研究の大御所

アリ学者のウィルソンは、アリ研究の世界的権威であり、人間知識の統合者でもありました。

エドワード・オズボーン・ウィルソン（1929－2021）はこう語っています。「ほとんどの子どもたちには虫に夢中になる時期があるが、私はずっとそこから脱皮することはなかった」（『ナチュラリスト』、邦訳：荒木正純訳『ナチュラリスト　上下』、法政大学出版局）

ウィルソンは生物学者、理論家、ナチュラリストで、受賞歴のある作家でもあります。専門はアリを研究するアリ学で、その分野の世界的権威でした。彼は41年間の教育と研究の後、1996年にハーバード大学の名誉教授になりました。

ウィルソンはアラバマ州バーミンガム

で生まれました。彼は転居の多い両親の一人息子でした。彼が7歳の時に両親は離婚します。同年、波止場で一人で釣りをしていた時、釣り竿を強く引きすぎたために魚の棘で右目の視力を失ってしまいました。以来、彼は近くで観察するために採集してもち込むことのできる、小さなものや生き物を見ることに集中したのです。

ウィルソンは1年間、ガルフコースト陸軍士官学校に通い、勤勉さと高い基準を叩き込まれました。13歳の時、アラバマ州モビールで、外来種であるヒアリの最初のコロニーを見つけます。14歳の時、通っていた福音派プロテスタントの教会でクリスチャンとなり、信仰を新たにしました。彼はまた、聖書を最初から最後まで2回読みました。16歳でイーグルスカウト〔ボーイスカウトの最高ランク〕になりました。次第に彼は宗教から離れ、17歳の頃には博物学に夢中になります。

彼は苦労して大学に通い、アラバマ大学で生物学の学士号と修士号を取得しました。大学院は、世界最高のアリのコレクションをもっていたハーバード大学に進学しました。そこで博士号を取得後、彼は3年間、世界中で調査をして過ごしました。

ウィルソンは、アリの種を分類するという小さなスケールから、人文科学を含む広範な学問分野にパターンやアイディアを適用するという大きなスケールまで、両極のスケールの仕事をしました。彼は知の統合に関するいくつかの独創的な研究を行い、同時代の知的論争と語彙に大きな影響を与えました。

ウィルソンの1975年の著書『社会生物学：新しい統合』（邦訳：坂上昭一ほか訳『社会生物学』新思索社）では、あらゆる形態の社会的行動に対する生物学的基礎の研究という意味で、**社会生物学**という用語を導入しました。これは、社会的行動は遺伝子によって規定されたものではなく、全面的に文化から獲得されるものだと信じる多くの人たちにとって挑発的なものでした。今日では、社会生物学という用語よりも、ほぼ同じことを意味する**進化生物学**という用語がよく用いられます。

1978年、ウィルソンは自身の著書『人間の本性について』（邦訳：岸由二訳『人間の本性について』思索社）で論争の火に油を注ぐことになりました。そこで彼は、進化論的叙事詩という言葉を用いましたが、これはエリック・チェイソンらが進化の叙事詩として取り上げたものです。ウィルソンは、進化的叙事詩は他の宗教的叙事詩と同じく高貴なものだと感じていました。

大きなスケールで自分の考えを一般化したあと、ウィルソンはアリの研究に戻りました。同僚のバート・ヘルドブラーとともに、彼は世界のアリの権威ある図解を書きましたが、そのほとんどの種はいまだ同定されていません。その8年後には『知の統合』（1998年）（邦訳：山下篤子訳『知の挑戦：科学的知性と文化的知性の統合』角川書店）を出版し、学問分野を超えて考えることと、全体の物語を包括的な物語にまとめることの必要性を再び論じました。

ウィルソンはイレーネ・ケリー・ウィルソンと結婚していて、ふだんはレニーと呼んでいました。一人娘にキャサリンがいます。ウィルソンは、地球上の生命の多様性を保護するのに役立つ財団を設立しました。そのE・O・ウィルソン生物多様性財団は、ノースカロライナ州ダラムのデューク大学を拠点としています。

ウィルソンの経歴については、映像付きの https://eowilsonfoundation.org/e-o-wilson/ を参照してください。

あなたの中の魚

このフレーズは、ニール・シュービンの一般向けの本『あなたの中の魚』（邦訳：垂水雄二訳『ヒトのなかの魚、魚のなかのヒト：最新科学が明らかにする人体進化35億年の旅』ハヤカワ・ノンフィクション文庫）のタイトルです。

魚はあなたの背骨を作りましたが、魚は水中に住み、あなたは陸に住んでいます。あなたが陸に住むためには、魚の多くの特徴が進化しなければなりませんでした。魚のえらの骨と構造は、あなたが噛み、話し、聞くために使っている筋肉、神経、骨へと進化しました。えらはあなたの肺に変わりました。あなたの腕と足は、魚のひれが変化したものです。あなたの卵子は、魚がしているような体外の水の中ではなく、あなたの体の中で受精するようになりました（図23「腕の骨：魚からヒトへ」を参照）。

あなたの体は、成人の時で平均約57％が水です（新生児は75％が水で、年齢とともに乾燥していきます）。体の中の水分と塩分のバランスを正しく保つために、腎臓は分化しました。子宮の中の胎児であった時に、腎臓が発達するまでの間、あなたは3つの異なる種類の腎臓を次々にもったのです。最初の腎臓は組織の塊で、あなたの体に並んでおり穴が開いていました。2番目の腎臓は、硬骨魚のそれのように背中全体にわたっていました。3番目の腎臓は、哺乳類のそれと同じく背中の下の方にありました。この最後の腎臓は胎児の最初の3ヵ月の終わりに現れますが、その期間に腎臓は魚の歴史を再現するのです。

同様に、約3週間目に人間の胎児は弓と呼ばれる4つの小さなこぶを発達させます。これらはそれぞれしわで区切られており、頭部となる塊の真下にあります。魚の胚にもこれらの弓があります。魚では、このしわが開いてえらの間に水が流れる空間が形成されます。人間ではしわが閉じて弓が発達し、耳の骨、あご、のどになります。サメから人間にいたるまで、あらゆる動物の頭部も、胚が発達する間にこうした弓を共通にもっているのです。

遊び感覚で、最初の細菌から人間までの進化の時の流れがあなたの体に広がっていくことを想像してみましょう。まず初めに腕を横に大きく広げてください。左手の指先から胸を通って右肩までが、細菌が唯一の生物であった時間を表現します。多細胞生物は、あなたの右ひじあたりで

図23　腕の骨：魚からヒトへ　あなたの腕の骨は、魚のひれの骨から約5億年かけて進化してきました。あなたは魚を自分の太古の祖先だと考えることができますか？

出現します。恐竜はあなたの右の手のひらあたりで生まれ、指の付け根のあたりで絶滅しました。ヒトの進化の物語全体（次章を参照）は切った爪の厚さに当たります（邦訳：大田直子訳『ドーキンス博士が教える「世界の秘密」』早川書房）。この尺度を使うのは35億年さかのぼった物語に対してだけで、１３０億年以上前の、あなたの原子の起源にさかのぼるものではないことに注意しましょう。

そうしたら恋人を腕で抱きしめる時は（もしその瞬間に考えることができたら）あなたの祖先の毛で覆われた哺乳類が腕を獲得して、果実を求めて木にぶら下がっていた数百万年のことを思い出してください。

本章の最初に投げかけた問いに戻りましょう。細菌はどのようにしてヒトに進化したのでしょうか？

第8章

人間の出現

スレッショルド6

約20万年前

この章では人間が登場します。私たちは、どんな種類の生物なのでしょうか？　私たちの何が独特なのでしょうか？　これが本章を通しての問いです。

現生人類（**ホモ・サピエンス**）に最も近い親類がチンパンジーであることは、おそらく皆さんもすでにご存じのことでしょう。遺伝子研究は、私たちの遺伝子が他のどの大型類人猿よりもチンパンジーに近いことを示してきました。私たちの遺伝子の98％強がチンパンジーと同じです。

このつながりは、私たちが現在のチンパンジーの子孫であることを意味しているのでしょうか？　現在、人間は1種、チンパンジーが2種生存しています。人間がこれら現代のチンパンジーの子孫であるということは可能なのでしょうか？　いいえ、そうではありません。人間が現生チンパンジーから進化できるほど長い時間は経っていません。

そうではなくて、実際に起こったことは、現生人類と現生チンパンジーが共通の祖先から進化したということです。この共通祖先は500～800万年前に生息しており、この時に枝分かれしました。遺伝子研究がそのプロセスの証拠を示しています。共通祖先からの変化は人間の方がチンパンジーよりも大きかったようですが、それはおそらく、これから見るように、人間の方がより変化した環境にいたこと、そして人間が生物的進化に文化的進化を付け加えてきたからでしょう。

物語を進める前に、人間がどのように進化してきたかをイメージするのに役立つ思考実験に挑戦してみましょう。あなたの写真の上にあなたの両親の写真を置くことを想像してください。次にあなたの祖父母の写真をその上に、そして次に曾祖父母の写真をその上に置きましょう。そして次々にそれぞれの親の写真を置いていき、1億8500万枚の写真の山を作ってください。想像の中で、倒れないように山を横に寝かせましょう。もし写真が絵葉書として印刷されたものだとしたら、その寝かせた山の幅は約64キロメートルになるでしょう。

山のはるか左端にある1億8500万世代（一世代は約26年）さかのぼったあなたの祖先は、どのような姿をしているでしょうか？　あなたがたぶん想像したように、魚の姿をしています。その変化はどのようにして起こったのでしょうか？　それぞれの写真は、そのすぐ上と下にある写真とはかなりよく似ていますが、十分な時間が経つと魚はあなたに変わってしまったのです。これらは全て非常にゆっくりと起こりました。

チンパンジーのような生き物が突然現生人類を産むような瞬間は、決してありませんでした。ホモ・サピエンスが現れてから8000世代が経っています。最古の**ホモ・エレクトゥス***を見つけるのには2万〜4万世代、そしてチンパンジーとの共通祖先は約20万世代さかのぼらなければなりません。

チンパンジーとの最後の共通祖先以来、人間となった系統の全ての種を指す言葉には、特別な注意が必要です。この専門用語を以前は**ホミニド**〔ヒト科〕といいました。現在、霊長類学者（霊長類を研究する人々）は人間と大型類人猿との遺伝的関係についてより多くのことを知るようになったので、この用語を**ホミニン***に変更しています。ここではこの言葉を使いましょう。

ホミニンの進化

この地球という惑星の表面は、５００〜８００万年前に私たちにおなじみのものとなりました。大陸と海洋は、私たちが認識している形になり、アフリカ大陸の構造プレートが割れ始めました。その割れ目は、現在のエジプトから大陸の東側を南下し、モザンビークまで続いています。この割れ目によって形づくられた谷と山は、気候を多様な微気候へと細分化しました。ホミニンの進化を記録している化石のほとんどは、この大地溝帯*のいくつかの場所から出土しています。地溝帯によって形成された活火山が火山灰をまき散らし、ホミニンの体と骨を埋めて保存しました。

前章では、約５６００万年前に気温が急上昇し、地球平均で摂氏24度に達したあと、気温が低下したことを見ました。約２０００万年前までには、氷河期つまり氷の拡大が再び始まりました。私たちとチンパンジーの共通祖先の時代には、地球の平均気温は摂氏15度まで下がりました。

私たちの種は、気温が低下し続けていた時代に進化しました。気温の変化も、より予測困難になりました。過去３００万年の間に、気候が氷河期になってもとの気候に戻るという変動が、おそらく17回起こりました。いずれの時期にも氷ははるか南のアメリカ中西部にまで達し、北ヨーロッパとシベリアを横切り、海水面は数百フィート低下しました（図24「過去２００万年間の気温」を参照）。

何がこの常軌を逸した揺れを引き起こしたのでしょうか？　科学者は、約４５００万年前からの全般的な寒冷傾向により、地球がその軌道・傾き・ぐらつきという3つのサイクル（第5章参照）の影響を容易に受けやすい温度帯に入ったと考えています。大陸地殻の移動により引き起こされた寒冷化もあります。例えば、パナマ地峡が閉じインド大陸がアジアに衝突することでも引き起こされます。

初期ホミニンの化石は全てアフリカで見つかっています。化石と遺伝子の証拠から、今日では人間がアフリカで誕生したことが明らかになっています。私たちは全員、もともとアフリカ人だったのです。ダーウィンはすでに、私たちに最も近い親類であるチンパンジーとゴリラがアフリカに生息しているという事実と、私たちが熱帯で体毛を失ったのであろうという推論に基づいて、このことを確信していました。

ホミニン進化のお話のあらすじはまだはっきりしていません。考古学者は少なくとも20の異なる種類のホミニンを発見しており、唯一残っているのが私たちです。他の種がお互いにどのようにつながり関連しているのかはまだ明らかになっていません。確かなことを言うには証拠が不十分すぎるのです。以下は物語の大まかな概略です。

気候が寒冷化すると、東アフリカの熱帯雨林がまばらになって次第に草地に変わっていきました。類人猿の姿をしたホミニンは、木々の果実や隠れ家が少なくなったため、サバンナと呼ばれる森林地帯と草原地帯が混在している場所に適応しなければなりませんでした。彼らは木々から

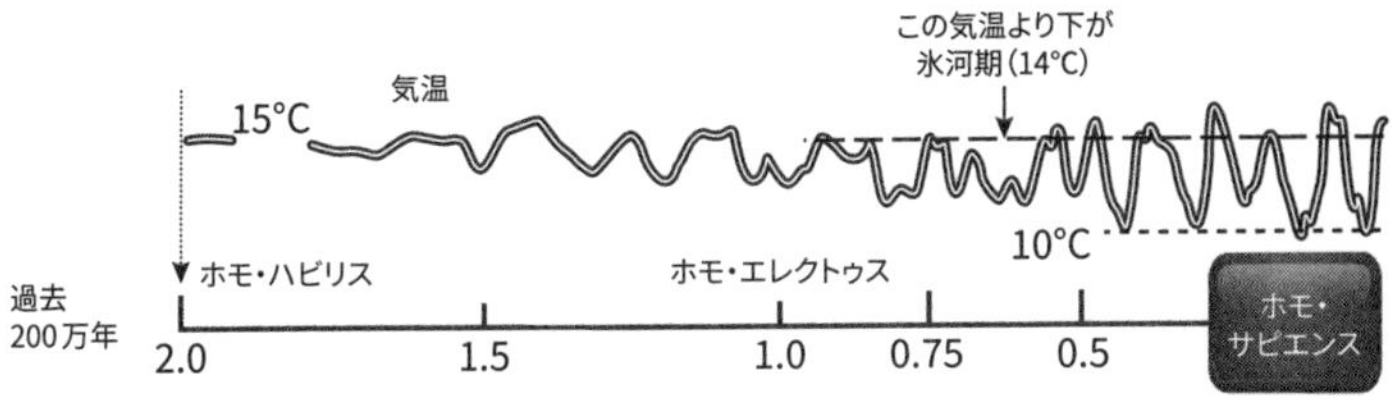

図24　過去200万年間の気温　過去100万年の間、氷河期の開始と終了により気候が変動したために、気温の変化がより頻繁になりました。

離れていったとも言えるし、木々が彼らから離れたとも言えるのです。

　ホミニンが行った最初の適応は直立二足歩行でした。これを単に**二足歩行***とも呼びます。知られている最古の骨の化石がその証拠を示しています。腰骨が骨盤の下に並び、足の骨が長く頑丈になりました。最古の化石はアルディという女性で、４４０万年前のものです。最もよく知られている化石は、約３２０万年前のルーシーの化石です。グループとしては、この時代の骨は**アウストラロピテクス***、つまり「南のサル」と呼ばれています。というのは、考古学者がこの最初の化石を南アフリカで発見したからです（発見されたそれ以前の化石がホミニンとチンパンジー系統のどちらに属するのかははっきりしません）。

　現在のチンパンジーと同じように、初期の

ホミニンもおそらく泳ぐことができませんでした。東アフリカで発達した構造プレートの裂け目によって谷ができましたが、たぶん彼らはそこにある川を渡ることができなかったのでしょう。このために彼らは熱帯雨林にいる親戚と分断され、その一方で草地を動くために独自の二足歩行を進化させたのかもしれません。

小さい脳をもって二足歩行するアウストラロピテクス類は、東アフリカに拡散していきました。彼らは非常にゆっくりと二足歩行の動きを改善し、腕が短くなりました。やがてホミニンはフリント〔岩石の一種で石器の材料〕から道具を作ることを知り、それを動物の死骸を切るのに使いました。分かっている最古のフリントナイフは、約250万年前のものです。「人間」を意味するホモという言葉は、道具を使用したホミニンの種に用いられました。というのは、初期の考古学者は、道具の作成が人間独自の特徴であると考えていたからです。今日では考古学者は、多くの他の動物もまた道具を使うことを知っていますが、人間はより効率的かつ複雑に道具を使用することができます。

約180万年前に、**ホモ・エレクトゥス**と呼ばれる新しい種が現れました。彼らは、走る、ジャンプする、踊る、一緒に動くといったことを可能にする内耳の三半規管を発達させました。脳のサイズが増大し、現代人の脳の70%くらい、グレープフルーツほどの大きさに達しました。

脳のサイズが増大する一方で、直立歩行を支えるために骨盤が狭くなりました。こうして、より大きな脳をもった赤ちゃんが、より狭くなった骨盤を通ってどのように生まれてくるのか、という問題が発生します。

赤ちゃんは、頭が小さいうちに早く生まれることで、出産を最もうまく乗り切ることができました。多くの他の動物の新生児とは違って人間の赤ちゃんは未熟児なので、自分自身の力で生き延びることができるようになるまで、長期間の世話が必要でした。母親と父親は、彼らの赤ちゃんを世話するために、長期にわたり面倒を見る関係を築きました。メスは保護と食料と引き換えに自分の性的自由をある程度放棄し、一方オスも自分の子孫がより多く生き残るようそれらをある程度放棄しました。両親の世話と協力がホミニンの発達にとって普通のこととなったのです。

火を扱うことを学んだのがホモ・エレクトゥスで、おそらくそれは約150万年前のことでした。彼らはおそらく、稲妻によって発生した火事から燃えさしをとっておくことを学んだのでしょう。彼らは暖をとるために、動物を空き地に追い出して狩るために、野原を拓いて狩猟動物を引きつけるために、そして料理をするために火を用いました。

料理はホミニンにとって思いがけぬ幸運であったことが分かっています。彼らは植物の種や根をはるかに容易に消化できるようになりました。狩りの肉をすみかへもち帰り、なごやかなキャンプファイヤーで分かち合うようになり、そこで彼らは話をしたり物語を語ったりする技能を発達させました。料理が消化を助けてくれたので、腸が短くなりました。このプロセスによって、大きくなった脳を使うため多くのエネルギーが供給されました。

火は私たちの物語の中で非常に重要です。人間は、初めて食料以外の外部のエネルギー源を用いました。人類史は、エネルギー効率が上昇するプロセスとみなすことができます。

ホモ・エレクトゥスはアフリカを離れた最初のホミニンの種で、おそらくそれは180万年前と考えられます。彼らの集団的学習（コレクティブ・ラーニング）は、多種多様な気温と環境に対処できるほどに蓄積されていました。ホモ・エレクトゥスは、現在のサウジアラビアからイスラエル、中東、ヨーロッパ、ジョージア、そしてアジアにまで拡散しました。中東とヨーロッパでは、彼らは氷河期の条件に適応してネアンデルタール人となりました。アジアでは全体として変化はわずかでした。その一方で、まだアフリカに住んでいたものの一部がホモ・サピエンスに進化しました。

現生人類（ホモ・サピエンス）の出現

200万年近くにわたるホモ・エレクトゥスの後、新しい種である私たち自身が、約20万年前にアフリカのどこかで進化しました。それがどのように起こったかははっきりしません。ホモ・エレクトゥスのある集団が山や川に阻まれて孤立したのかもしれませんし、海岸沿いで遺伝子変化が起きたのかもしれません。小さな遺伝子変化が小さな集団の中で急速に広がりました。それは大きな効果を生み出したのです。

ではその遺伝子変化とは何だったのでしょうか？　ホモ・サピエンスはホモ・エレクトゥスと

どう違っているのでしょう？　私たちの物語では、この違いがスレッショルド6を構成します。それは、地球の表面をこれほど短期間のうちに変えてしまう初めての大きな種の出現です。人間は、惑星の歴史においてそれ以前のどの時代よりも大きなエネルギーの流れを利用しながら、自然環境により急速に影響を与えました。

専門家は、現生人類は何が特徴的なのかを長い間議論してきました。以前は、道具の使用が私たち人類とそれ以外を区別するということで意見が一致していました。人類だけに見られる特徴は火の使用だという人もいれば、道具を作る道具の使用だという人もいました。今日の専門家の多くは、人類の最大の特徴はシンボルを用いて文法に従いながら言語を用いることであり、その結果として私たちは正確な意味を伝えることができるのだと考えています。人間は過去、現在、未来について、またこれらについての架空の話も語ることができますが、これは他の動物には不可能のようです。人間以外にも多くの動物が意識をもっているようですが、人間だけが、正確な言語が可能にする内面的な独白を行うようです。

歴史学者と人類学者は、現生人類の特徴を表すのに**コレクティブ・ラーニング***という用語を用いています。コレクティブ・ラーニングとは、言語の技能を用いて、知識を共有しそれを次の世代に伝える私たちの能力です。そうして知識を次第に蓄積していくことができます。このコレクティブ・ラーニングの蓄積が、現生人類に他の動物にはない力と長所を与えているのです。

私たちの言語能力がいつ進化したのか、証拠がほとんど残っていないので、先史考古学者にはよく分かっていません。私たちにあるのは、化石の記録からのヒントとさまざまな理論です。幼児は自分で試行錯誤するプロセスによって学んでいく速度よりもはるかに早く言語を習得するので、この能力が人間の脳のハードウェアに組み込まれているのは明らかなようです。この能力は脳の特定の領域だけにあるのではなくて、相互作用するニューロンのネットワークによってさまざまな場所が結びついて生じていると考えられています。現在の脳研究のさらなる知見に期待しましょう。

チンパンジーは、のどに音を共鳴させる気室がなく、また舌が十分に柔軟でないため、正確な発話、特に母音の発音を行うことができません。人間は喉頭が降下して気室を進化させました。喉頭はのどの上部にあり、摂取した食物が肺に入るのを防ぐ、筋肉と軟骨からなる構造体です。私たちの喉頭は、出生後、成熟するにつれて降下します。男性の場合は10代になるとのど仏として顕著に現れます。

ホモ・エレクトゥスは喉頭の降下が不十分であったため、ゆっくりとした不明瞭な言語であったと推測されます。喉頭の完全な降下と完全な象徴的言語への移行は、たぶん50万年以上かかってゆっくりと進化し、ホモ・サピエンスにおいて完全な能力に達しました。ある証拠は、約7万年前に完全な象徴言語へ急速に転換したことを示唆しています。

旧石器時代の生活

旧石器時代 Paleolithic Age の paleo はギリシア語で「古い」、lithic は「石」を意味します。考古学者は**旧石器時代**という言葉を、260万年ほど前の最初期の石器を利用した生活にまでさかのぼって使うことがあります。ここではこの言葉を、約20万年前の現生人類の出現時から、約1万年前の農耕開始時までの現生人類の生活を表すために用います。

旧石器時代の生活*についての私たちの知識は、化石化した遺物と現代の狩猟採集民の集団——もちろん彼らは現代的な生活と全く無縁ではありませんが——この両方の研究からきています。旧石器時代の生活は場所によって大きく異なります。しかし大まかに一般化してみましょう。

旧石器時代の人々は、動物を狩猟したり、果実、木の実、根などを採集することで生活していました。十分な食料を見つけるために絶えず動き回る必要があったので、移動する生活を送っていました。時おり、たくさんの鮭が簡単に手に入る北アメリカの北部太平洋岸や、オーストラリア南東部、中央アメリカ、バルト海の沿岸部のように、定住するのに十分な資源を供給できる環境もありました。

旧石器時代の人々は、通常は25人から50人ほどの家族集団で暮らしていました。彼らは小さな子どもと所有物の両方を運ばなければならなかったので、生活を運営維持するために、時には幼児、特に双子のうちの1人や年長者を遺棄することもありました。平均寿命は25～30歳くらいでした。狩猟採集に費やす時間は1日わずか4～5時間で、社交の時間が十分にありました。彼らは互恵的な関係を結び維持するために贈り物をしていました。

旧石器時代の生活は何でも自分でやらなければなりませんでした。時おり集団は、お祝いや結婚相手を交換し合うために他の集団と会うこともありましたが、集団が大きくなると食料が尽きてしまうので長くは一緒にいられませんでした。人々は自分たちだけで出産、治療、処罰、埋葬を行いました。集団の軋轢が大きくなりすぎると、一部の人たちが分裂して去っていきました。おそらく重要な意思決定は共同で行い、個人的な技能と説得による不安定なリーダーシップに基づいていました。男女の役割分担は柔軟でした。

学者は現代の狩猟採集民の研究に基づき、旧石器時代の人々は、世界についての彼ら自身の経験を通して、世界を親族関係の網の目と考えていたのではないかと結論づけています。彼らは動植物が意識と感情をもっていると考えていました。動植物とのつながりを感じとり、自分たちが住んでいる場所に深い愛着をもっていました。長時間にわたり踊ってトランス状態となり、それによって精神世界と接触していたと考えられています。彼らは洞窟の壁に、動物の素晴らしい絵を描きました。万物がどのように生じたか、自分たちの個人的・社会的な幸福をいかに保持するか、そして死後に何が起きるかについて説明するために物語を作りました。

旧石器時代の人々は高度に社会的な生き物であり、ほとんどの時間は協力し合っていました。

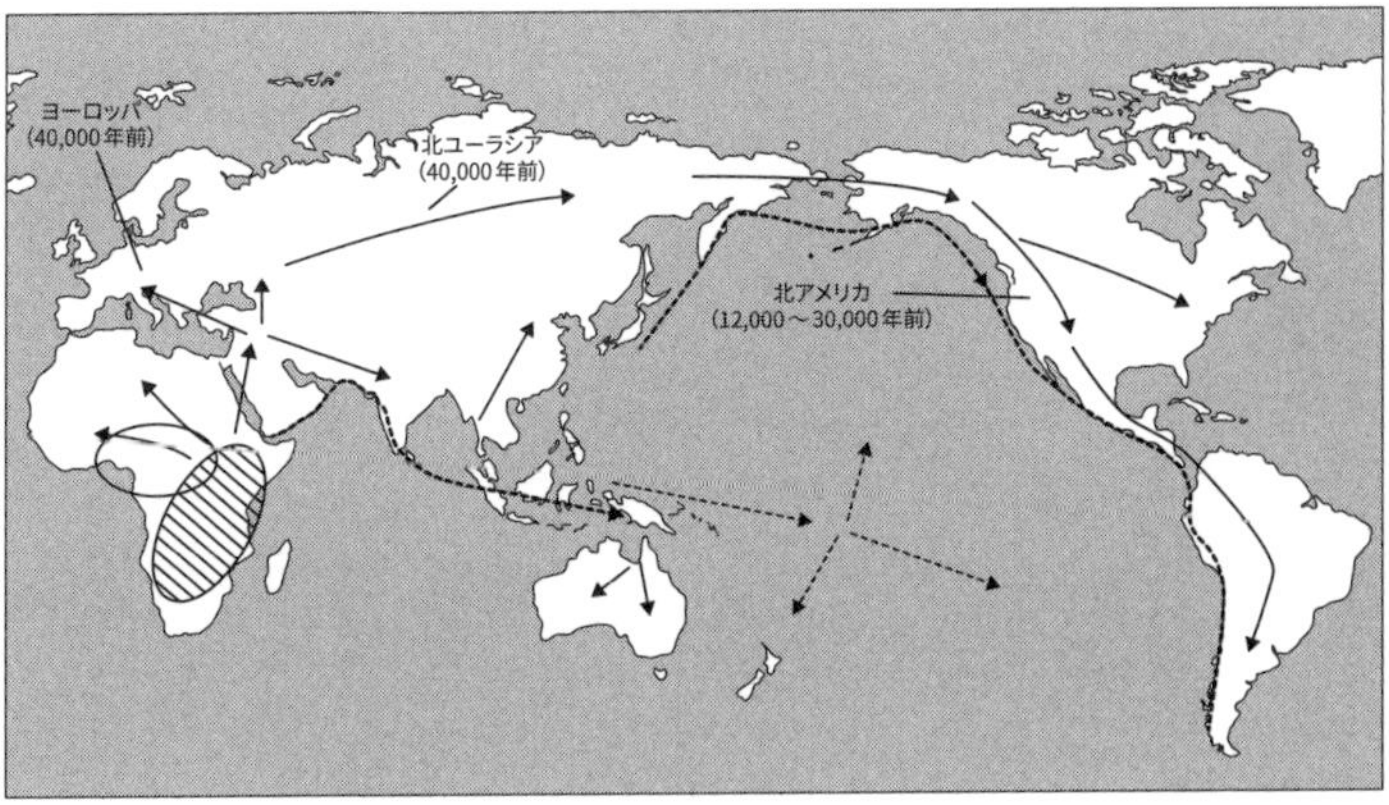

図25　人間の移動の地図　人間は旅行好きです。十分な数のホモ・サピエンスが世界中を動き回ったので、長く孤立して他の種に分かれた集団はいませんでした。

しかし、食料・性・領土を争う状況下では、攻撃的にふるまう傾向がありました。彼らはまた、外部の集団と競うためにも協力する傾向がありました。それは協力と競争の複雑な組み合わせでした。

最初の10万年ほどは、旧石器時代の人々はアフリカ内を移動していました。その後、アフリカを出て中東に向かう人々が現れ、移住を始めて8万5000年後には南極を除く世界中に広がりました。

旧石器時代の人々は、約4万年前から6万年前には中東からさらに東へと移動し、現代のオーストラリアとパプアニューギニアに当たるサフルと呼ばれる地域に入りました。彼らは同じころヨーロッパに至り、それから北ユーラシアのステップとツンドラ地帯に入りました。彼らは最後の氷河期の最盛期に近い約2万年後にシベリアに達しました。シベリアからは、遅くとも1万3000年前にはアメリカに渡りました。最近の証拠によれば3万年前の可能性もありますが、それには反論もあります（図25「人間の移動の地図」を参照）。

こうした移住は、人間のコレクティブ・ラーニングが蓄積されていたことを示しています。人間は、狩猟、道具の製作、旅、料理、衣類作り、家の建造、航海の技術を向上させました。現在のオーストラリアに到達するには、氷河期が海洋の冷却と水域の縮小を引き起こして海水面が現在よりもはるかに低かったとはいえ、人間はある程度の距離は舟で渡ったのに違いありません。

新石器時代の生活様式は、氷河期の条件下で大いに進化しました。氷床コア〔氷床を掘削し取り出した円柱状のサンプル〕と海底堆積物の標本は、現生人類が現れた時期に気候が不安定だったことを示しています。長い氷河期が約19万5000年前に始まり、約7万年続きました。12万3000年前から11万年前までは、地球の気温は現在と同じか若干温暖で、暖かい間氷期でした。その後、第2の氷河期が約400年以内に始まり、6万年前から5万5000年前までの間に気温が再び上昇するまで続きました。それから寒暖を繰り返す時期が続き、2万1000年前から1万7000年前の間に、最も極端に低い気温に達する最後の寒冷期が始まりました。

約1万4000年前に、地球は急速な温暖化を経験しました。そして数千年後に短い氷河期に突入しましたが、これはおそらくわずか100年しか続かず、約1万1500年前に、数十年で終わったようです。この突然の気温上昇により温暖期が始まり、それは現在まで続いています。

この時期は、人間が植物と動物を栽培・家畜化して農耕に取り組む新たなスレッショルドを示すもので、それは次章で描かれることになります。

地球の気候は、大気中の二酸化炭素のレベル、大陸の移動と海流・風向の変化、太陽の活動、地球の軌道・傾き・ぐらつきの変化といった多くの変数の相互作用によって変化します。人間はまだこれらの変化の複雑さを完全には理解していません。私たちの多くは、ここ9000年の経験からして、もし気候変化があるとしても徐々に起きると思い込んでいます。しかし、グリーンランドの氷床コアの標本は、そこでの気温が1万1000年前には10年間で15度も変化したこと、それも急速な増減を何度も繰り返したことを示しています。

農業*に移る前に、私たちの種の生活史の95％を占める旧石器時代に、人間が自分たちの惑星にどのような影響を与えたのかを考える必要があります。人間の人口増加は20万年間にわたって非常にゆっくり進み、ある推計では農業が始まるまで地球全体の人口は500万人から1500万人程度でした。これは今日の大都市一つの人口よりも少ない数です。ただし、誰も人口調査を行って記録したわけではないので、実際のところは分かりません。

これまでに生きた人間の推定総数は約800億人から1000億人です。最も有力な説では、そのうちの約12％が旧石器時代のほぼ20万年間に生きていました。

人口が増えるにつれて、人類は環境に顕著な影響を与えました。火を用いて低木地を草地に変え、大気中にCO_2を放出しました。そして多くの大型動物を絶滅に追いやったようです。人間がアメリカ大陸に到着した後、45キログラムを超える全動物の75%近くが絶滅し、オーストラリアではその割合が86%に達したことが化石の証拠から分かります。自然の変化も部分的には影響したかもしれませんが、人間が主な原因であると考えられています。ホモ・サピエンス以外のホミニンの全ての種も、私たちが知らない理由で絶滅しました。

人類学のいま

いまも伝統的な生活様式で暮らしている狩猟採集民に、現在のボツワナ、そしてナミビアと南アフリカの一部にまたがるカラハリ砂漠のサン*またの名をブッシュマンがいます（サンは、異なる言語を話す5つの集団の総称です。これらの言語にはクリック音が含まれており、「!」「/」「‘」といった記号で示します）。1950年代、サンは3万年前とほぼ同じ場所に住んでいました。1990年代までに彼らの土地のほとんどが牧場や鳥獣保護区に変えられ、農業を生業にしたり雇用されたりすることを余儀なくされました（図26「ニャエニャエ保護区の地図」を参照）。

ハーバード大学の人類学者たちは、1960年代半ばにサンに興味をもつようになりました。1970年代初頭、メーガン・A・ビーゼル（1945年生まれ）という若い女性が、社会人類学を研究するためにハーバードに行き、1975年に博士号を取得しました。彼女は学位論文のためにサンの一集団の言語であるジューホアン語を研究しました。彼女はサンの人々と熱心に関わ

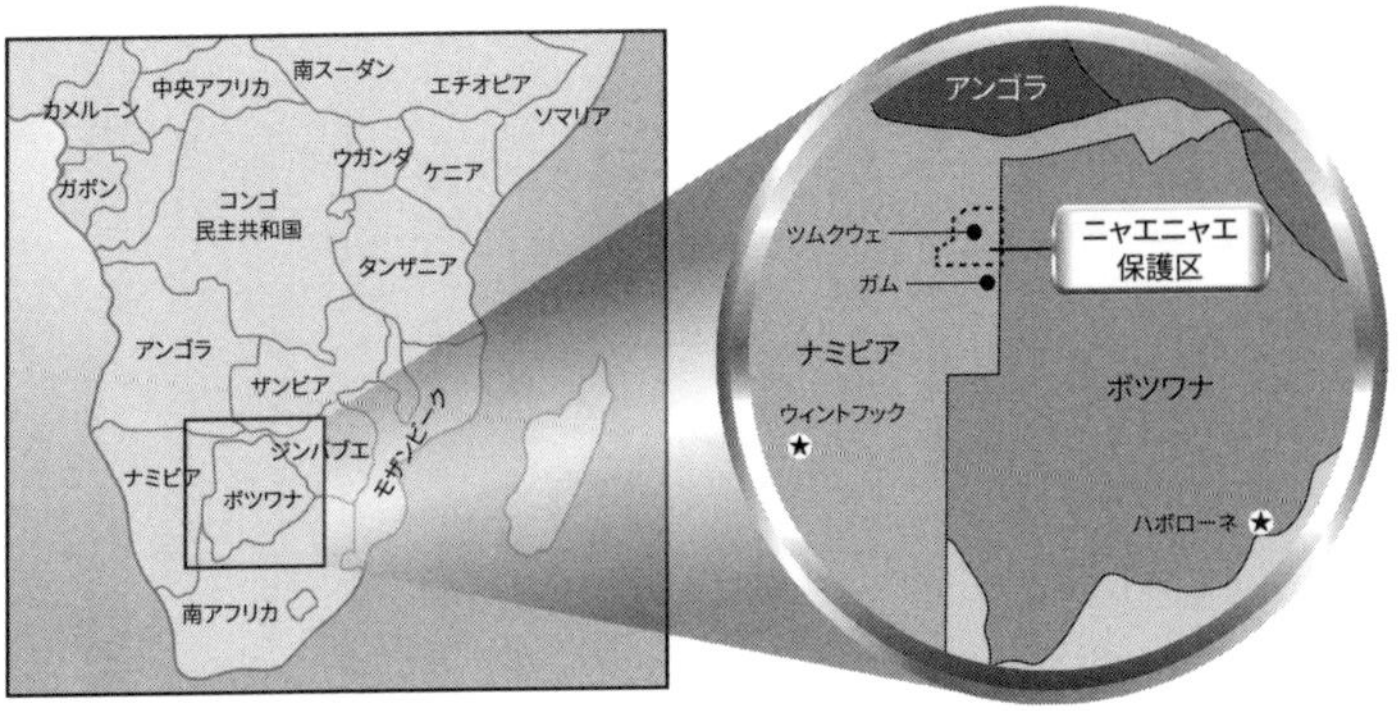

図26　ニャエニャエ保護区の地図　ナミビア側のボツワナとの国境にあるニャエニャエ保護区には、現在約2300人のジューホアン・サン人が住んでいます。

り、彼らの研究に人生を費やしその擁護者になりました。彼女は、本格的な学問研究と研究対象の支援活動を何とか結びつけようとしました。彼女は、狩猟採集民を研究するだけでなく、彼らの生活に変化をもたらそうと試みる研究者だったのです。

まだ大学院生であった1973年、ビーゼルは米国における最初の人類学的支援団体の一つであるカラハリ住民基金の設立を支援し、現在その理事長になっています〔2023年に退任〕。1987年から1992年までのナミビア独立の移行期には、彼女はジューホアン語を話すサンの人々の権利を守るためのグループを指揮しました。2000年、彼女はロンドンの英国王立人類学協会からルーシー・メア応用人類学賞を受賞しました。

一方、ビーゼルはテキサス大学オースティ

ン校、テキサスA&M大学、ライス大学、南アフリカのケープタウン大学で人類学と芸術史を非常勤で教えました。彼女には数冊の著書もあります。

ビーゼルがカラハリ砂漠を訪れた時は、かれらの伝統的生活を見出すには少し遅すぎました。それより前、独学のアメリカ人類学者であるローナ・マーシャル（1898–2002）が、1950年代と60年代に繰り返し彼らのもとを訪れていました。1976年に彼女は報告書である『ニャエニャエのクン族』（クンはジューホアンの別名です）を出版しました。後にマーシャルの娘であるエリザベス・マーシャル・トーマス（1931年生まれ）が、1950年代に訪れた経験に基づいて、著書『古い道：最初の人々の物語』（2006）を出版しました。これらの人類学者のおかげで、私たちはサンが自分たちの生活をどのように見ていたかの記録文書や、彼らが半砂漠の環境下で生き残るためにもっていた並外れた知識や技能に対する理解することができたのです。

これら3人の女性の仕事に加え、もう一人のアメリカのアマチュア人類学者であるマージョリー・ショスタック（1945–1996）が人類学文献の名著を生み出しました。ショスタックは1969年から1971年にかけて、クンの社会を生きる女性たちの境遇に関心を抱き、結婚まもない夫とともに、かれらの中で暮らしました。彼女はクン語とそのクリック音を修得し、女性たちと親密な会話を行うことに成功しました。1981年に彼女の著書『ニサ：あるクン族女性の生活と言葉』（邦訳：麻生九美訳『ニサ：カラハリの女の物語り』リブロポート）が出版されました。この中でショスタックはニサの一人称の語りと彼女自身の三人称によるクンの生活様式の分析を

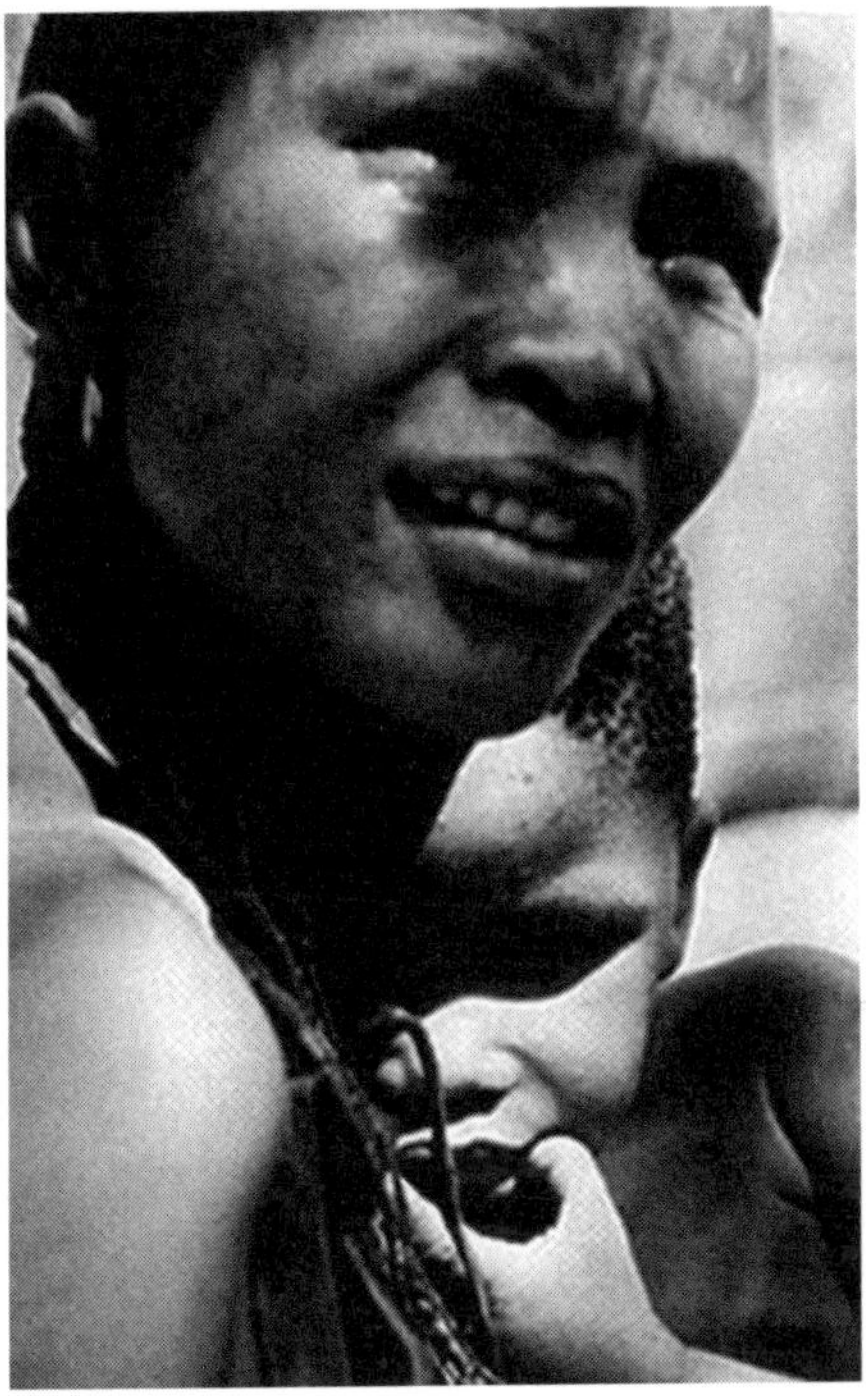

図27　ニサの写真　天性の語り部であるニサは、自分の性体験とクンの女性としての生活を率直に語っています。

織り交ぜています（図27「ニサの写真」を参照）。

ショスタックは1975～1976年に再びカラハリに戻り、クンが定住化していく変化を観察しました。20年後、彼女と夫は『旧石器時代の処方箋』という本を書きました。そこで彼らは、多くの現代病は旧石器時代の人々のような食事や生活をしていないことの結果であると論じています。

知のフロンティアにおける問い

？

私たちに最も近い親類であるチンパンジー属の2つの種（チンパンジーとボノボ）は野生のまま生き残れるでしょうか？　大型類人猿は野生のまま生き残れるでしょうか？

類人猿の自然環境が人間によって破壊されているため、大型類人猿は全て絶滅危惧種であると考えられています。人間は林業、鉱業、農業によって類人猿のなわばりへの拡大を続けています。都会の人々は、**ブッシュミート**〔野生の動物の肉〕と呼ばれる類人猿の肉に高いお金を払っています。そして、エイズやエボラ出血熱のようなウイルス性の病気が、チンパンジーに深刻な被害を与えています。人間はチンパンジーや他の類人猿に対するこうした圧迫を止める方法を見出すことができるでしょうか？

ジェーン・グドール：チンパンジーの友人

1960年代まで、野生の大型類人猿については、動物園にいるものを除いて、ほとんど分かっていませんでした。1960年、ジェーン・グドールはタンザニアのタンガニーカ湖沿岸の禁猟区〔ゴンベ国立公園〕に行ってチンパンジーと暮らし、それらを研究するパイオニアになりました。

ジェーンは1934年に生まれイギリスで育ちました。4歳の時、父が彼女に動物のぬいぐるみをくれました。それはロンドンの動物園で生まれたばかりの赤ちゃんチンパンジーにそっくりのものでした。彼女は高齢になっても講演旅行にこのぬいぐるみをもって行きました。

ジェーンの家庭には、彼女を大学へ進学させる金銭的な余裕がありませんでした。彼女は、アフリカを訪れるという子どもの頃の夢をかなえるために、秘書やウェイトレスをしてお金を稼ぎました。ある友人の家族が彼女をケニアの農場へ招いてくれ、有名な考古学者ルイス・リーキーの支援で、動物研究の専門的な訓練を受けていないにもかか

グドールは動物行動に関する訓練を受けていないにもかかわらず、野生チンパンジーとの並外れたコミュニケーションにより、野生チンパンジー研究のパイオニアとなりました。

わらず、彼女はチンパンジーの研究を始めました。5年後に彼女は、放し飼いのチンパンジーの行動に関する学位論文を執筆して、ケンブリッジ大学で動物行動の科学的研究を行う動物行動学の博士号を取得しました。

1986年、グドールは自分の科学的研究の頂点となる著作を出版しました。彼女の研究は、人間は唯一の道具製作者ではなく、チンパンジーも道具を製作・使用し、若いチンパンジーにその使い方を教えることを示したのです。彼女は、チンパンジーが豊富な種類の音、身振り、顔の表情、34の異なる発声でコミュニケーションを行っていることを発見しました。彼らはしばしば協力し合い、時には思いやりも示したのです。研究の当初の

10年間、彼女はチンパンジーが人間よりも善良な存在と考えていました。その後彼女は、残忍な攻撃や殺戮も観察しました。彼女は、食料、性、なわばりをめぐる競争が生じている条件下で、また嫉妬、恐れ、復讐の感情にあおられると、チンパンジーの行動は同じ条件下にある人間の行動と同じように非社会的になると結論せざるを得ませんでした。

グドールは研究中に、肉のために密猟をする狩猟者や林業、鉱業、農業による生息地の破壊によって、チンパンジーが危険にさらされていることを目撃しました。かつて赤道アフリカには少なくとも100万頭のチンパンジーが住んでいましたが、現在では推計でわずか17万頭から25万頭しかいません。以前生息していた4つの国で、チンパンジーはすでにいなくなりました。

1990年代初頭、グドールは若者が世界中の保護生息地を支援できるような組織を設立しました。ルーツアンドシューツという名称で、現在、100以上の国に10万人以上の会員がいます。Roots & Shoots のサイト (https://rootsandshoots.global) を参照してください。

グドールは、科学者として、そして希望と思いやりを届ける特使として、世界中から認められています。2002年、コフィ・アナン国連事務総長は、彼女を国連平和大使に任命しました。彼女は今も愛するチンパンジーのために旅と講演を行っています〔2024年現在、89歳を迎えてなお精力的に活動に取り組んでいる〕。

?

狩猟採集社会は、その伝統的な生活様式で生き残れるでしょうか？

カラハリのサン の人々のほとんどが、農耕で暮らしたり、誰かに雇用されたりする生活に変わってしまいました。先住民（特定の場所に元々住んでいた人々）の諸問題に焦点を当てるため、国連は1994～2004年を「世界の先住民の国際の10年」と宣言しました。世界の先住民人口は、現在約2億5000万人から3億5000万人、世界人口の4～5％と推計されています。

?

E・O・ウィルソンは、人類がこれまでに直面してきた中で最も深遠で倫理的であると彼が考えた問いを提示してきました。それは、「私たちは人間性をそのままにしておくべきなのか、あるいは今や可能になっている私たちの遺伝子の改変を行うべきなのか？」という問題です。ウィルソンは、人間は自分たちの遺伝子をそのままにしておくべきである、さもなければ私たちは自分自身をペットの犬に変えてしまうだろう、と考えています。この問いの答えはどうなると思いますか？　誰がそれを決めるのでしょうか？

旧石器時代とあなた

■旧石器時代の人々についての現在の研究は、その生活を、現代の都市部で多くの人々が感じているよりもストレスがなく健康的なものとして描いています（当時の1人当たりの暴力の割合が高かったことを考えると、それが正しいかどうかは分かりません）。今日では、さまざまな野菜、果物、高タンパク、低炭水化物に基づく原始時代の食事をすることで、旧石器時代の特徴を取り戻そうと試みる人もいます。こうした人々は、ミルク、チーズ、砂糖、穀物など農業に由来する食べ物を避けようと努めています。

これを批判する人々は、旧石器時代の人々が穀物とマメ類を食べていた証拠があり、その食生活は彼らの環境と時代による違いが大きく、彼らの食していた動物性タンパク質は今日生産されているものとは大きく異なっていたと反論しています。彼らは、現代人の主な問題は消費する以上に多くのカロリーを摂取していることであると言っています。いずれにせよ、現在の平均余命は旧石器時代よりもはるかに長いようです。

■ホモ・サピエンスの出現以来、人間は同じ種のままでした。世界中の集団が頻繁に接触してきたので、私たちの種は別々の種へと分かれませんでした。しかし、私たちの遺伝子は突然変異を続けており、肌の色などいくつかの特徴は集団の間で異なっています。もう一つのそうした特徴は乳糖耐性、つまり子ども時代を過ぎて大人になっても乳糖（ミルクの糖分）を消化することができる能力です。今日、世界のほとんどの人々にはまだ乳糖耐性がありません。彼らは大人になると、ミルクを消化するのが困難になります。祖先が何世代にもわたって牛や山羊を飼ってきた人々だけが、乳糖を消化できる遺伝子変異を発達させてきました。この特徴は、牛と山羊が家畜化されて搾乳されるようになって以来、過去1万1000年ほどの間に発達してきたものに違いありません。

■人間の社会交性のスケールは生物全体のちょうど真ん中にあります。一方の端には最も孤独な生物であるサメがおり、もう一方の端には最も社会的な（他に同調する）生物としてシロアリやアリがいます。人間はチンパンジーより社会的です。私たちはより大きな集団で暮らし、生涯にわたるパートナー関係を結び、大きな社会的取り組みを行うために協力し合います。しかし、他人に対する応答力には限りがあります。大半の人は個人的・集団的に極めて競争的で、多くの個人的な活動を行っています。私たち自身が矛盾していて、そのふるまいを理解するのは難しいのです。

■あなたは生涯を通じて同一の人間であり続けますが、あなたの体のほとんどの材料は変化します。あなたの細胞は、あなたのＤＮＡが与える指示にしたがって作られた新しい細胞に置き換わります。古い細胞は分解されたり（骨）、脾臓《ひぞう》にある細胞の墓場に送られたり（赤血球）します。

あなたの細胞はさまざまな速さで置き換わっています。腸の内壁の細胞は5日ごとに入れ換わります。腸を構成する主要な細胞は約15年間生き続けます。あなたの皮膚の表面はほぼ2週間ごとに変わりますが、赤血球の細胞は、循環系の中を1600キロメートル近く旅して、4ヵ月ごとに入れ換わります。肝臓の細胞は10～17ヵ月生き続けますが、骨の中の細胞は大人の場合、約10年間生き続けます。目の内部の水晶体細胞、大脳皮質のニューロン、そしておそらくは心臓の筋肉細胞など、少数の細胞は一生生き続けます。細胞の再生の最終的な停止の原因が何なのか、研究者にはまだ分かっていません。今後に期待しましょう。

本章を通しての問いに戻りましょう。人間はどんな種類の生き物と思われますか？　私たちの最も特徴的な点は何だとあなたは考えますか？　人間であるとはどういうことを意味するのでしょうか？

第９章

農業から帝国へ

スレッショルド７

紀元前9500年から紀元後1500年

現生人類（ホモ・サピエンス）が出現したいま、私たちの物語はこれまでよりずっと人間中心的になりますが、決してそれだけではありません。この章は、紀元前9500年前から紀元後1500年までの時期を扱います。農業が始まったのち、人間とこの惑星に何が起こったのか？　これが本章を通して考えるべき問いです。

（原注：これ以降は世界史の学者が用いている年代システムを用います。「〇〇年前」と書く代わりに、年代を紀元前と紀元後として示します。紀元前は必ず書きますが、紀元後については必要がなければ書きません。西暦紀元は、約2000年前のイエスの誕生から始まります。それゆえ、このシステムはキリスト教の言葉は用いませんが、キリスト教の暦に基づいています。紀元前9500年は、9500+2000年、約1万1500年前を意味します。）

農業の出現（紀元前9500年〜紀元前3500年）

農業とは何でしょうか？　それは、人間が定住し、地域の何らかの植物、動物、そして景観を操作して、自分たちに利用可能なエネルギーを増大させるために用いた方法であるということができます。あるいは、農業は植物・動物の栽培・家畜化であるといえます。それはそうした動植物が見出されたり導入されたりした地域で、人間に利用可能なエネルギーを増大させました。人間は常に動植物を食べてきましたが、いまやその再生産をコントロールし始めたのです。栽培化と家畜化は、人間と野生種との相互作用という双方向のプロセスですが、そのあり方は人間の利害への関心によって決まります。

最初に家畜化された野生動物はハイイロオオカミで、それが次第にイヌに変わっていきました。これははるか3万年前にシベリアで起こりました。どのように起きたか想像できますか？　オオカミは肉の切れ端を求めて野営地の周りをうろついていたのかもしれません。人々が、母親の死んだ子オオカミたちを見つけて育てたのかもしれません。赤ちゃんオオカミたちは人々に容易に適応し、人間を群れのリーダーの代わりとして受け入れました。オオカミ・イヌは、他のどの動物よりも人間の感情とシグナルを読み取ることができるようです。オオカミが10万年も前に家畜化されたと考えている生物学者もいます。

全ての動植物が栽培・家畜化に適しているわけではなく、ほとんどはそうではありませんでした。栽培化されてきた植物はわずか100種ほどで、家畜化されてきた大型陸上哺乳類は148種のうち推定で14種ほどです。カバは濃厚でおいしい乳を出しますが、どういうわけか家畜小屋では落ち着くことができません。家畜化に適した哺乳類は、成長が早く、群れのリーダーに従い、おとなしい気質で、捕獲して育てることができなければならないのです。

かつて考古学者は、農業は世界の一つの地域で始まり、他の地域に広がったのではないかと考えていました。彼らはこれを**拡散**と呼びました。現在彼らは、農業は少なくとも3つの異なる地域、おそらくは7つかそれ以上の地域で独自に始まったのだという証拠をもっています。

おそらく農業が始まった最初の場所は現在のトルコ、イラク、シリア、イスラエルの高地で、「肥沃な三日月地帯」と呼ばれることもあります。土壌は肥沃で、気温と降水量がちょうどよい土地でした。ユーラシア大陸は、他の大陸よりも動植物の多様性が大きい大陸でした。これはおそらく、ユーラシア大陸がパンゲア超大陸分裂後の最大の大陸であり、それゆえ最も多くの種が存在したことによるものでしょう。

肥沃な三日月地帯の高地には、レンズマメ、エンドウマメ、ヒヨコマメ、亜麻、オオムギ、2種類のコムギなど、農耕者が植え、収穫し、保存できる多くの野生植物がありました。人々はこれらの作物を紀元前9000年から紀元前7000年の間に栽培化しました。ヤギとヒツジもこの地域が原産で、いくぶん遅れて家畜化されました。

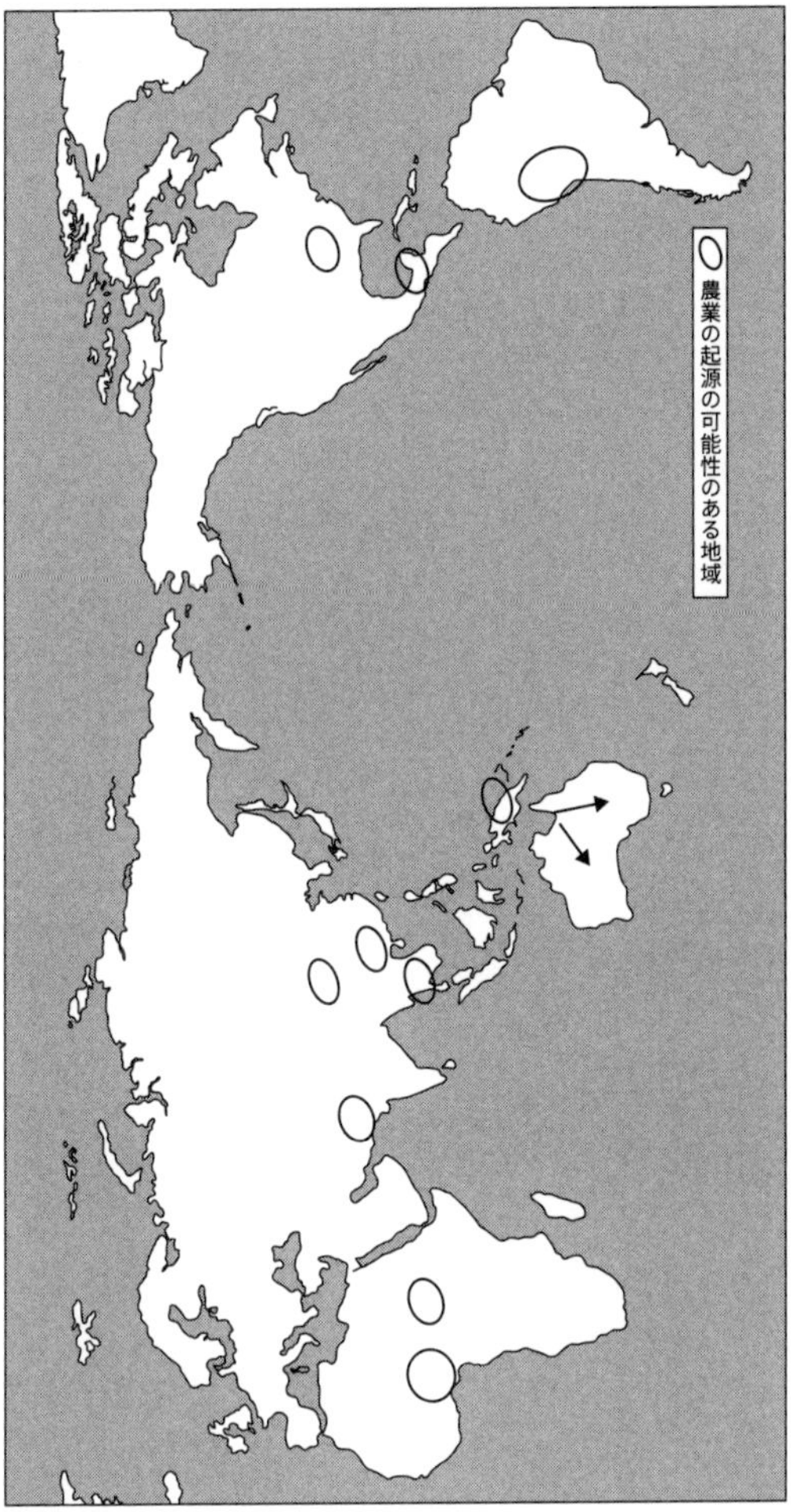

図28　農業の起源地の可能性がある地域　人間は、世界のさまざまな地域でほぼ同じ時期に別々に動植物を栽培・家畜化することを学びました。こうしたことがなぜ可能になったのでしょうか？

他の場所でも、エジプトのナイル川流域、北部インドのインダス川流域、中国の北部と南部、中央アメリカと南アメリカのアンデス山中、サハラ以南アフリカ、パプアニューギニアに、少し遅れて農業が現れました。利用可能な穀物と動物はもちろん異なっていました。中国南部では主な穀物はコメで、ブタとニワトリもありました。アンデスではジャガイモが主な農作物でした。アフリカの穀物はキビでした（図28「農業の起源の可能性がある地域」を参照）。

中央アメリカではトウモロコシが穀物でしたが、初めその穂軸は人間の親指の大きさでした。何世代にもわたって農民たちが穂軸の最も大きなトウモロコシを選んで次の年の作物として植えたことにより、私たちが今日知っているトウモロコシになったのです。

アメリカではアフロ・ユーラシア〔アジア、アフリカ、ヨーロッパの3大陸〕に比べて栽培植物ははるかに少なく、家畜動物はさらに少ないものでした。中央アメリカにはトウモロコシ、マメのほか、イヌ、七面鳥がいましたが、ウマ、ウシ、ブタ、ニワトリ、ヒツジ、ヤギはいませんでした。アンデスにはジャガイモ、ピーナツ、キヌア、そしてリャマ、アルパカ、モルモットがいました。この違いがアフロ・ユーラシアの人々に、都市や国家の形成を可能にする余剰食料の貯蔵の面で大きなアドバンテージをもたらしました。

なぜ農業は数千年のうちに世界中の多くの場所で突然現れたのでしょうか？　なぜという問いは答えるのが最も難しく、専門家はこの問いについて論争を続けています。おそらくこの発展を説明するには多くの要因が必要となるのでしょう。

気候変動は間違いなく大きな役割を果たしました。最後の氷河期の後の全般的な急速な温暖化によって農業が可能となり、また氷河期に存在した大型哺乳類が死に絶えてしまったために、おそらくそれが必要ともなりました。しかし、気候は単にだんだんと暖かくなったわけではありません。紀元前1万1500年頃には非常に暖かくなり、その後、紀元前1万500年から紀元前8500年の間に突然再び寒冷化し、それから比較的安定した温暖期が1万年続きました。これが1万5000年続き11万年前に終わった間氷期の後に、最初にやってきた長い温暖期ないし間氷期となります。

地球温暖化のために生じた海面上昇により、海岸の人々は内陸への移動を強いられました。人間の総数はゆっくりと増加しました。野生資源の豊富な場所で、人々は動き回るのを止めて定住しました。そこで野生資源が減少した時、人々はもはやどのように動き回ったらいいか分からなくなっていました。彼らは作物を育て家畜の世話をすることを学ばなければなりませんでした。これらの要因全てが数千年の間に何らかの形で結びついて、世界中のいくつかの地域で農業が出現する結果となったのです。

農作物と家畜の群れに頼る定住村落での生活は、狩猟採集よりも多くの仕事を要しました。農耕民の食事は、狩猟採集民よりも多様性や栄養が少ないものでした。彼らは家畜がもっていた病原菌に感染して病気になりました（はしかと天然痘はウシから、インフルエンザと百日咳はブタとアヒルから突然変異しました）。農村での生活は、大半の狩猟採集集団の生活よりも快適ではなかったかもしれません。

しかし、ほとんどの時期、狩猟採集民よりも多様性を欠くとはいえ農民には多くの食料がありました。子どもはいっそう早く離乳し、よりたくさん生まれることが可能となりました。耕作には力が必要なので男性が引き受けました。農民の生活ではより多くの子どもを手伝いのためにもつことが決定的に重要になったので、女性は家にいる必要がありました。人々は新しいタイプの自己規律を学びました。例えば種子の一部は種まきのためにとっておかねばならず、それは季節ごとに行う必要がありました。

全体として、自然界とつながっているという人々の感覚が希薄になり始めました。自然界が人々に与える影響は、文化的世界が与える影響よりも小さくなり始めたようでした。族長がリーダーとして現れ始め、シャーマンが神官となりました。儀式はある特定の状況を扱うものから、暦に基づくものになり始めました。生命の神秘的な力が神や女神とみなされるようになり、不死で目に見えない霊的世界に住んでいることを除けば、人間と同じようにふるまうものと考えられました。

農業を行う間に、人々は木や草を刈って種まきのために耕すことで、地球の表面を変え始めました。人口は紀元前9000年の約1000万人から、紀元前3000年の約5000万人まで増加しました。人間のシステムを流れるエネルギーは農業によって大きく増加し、さらに大きな変化をもたらしました。

初期の都市、国家、文明と帝国（紀元前3000年〜紀元前1000年）

肥沃な三日月地帯の人々が動植物の栽培・家畜化で先陣を切っていたので、最初の都市であるウルク*が肥沃な三日月地帯のメソポタミアと呼ばれる地域に出現したのは驚くべきことではありません。ウルクは紀元前3500年頃、現在のイラクにあるユーフラテス川のほとりに現れ、人口は約1万人で、それまでで最も密集した人間の集団でした。ある推計によれば、紀元前3000年頃までにウルクの人口は5万人となりました。

その後まもなく、他の肥沃な場所にも都市が現れ始めました。エジプトのナイル川デルタの近くにはメンフィスが、中国北部の黄河流域には安陽が、インダス川流域にはモエンジョ＝ダーロが現れました。栽培・家畜化できる動植物が少なかったことやその他多くの要因から、アメリカ大陸、サハラ以南アフリカ、太平洋諸島では都市の発生が遅れました。

都市は村や町とは異なります。都市にはより多くの人々、何万もの人がいます。都市の壁の外にいる近隣の農耕民は、食料を送ることによって都市を支えます。これにより都市住民は、役人、パン職人、陶工、銀細工師などの専門的な職業を発展させることが可能になりました。都市では、神官、貴族、書記官などの富裕なエリート支配者が頂点にいて（全体の約10％以下）、大多数がその下を占めるという階層が形成されました。

都市が組織され始めた直後に、初期の国家が現れ始めました。国家とは都市に近隣の町や農村を加えたもの、もしくは複数の都市にその周辺地域を加えたもので、人口は最大で数百万人に達します。国家は内部衝突を抑制し、必要に応じて貢物や税金を強制的に徴収できる権力構造を有しています。ある意味では、農民が動植物のエネルギーを利用することを学んだのとちょうど同じように、都市支配層は他の人間のエネルギーを利用することを学んだのです。

ひとたび国家が形成され始めると、支配者は他の国家を征服することにより自らの資源を増大させることができるようになりました。一人の支配者が多数の都市や国家からなる広大な領土を統制する、帝国が現れたのです。初期の国家と帝国の時代には、それらの間で戦争が頻繁に発生しました。

これらの初期の国家と帝国は、**文明** civilization として知られるようになりました。この英語はラテン語 civis の派生語であり「都市に属する」を意味する civilis に由来します。文明という言葉にはいくつかの意味がありますが、ある集団が他の集団よりも優れている、あるいは進んでいる（文明化している）ことを示唆するのにしばしば用いられてきました。ビッグヒストリアンたちは、文明はより優れていることも進んでいることもなく、より複雑になっただけである、と注意深く述べています。なぜなら文明人、少なくともそのトップは、より多くの物質・エネルギー資源をコントロールしているからです。文明という言葉につきまとう問題を避けるために、この言葉の代わりに**国家**、**帝国**あるいは**複雑国家**という言葉を用いるビッグヒストリアンもいます。

では「文明」に共通の特徴とは何でしょうか？　これは多くの議論がある問題です。しばしば歴史書は、著者が文明の肯定的な側面とみなすものを描き出しています。高い人口密度、職業の専門化、より多くの交易と交流、記念碑的な建造物、会計、文字、行政、国家宗教、豊かな支配層とその文化的業績、内部衝突に終止符を打つことのできる常備軍などです。しかし、文明の否定的な側面もまた存在しました。階層的不平等、強制的重税、頻発する国家間の戦争、病気の増大、奴隷制度、階層化の進展の一部としての家父長制*――男性による女性支配――などです。これらの特徴は、肯定的なものも否定的なものも、文明が発生する場所であれば世界中どこでも現れました。

初期の帝国は、初期の都市国家から出現しました。アフロ・ユーラシアではそのほとんどが、しばしば砂漠でほとんど人が住めない土地に囲まれた肥沃な河川流域で発生しました。最初に興ったのはメソポタミアです。たぶん、紀元前2800年から紀元前2500年の間のどこかでメソポタミアを統治していた有名な王ギルガメシュ*について聞いたことがあるでしょう。世界最古の文学作品として知られている『ギルガメシュ叙事詩』には、彼の物語が描かれています。ファラオと呼ばれた初期エジプトの支配者は、ピラミッドを建設しました。中国北部でよく知られた初期の支配者は殷の武丁《ぶてい》（紀元前1192年没）で、1976年に妻の婦好《ふこう》の盗掘されていない墓が発見されたことで有名です。

メキシコとアンデス山中では、本格的な文明は紀元後の1300年代から1400年代まで現れず、それらは1500年代にヨーロッパの征服者によって一掃されました。アメリカ大陸には初期の町と文化が少なくとも4000年前から存在していましたが、それらが本格的な文明に分類できるほどの人口密集地であったかどうかについては論争があります。太平洋諸島では首長制が現れ、社会は文明への通常の道を歩んでいるように見えましたが、文明の本格的な発展を支えるほどの利用可能な天然資源がありませんでした。サハラ以南アフリカでも、気候、地域の動植物、土壌の質などのさまざまな要因のために、本格的な帝国を支えられませんでした。

これら全てはどのように、そしてなぜ、紀元前3500年から紀元前1000年のわずか2500年の間に起こったのでしょうか？　今や数百万年という地質学的時間に慣れてしまった私たちには、これほどの大変化が起こったにしては短い時間であると感じます。

例によって、多くの要因が働いていました。第一に、おそらく最も重要なのは、気候が安定していなかったことです。紀元前3000年から紀元前2000年の間、ユーラシア大陸では気候が寒冷化・乾燥化しました。高地地域では、人口を養うのに十分な食料がもはや生産できませんでした。そこで、多くの人々はより多くの水を利用できる河川流域に移動し、最初の都市が興りました。

技術革新も進みます。人口が大きくなると、大規模な灌漑の方法、陶器を作る方法、鉄を溶かす方法などのアイディアをもつ人々が増えました。これらの技術革新は広く交換され、その結果生産性が向上（より少ないエネルギーでより多くの食料を得る）したのです。したがって、より多く

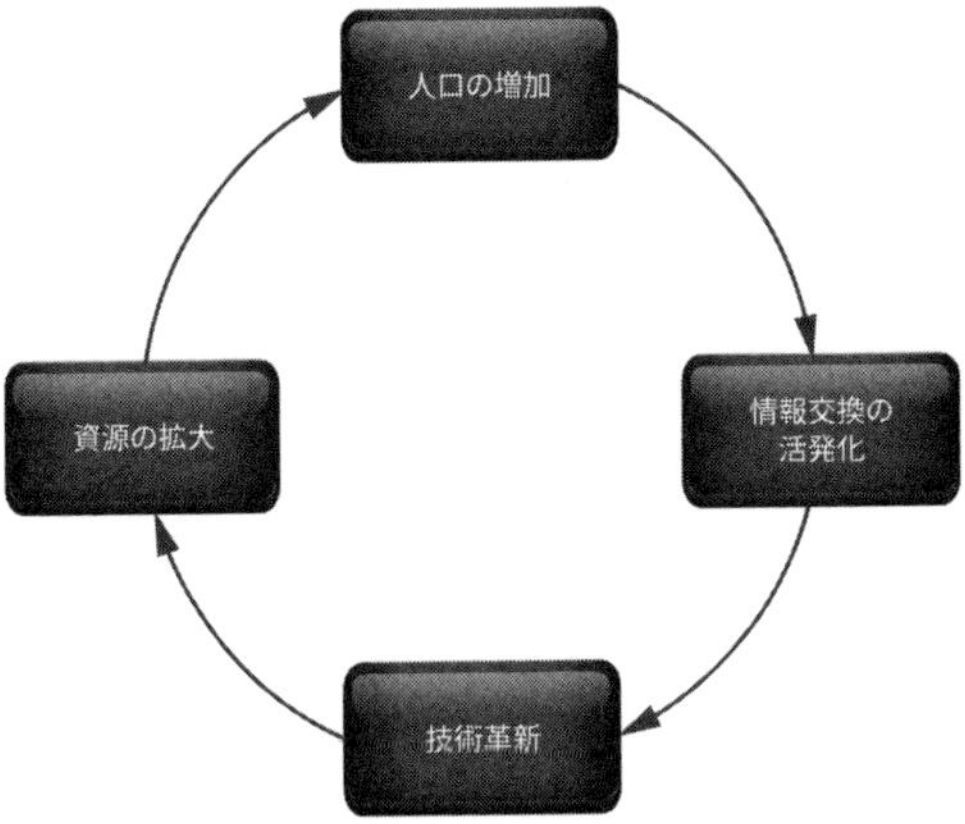

図29　正のフィードバック・ループ　これは人間の視点からみた正のフィードバック・ループです。栽培・家畜化された動植物ならどのような図を描くでしょうか？

の人が生き延びました。世界人口は、紀元前3000年の約5000万人から、紀元前1000年には約1億2000万人まで増えました。

前段落では、正のフィードバック・ループについて説明しました。このループは、ある変化が別の変化を引き起こし、その結果第3の変化となり、それが最初の変化を増幅する時に生じます。この正のフィードバック・ループがどのように示されるかは、図29を参照してください。

問題が残っています。なぜ90%の人がわずかな数の支配層に自分たちを統治させ、しばしば家畜のように扱うことを許したのでしょうか？　現在も残るこの問いに、あなたはどう答えますか？

世界史家は、2つの答えのうちの1つをし

ばしば強調します。それは同意、つまり人々は強力な支配者に自らを組織し守ってもらう必要があったとするものと、強制、つまり支配者が資源の統制と武力によって自分たちの意思を押しつけたとするものです。ビッグヒストリアンは普通、同意と強制の両方が一定の役割を果たしたと言います。人口が密集するにつれて、人々は戦いを止めさせ自分たちを警察と軍隊で守ることのできる指導者を必要としました。人々にはまた、大規模な灌漑を組織し、行為のルールを設定し、剰余を分配し、儀式を執り行うことのできる指導者が必要でした。そのうちに能力ある指導者・支配者が、自分自身の目的のために支配する資源の一部を使うこと、つまり自分の権力と富、貢物と税を強制する能力を増大させることを学びました。同意と強制はともに、過去においても現在においてもドラマがどのように演じられるのかの特徴となってきたように思われます。

帝国の拡大（紀元前1000年〜紀元後1500年）

初期の国家と帝国が形成されたのち、それらは長い期間にわたって発展と衰退、拡大と縮小を繰り返してきました。しかし全体としては、帝国によって支配される地球の面積は続く2500年間に一貫して増加しました。

文明の成功は、人口の増加によって測ることができます。その最初の1000年間で世界人口は1億2000万人から2億5000万人へと2倍強に増え、文明の下で暮らす人々の約半分が周辺の農村部にいました。次の1000年（西暦元年～1000年）には、大規模な疫病の流行により世界人口は増加しませんでした。西暦1500年までには世界人口は再び増加し、約4億人に達しました。

紀元前1000年には、ユーラシア大陸やアフリカ大陸北部に完全に孤立した場所はありませんでした。どこにでも何らかの結びつきがありました。しかし、アメリカ大陸と太平洋諸島は、アフロ・ユーラシアとは結びついていませんでした。1000年頃、ヨーロッパ北部からヴァイキングが北アメリカ沖のニューファンドランド島に入植しようと試み失敗しました。それを除くと、アメリカ大陸は人間の生活の別の実験場でした。アメリカ大陸における文明がアフロ・ユーラシアの文明と何の接触もなかったにもかかわらず、多くの共通点をもっていたということは、私たちの物語で驚くべきことの一つです。人々はどこにいても同じ問題に同じ方法で取り組んでいたようです。

アフロ・ユーラシアでは、紀元前1000年から1500年の期間中に帝国が拡大し繁栄しましたが、それから徐々に終焉を迎えました。歴史学者は拡大する帝国*に普遍的と思われる共通の傾向を説明することができます。アメリカ大陸では、環境上・地理上の不利な要因によって、それらの傾向はよりゆっくりと生じました。

帝国に共通な第一の傾向は、拡大し、規模と力を増大させるということでした。皇帝は、新しい資源を獲得する方法として、近隣の土地を征服する意欲をもっていました。例として、メソポタミアのアッシリア帝国（紀元前1300－紀元前612）、ペルシア（イラン）のアケメネス朝（紀元前550－紀元前331）、インドのマウリヤ朝（紀元前322－紀元前185）、ローマ帝国（紀元前27－紀元後476）、中国で相次いで起こった諸王朝（次節参照）、中央アジアのモンゴル帝国（1206－1368）、メキシコのアステカ（1428－1519）、ペルーのインカ（1438－1533）などがあります。

帝国に共通する第二の傾向は、交易と交流のネットワークが拡大したことです。人間の労働力で建設された道で、ウマ、ラクダ、ロバが品物を運びました。こうした道がユーラシア大陸を横断し、中国とヨーロッパとを結びました。この道を通ってたくさんの絹織物が中国からローマの豊かな人々にもたらされたので、この道はシルクロードとして歴史的に知られています。航海の進歩によって、海上輸送もまた可能になりました。刻印された硬貨が紀元前600年代にアナトリア（トルコ）と中国北部にほぼ同時期に現れました。硬貨は交易取引を容易にするため急速に広まりました。

アメリカ大陸では交易はより困難でした。陸路で品物を運ぶ大型の運搬用動物がいなかったために、羽毛が貴重な交易品となったのは不思議ではありません。東西に広がるユーラシア大陸とは対照的に、南北の緯度と気候の大きな変化のために、食用作物と家畜は広がりませんでした。それでも、タバコとトウモロコシは南アメリカ・中央アメリカから北アメリカへなんとか広がりました。海流と地理が航海を危険にさらしましたが、それでも航海用のカヌーがカリブ海沿岸、メキシコ湾、南アメリカの太平洋岸を航行していました。

拡大する帝国に共通する第三の傾向は、社会関係とジェンダー関係における階層性の増大でした。支配層が官僚、軍隊、神官に支えられ、国家は以前よりも階層化しました。富、生まれ、職業、ジェンダーに基づく区別がより明確で厳格になり、支配層は成文法と権力を用いてこれらの区別を強制しました。どの文明も男性が公の場における権力を行使しました。支配層女性の時たまの例外を除いて、男性は女性の権利と役割を制限しました。家父長制と呼ばれるこの過程は農業とともに始まりました。というのは、女性はより多くの子どもを育てるために家に残されたからです。支配層の小集団が強力な国家構造を支配すると、階層制が強まりました。

もう一つの重要な共通の傾向は、普遍的で道徳的な宗教の発展です。紀元前800年頃から紀元前200年頃という比較的短い期間に、ゾロアスター（ツァラトゥストラ）、ヘブライ人預言者、ブッダ、孔子*、ギリシアの哲学者など、ユーラシア大陸の各地で重要な宗教的・哲学的伝統を打ち立てた個人が現れました。

ドイツの哲学者カール・ヤスパース（1883−1969）は、1949年に、この時期に何が起こったのかについて言及しました。彼はこの時期を**枢軸時代**と呼び、人類史の主要な軸となる期間ないし転換点であったと主張しました。この枢軸時代をどのように特徴づけるかは学者によって異なっていますが、概して彼らは、枢軸時代は、伝播が可能（一つの場所に縛られない）でその信奉者によって普遍的であると考えられた宗教と思想について言及したものであると述べています。加えて、枢軸時代には人間の行動を導くための複雑な道徳的行動規範が作成され、また他方で同じ時期に観察と数学的な計算に基づく科学的思考も行われるようになりました。

ほとんどのビッグヒストリアンは、枢軸時代における思想はそれに有利であったユーラシア大陸の諸条件、特に都市化から発生したものであると考えています。これらの条件には、思想の交流を含む交流ネットワークの増大が含まれます。識字能力が拡大しました。都市での生活は厳しく、人々は帰属する集団を必要とし、また特に日常的に遭遇する多数のよそ者に対して、どのようにふるまうのかを示してくれる道徳規範を必要としていました。帝国が崩壊する時、新しい思想が生まれました。

これまで挙げてきた傾向は、拡大し台頭する帝国のものについてでした。しかし、没落し交代する帝国もたくさんあります。実際、台頭と没落のサイクルは帝国に共通する特徴なのです。

ある帝国がどのくらい存続するかのパターンは、最初の正のフィードバック・ループに続く負のフィードバック・ループによってしばしば特徴づけられます。負のそれは次のように進みます。人口増加が環境劣化を招き、それが食料不足を引き起こし、それが紛争と病気の増大を生み出し、人口減少と帝国の衰退や崩壊をもたらします。時には灌漑の改善のような重要な技術革新が人口増加を再開させ、サイクルが再び始まることもあります（図30「負のフィードバック・ループ」を参照）。

イギリスの牧師で経済学者であるトマス・マルサス（1766－1834）は、帝国の歴史にお

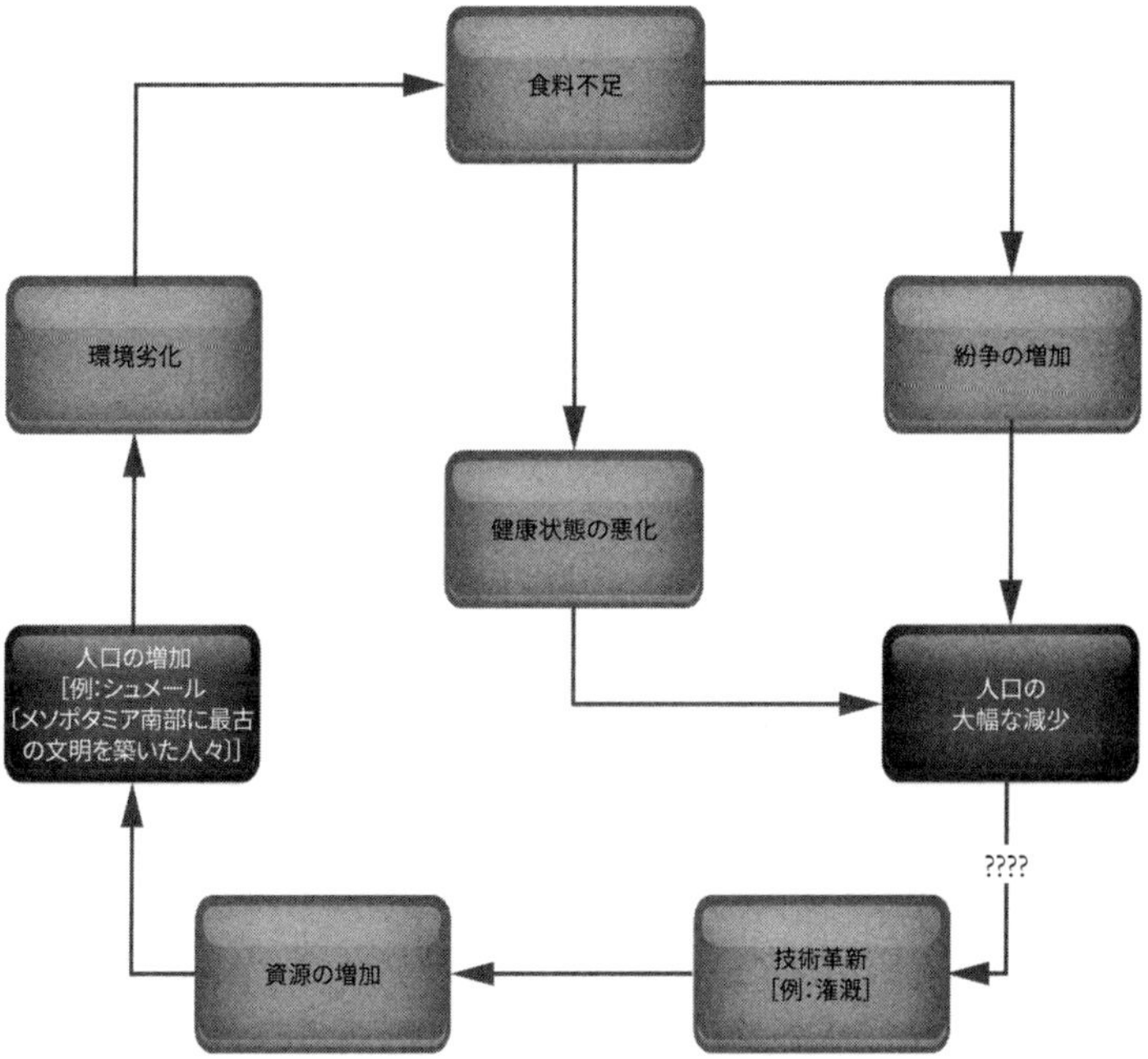

図30　負のフィードバック・ループ　この場合、結局は人口が減少するため、人間の視点からみれば負のフィードバック・ループです。

けるこのパターンに気がつきました。彼はこのパターンを一般化して、人口はつねに食料供給よりも速く増加するため、そのうちに食料不足から人口は減小すると主張しました。彼が観察したこの上昇と下降のサイクルは、彼にちなんで**マルサス・サイクル***と名付けられています。

1500年までに、国家と帝国による世界の陸地の支配はさらに進み、1000年の6%から13%に増加しました。それでも多くの人々が狩猟採集民として、文明に関わりのない農耕民として、あるいは一群の家畜で生計を立てる牧畜民として暮らし続けていました。文明についての物語が歴史の主流を占めるのかもしれませんが、他の人々が別の方法で暮らし続けていたことを忘れないようにしましょう。

大規模な国家や文明の前提条件が存在しない地域が多くありました。ユーラシア大陸のステップ（ヨーロッパ南部とシベリアの広大で平坦な草地）では、遊牧民が農耕を行わずに自分たちの家畜で生計を立てていました。北アメリカでは、トウモロコシ、マメ、タバコを栽培する農民もいましたが、多くは狩猟採集で生計を立てていました。パプアニューギニアとオーストラリアでも、ある程度農業は行われましたが、ほとんどの人々は狩猟採集を続けていました。サハラ以南のアフリカでは、農耕と製鉄が全土に広がり、ガーナやマリのような交易センターが一時的に栄えました。しかし、サハラ以南のアフリカでは大きな文明は生まれず、小さな地域国家と王国によって特徴づけられる地域にとどまりました。

ジャレド・ダイアモンド：地理学の重要性

ダイアモンドは生理学者から生物地理学者となり、19世紀にヨーロッパ人が世界を征服した決定的な要因は地理にあると考えました。

農業は人間とこの惑星をどのように変えていったのでしょうか？　農業が後に発展した場所では、何が起きたのでしょうか？

カリフォルニア大学ロサンゼルス校（UCLA）の教授ジャレド・ダイアモンド（1937年生まれ）は、著書『銃・病原菌・鉄：人類社会の運命』（1997、邦訳：倉骨彰訳『銃・病原菌・鉄：1万3000年にわたる人類史の謎　上下』草思社文庫）でこれらの問いを提起しました。この本は世界的なベストセラーとなり、37カ国語に翻訳されました。この本は、多くの人々が疑問に思っていた以下の問いに答えています。近代においてヨーロッパ人は北アメリカ、オーストラリア、サハラ以南アフリカの人々を征服し追い立てて行きましたが、なぜその逆ではなかったのでしょうか？　なぜ今日でさえヨーロッパとアメリカ合衆国の人々がその他多くの場所の人々よりもはるかに高い生活水準を享受しているのでしょうか？

ダイアモンドは、その答えはヨーロッパ人の生物的・文化的優位性にあるのではなく、農業の起源にさかのぼるユーラシア大陸の地理的特徴にあるのだと論じました。ユーラシア大陸には、栽培・家畜化に適した動植物のより大きな多様性がありました。それゆえ、ユーラシア大陸は人口を増大させイノベーションを生み出す上で強力な先駆けとなるスタートを切ったのです。これが、アメリカ、オーストラリア、サハラ以南のアフリカの人々を打ち負かした銃、病原菌、鉄をヨーロッパ人がなぜもっていたかの理由でした。

一般向けの本を書き始める前、ダイアモンドはＵＣＬＡメディカルスクールで胆のうの膜の研究をしていました。１９８７年、彼が50歳の時に、双子の息子マックスとジョシュアが誕生したことが、ダイアモンドの人生を変え始めました。彼の子どもたちが生きるに値しない世界で育つかもしれない時に、自分が生命保険に加入したり遺言状を書いたりすることが無益なように思われたのです。それからの15年間で、ダイアモンドは6冊の本を書き、メディカルスクールの研究者からＵＣＬＡの大学で地理学を教えることに仕事に転じました。

どうしてそのように柔軟に学問分野を横断できたのでしょうか？　ダイアモンドはマサチューセッツ州のボストンで生まれました。彼の両親はどちらも東欧のユダヤ人家族の出身でした。母親のフローラ・カプランは言語学者、教師、ピアニストでした。父親のルイス・K・ダイアモンドは小児科医で、子どもの血液の病気の研究もしていました。ジャレドにはスーザンという妹がいて、彼は何でも彼女に教えようとしました。

ジャレドが4歳から7歳の時に、アメリカ合衆国は第二次大戦を戦っていました。父はヨーロッパとアジアの地図をジャレドの寝室の壁にかけて、一緒に毎晩地図の上でピンを動かして同盟国の進撃を示しました。地理学と歴史学が文字通り彼の目の前にありました。

ジャレドは中学と高校を、1645年創立の私立男子校であるロックスベリーラテンスクールに通いました。そこで彼はラテン語を6年間学び、ハーバード大学の古典学奨学金を獲得しました。彼は父のように内科医になるつもりでしたが、一生そうせねばならなくなると考え、自然科学以外のコースを選んだのです。素晴らしい先生たちが歴史と書くことへの愛を育んでくれました。

ギリギリの土壇場で、ダイアモンドは医学の博士号の代わりにケンブリッジ大学で生理学（生命システムの正常な機能の研究）の博士号を取得することを選択しました。彼は

UCLAに1966年に落ち着くまで、ハーバード大学に4年間特別研究員として戻りました。ロサンゼルスに行く前、彼はニューギニアに夏の旅行に行き、そこでニューギニアの鳥を通じて進化生物学の研究を始めました。とうとう彼はニューギニア語まで学び、60代までに習得した言語は合計12になりました。

ダイアモンドは、息子たちの将来に対する不安が、自分を研究室から出て一般向けの著作の執筆に向かわせたと述べています。2005年、彼は高校の教室で次のように言いました。「そこで解決策は、もし解決策があるとするならば、それは先進国が消費を下げることです」。

中国文明の概観

農業の始まりから紀元後1500年までのある文明の物語は、多くの文明の例として役立ちます。しかし、本書に全てを載せるには多すぎるので、ここでの例は、中国文明がどのように出現、拡大、縮小したかを概観したものです。

中国には2つの大河があり、どちらもチベットの山岳地帯から発しています。一つは北に流れて黄海に注ぐ黄河です。もう一つの川である長江または揚子江は、南に流れて東シナ海に注いで

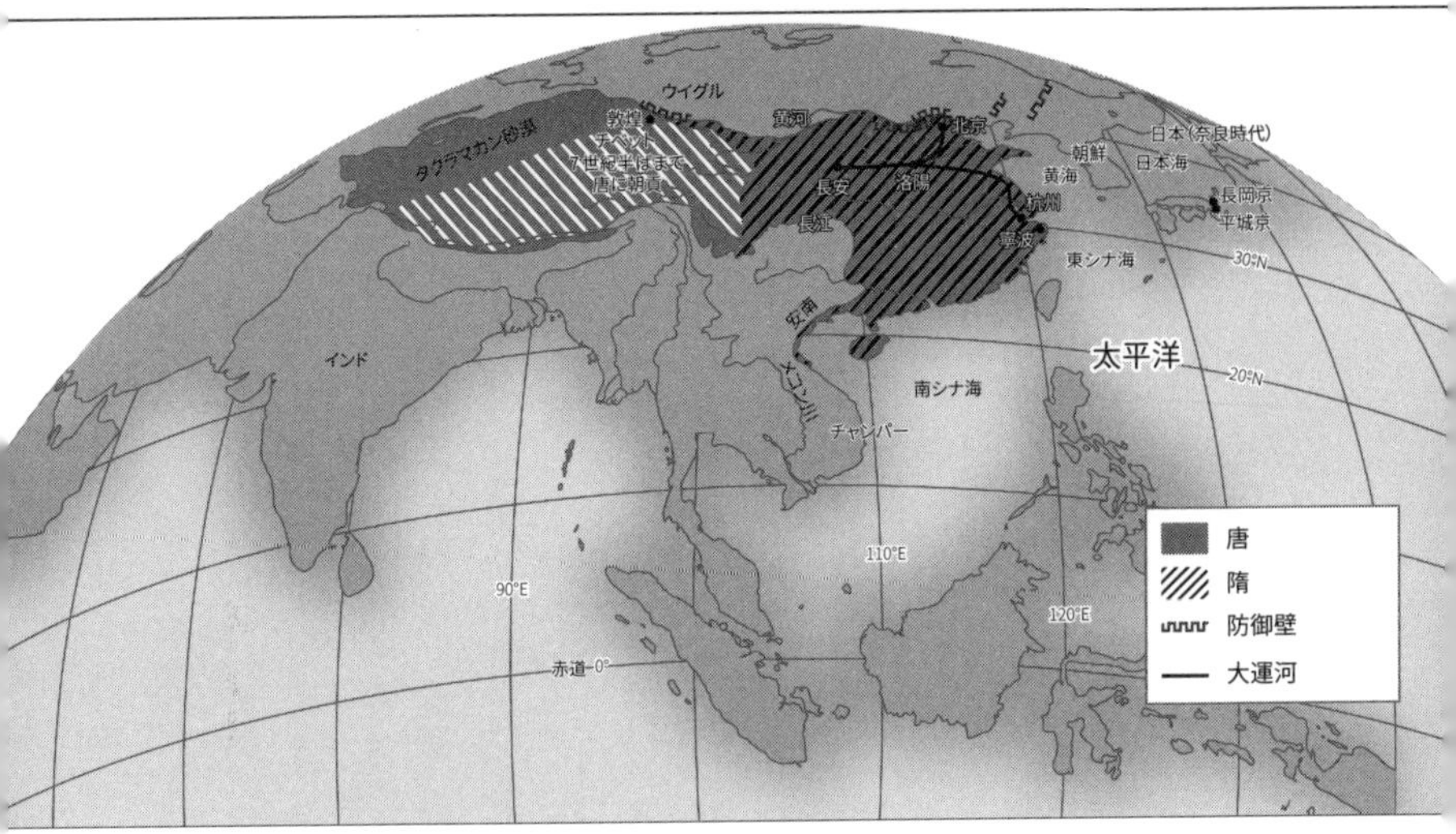

図31　唐王朝統治下の中国の地図　唐の治世に中国はアジアを経て現在のインド北部まで拡大しました。

います。

北方より暖かい長江流域では、人々は紀元前７５００年前にはコメを育て始め、紀元前５５００年にはそれを栽培化しました。考古学者が南部で調査した遺跡が少ないため、この地域については北部地域と比べてはるかに少ししか分かっていません。

黄河流域では、人々は紀元前７０００年までにキビを栽培化し、紀元前５０００年まではナタネ、大豆、ブタ、衣服のための麻を育てるようになりました。村が現れ、気候が寒冷化・乾燥化すると、多くの人々が川の近くに集まりました。紀元前２０００年には人々はこの地域でコムギとオオムギを栽培し(おそらくメソポタミアから伝わった)、ウマと馬車に乗り、金属器や陶器、そしてカイコから絹を生産していました。商人は中央アジアからスズ、コヤスガイの貝殻、ヒスイをもってきました。

紀元前１６００年には、中国の北部と西部の広範囲に初期の国家が出現しました。紀元前１６００年頃、最初の大規模な国家である殷王朝*が起こり、中国北東部の黄河両岸を支配しました。紀元前１０５４年頃に周王朝*が起こり、国家を西および南の揚子江まで拡大して帝国を形成しました。世襲の王、常備軍、奴隷、家父長制、文字といった文明の特徴が現れました（中国人はアルファベットではなく漢字を用い、それはしばしば絹や竹によく書かれたために、史料はあまりよく残っていません）。

周王朝は紀元前４８０年以降は統一を保てず中国は戦国時代となり、その後、秦王朝とそれに続く漢王朝*が紀元前２０２年から紀元後２２０年まで国を統一しました。これらの王朝は中央官僚機構を確立し、道路を建設しました。彼らは度量衡《どりょうこう》、貨幣、文字を統一し、儒教を官僚育成のコアカリキュラムとしました。西洋では孔子として知られている孔夫子（紀元前５５１－紀元前４７９）〔孔夫子は孔子をさらに敬った呼称〕は、家族関係を重視する徳の教育が倫理的な指導者とよい政府を生む鍵であると説きました。

２２０年に漢王朝が倒れてから、中国は３５０年の間人口減少に苦しみましたが、その主な原因はシルクロードの交易で拡大した天然痘、はしかその他の疫病でした。草原地帯の遊牧民が北部地域を侵略しました。中国の人口は、２００年の６０００万人から６００年には４５００万人に減少しました。

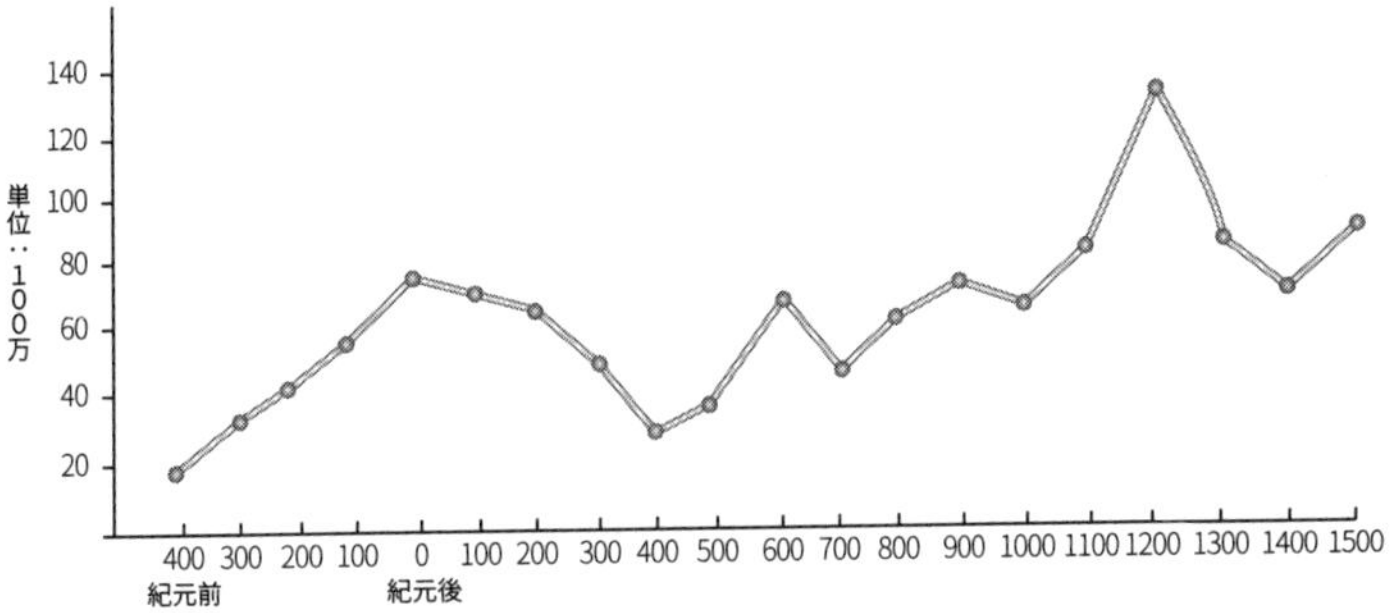

図32　中国の人口　紀元前400年-紀元後1500年　このグラフは、中国史において食料不足と病気が人口減をもたらすマルサスが示す停滞期を示しています。

新しい王朝である唐が６１８年に秩序と統一の回復に成功しました。以後３００年、中国は人口２００万人の最大都市・長安を有する地球上で最も強力な国家となりました。シルクロードの交易が復活し、中国の支配者は多くの異なる宗教を容認しました（図31「唐王朝統治下の中国の地図」を参照）。

唐王朝が倒れた時、50年以内に宋王朝が後を継ぎ、活力ある中国をさらに３００年間導きました。この治世（９６０－１２７６）の間に、中国は商業活動を推進して外国との交易を著しく増加させ、人口は４８００万人から１億２４００万人まで増大します。

次のマルサス的停滞は14世紀に起こりました。当時、ユーラシア大陸全土の気温が寒冷化し、農作物の収穫の減少と飢饉をもたらし、黒死病（腺《せん》ペストのようなもの）などの病気にかかりやすくなりました。それでも中国は都市化されていたので、1400年には世界最大の9都市があり、その中でおそらく最大の都市が南京でした。中国の人口は約7000万人に減少しましたが、その人口は世界人口の約5分の1を占めました（図32「中国の人口　紀元前400年－紀元後1500年」を参照）。

以上の中国史のスナップショットは、繰り返されるマルサス・サイクルのパターンを明らかに示しています。それはしばしば気候変動によって生じ、飢饉や病気をもたらしました。しかし停滞ののちには人間社会は回復し、人口とエネルギーの流れの増大を伴う新たなレベルの複雑さに達するのです。

知のフロンティアにおける問い

？

地理学者ジャレド・ダイアモンドは、興味深い問いを投げかけました。農業に目を向けたことは人間がこれまでに犯した最大の過ちだったのでしょうか？

以下はダイアモンドの主張の要約です。インターネットでダイアモンドの論文〔https://www.ditext.com/diamond/mistake.html〕をチェックし、彼の主張に対してあなたがどう考えるか判断してください。

ダイアモンドはこう述べています。総じて人間の生活は農業によってよくならず、支配層の生活だけがよくなりました。残りの人々は栄養不足、労働の増加、動物を介した病気、圧制、全体的な社会的・ジェンダー的不平等の増加がもたらされました。狩猟採集が困難になるにつれて、人々は自分たちの人口を制限するか、食料生産の増大を試みるかの選択を迫られました。ほとんどの集団が後者を選択しました。農民は狩猟採集民であり続けることを選択した者たちを望ましくない地域へ追いやり、生き残った者はわずかでした。農業革命は今やほとんど普遍的です。ダイアモンドはこう問いかけています。飢饉に苦しむ貧農（つまり、十分な食料のない人々）の苦境が次第に拡大して私たち全員を飲み込み、農業は人間がこれまで犯した最大の過ちとみなされるようになるのではないでしょうか？

文明とあなた

5000年以上前に始まった都市の拡大（都市化）は、現在も続いています。1910年には、世界人口のわずか10％しか都市に住んでいませんでした。都市を人口30万人以上の地域と定義すると、2014年、世界人口の半分以上が都市に住んでいます。現在、人口1000万人以上のメガシティが世界に36あります。都市化の進展は、私たちの世界の特徴であり続けているのです。

都市は時代を超えて人々を常に魅了し続けてきました。その魅力とは何でしょうか？　初期の都市は健康的な場所ではなく、その人口は絶えず外から補充されなければなりませんでした。それでも人々は都市に引き寄せられ、あるいは農場の生活から押し出されていきました。今日の都市には、働き口、よりよい医療と教育があり、パートナーをより多くの選択肢から選ぶことができ、質の高いスポーツ、劇場、音楽、芸術などの娯楽が催されています。また、多様な住民が集まり、道沿いに並ぶ世界各国の料理を提供するレストランを楽しむことができます。都市はあらゆる分野でエネルギーとイノベーションが鼓動しているのです。

あなたは大都市、大きな町、小さな町、農村のうち、どこに住むことを選択しますか？　その選択の理由は何ですか？　それが何であれ、あなたの選択は、最初期の農業の発展から初期の都市国家、巨大な首都に基づく帝国、そして近代の国民国家*に至るまでの、人間の選択と必然性とが混ざり合った長い物語の一部となるでしょう。

本章の最初の問いに戻りましょう。農業が始まってから、人間とこの惑星には何が起きたのでしょうか？

第 10 章

グローバリゼーション

スレッショルド 8

1500 年から 2000 年

まず初めに、あなたは、日常生活がコンピュータ、スマートフォン、車、冷蔵庫、エアコン、洗濯機、飛行機、暖房器具といった機械に取り囲まれた国に住んでいます。国と機械は最近の発明ですが、これらはどこから来たのでしょうか？　どのような新しいエネルギー源がこれらを可能にしたのでしょうか？　これらが本章を通しての問いです。

グローバリゼーション、* つまりグローバルなネットワークの全世界への拡大は、航海者たちが地球の2つの半球を結びつけ始めた時に本格的に始まりました（それが旧石器時代にすでに始まっていたと論じる人もいます）。19世紀と20世紀には、化石燃料――最初は石炭、続いて石油と天然ガス――の燃焼に基づく工業化が進行しました。これらの燃料の燃焼は、追加のエネルギー、つまり何百万年も前に蓄えられた太陽からのエネルギーを供給しました。このエネルギー源は、人類史における全く新しい発展を後押ししたのです。

化石燃料からの追加のエネルギーは、私たちの物語の第8スレッショルドを構成するところまで人間社会とこの惑星を変えました。化石燃料の追加のエネルギーにより、地球の複雑さは再び増大したのです。

世界システム（グローバリゼーション・ステップ1）

グローバリゼーションの最初の突破口は、1492年、クリストファー・コロンブスと彼の少数の一行がスペイン王と女王の命によって大西洋を横断し、カリブ海の島に上陸した時に起こりました。この航海は、ヨーロッパとアメリカを結びました。コロンブスはさらに3回の航海を行い、入植者と家畜を運び、それを通じてスペイン人は彼らの帝国をアメリカ大陸に拡大しました。コロンブスは、目的地だったアジア沖の島々に上陸したと信じて亡くなりました。彼はヨーロッパとアジアとの間に大陸があるとは知る由もなく、それを偶然見つけた時にも、それが何であるか分からなかったのです。

スペイン人の航海者と入植者はさらに前進しましたが、新王カルロス1世からの認可をつねに受けていたわけではありませんでした。1521年、エルナン・コルテスはスペイン人の兵士を率いてアステカ帝国を倒しました。1519年から1522年にかけて、フェルディナンド・マゼランとその乗組員が世界周航を行いました。ただし、彼はフィリピンで殺され5隻の船のうちスペインに帰還したのはわずか1隻でした。1533年には、フランシスコ・ピサロとその兵士たちがインカの支配者を倒し、3年以内にインカ帝国の地域を支配しました。

スペイン人が彼らの王であるフェリペ2世に敬意を表してフィリピンと改名した地域の人々を

倒した時、地球全体を結ぶ最後のリンクが完成しました。この島々には中央政府がなく、地方の首長国だけがありました。1571年にスペイン人は港町マニラを建設しました。250年の間、マニラはアジアの財貨（絹、磁器、茶）を銀と交換し、アメリカやヨーロッパに流入する拠点となりました。マニラ・ガレオンと呼ばれる新しい型のスペイン船が、マニラとメキシコ西海岸のアカプルコの間を結んでそれらの財貨を運びました（図33「太平洋の交易路の地図」を参照）。

銀の交易はこのように機能しました。中国人は少なくとも11世紀から銀塊に裏づけられた紙幣制度を用いてきましたが、15世紀の財政危機によって紙幣が過剰に発行され、その価値はゼロになりました。そこで民間の商人や市民は紙幣の代わりに銀を使い始めます。銀の大鉱床が現在のボリビアやメキシコ、そして日本でも発見されていました。ガレオン船は年に一度、アカプルコで何トンもの銀を積み込んでマニラまで航海し、中国商人が運んできた絹の衣服、綿布、金の宝飾類、磁器、香辛料を銀と交換する取引が行われました。ガレオン船はそれらの交易品を載せてアカプルコに戻り、商人はそれらの一部を陸路でメキシコの東海岸の船まで運んで、そしてヨーロッパで売るために運ばれました。中国製品はアメリカ大陸各地の先住民や、メキシコやペルーのあらゆる階層のスペイン人のもとにも運ばれました。たくさんの銀がスペイン王のもとへ届き、そこでプロテスタントやイスラムのオスマン帝国と対立する戦闘的なカトリックの十字軍に資金供給されました。

1500年代を通じて、ヨーロッパへの銀と金の供給は増加しましたが、銀のほとんどはイン

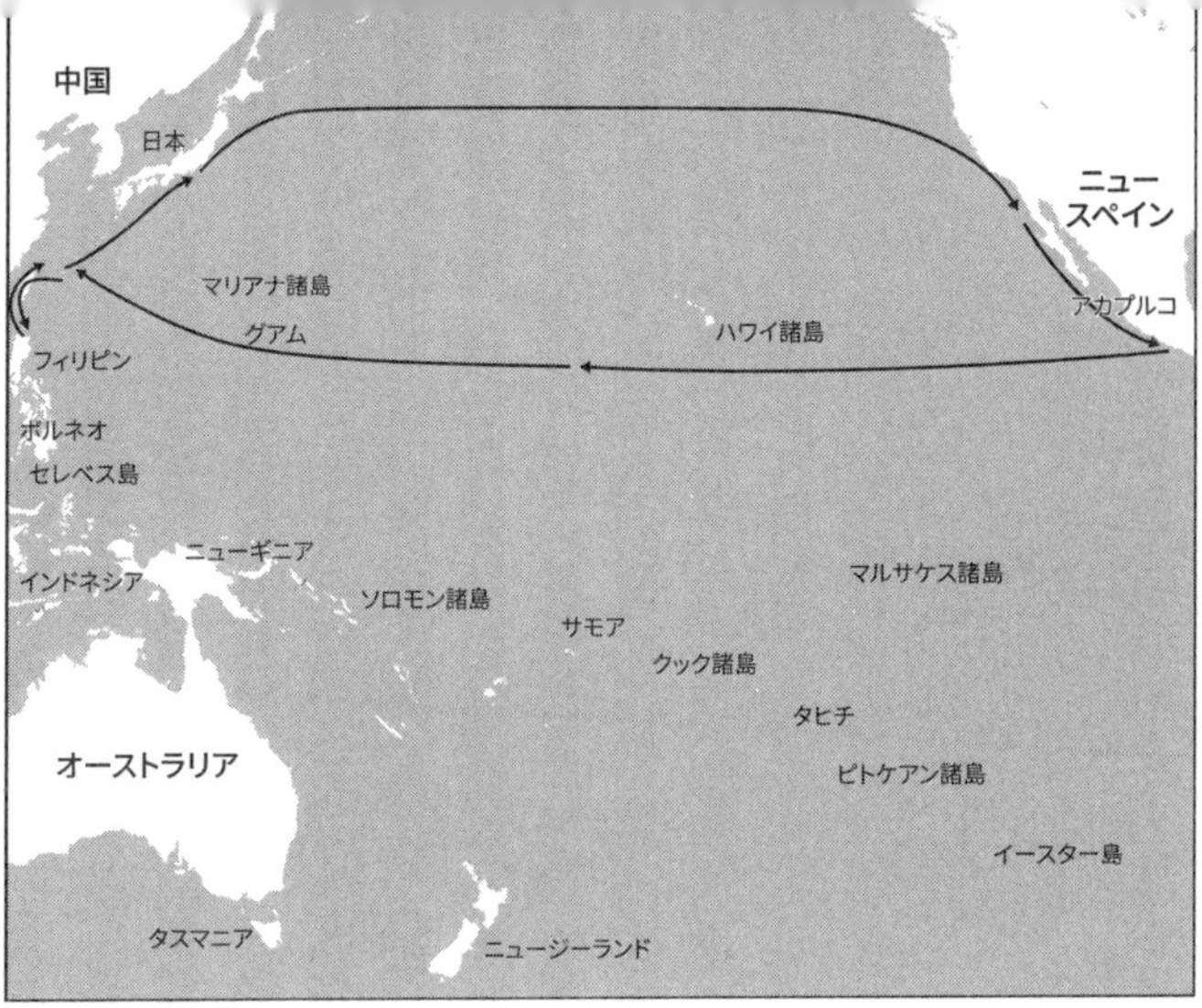

図33　太平洋の交易路の地図　マニラ・ガレオンによって、銀は大西洋やユーラシア大陸を通らずにアジアへ直接運ぶことができました。

ドと特に中国という最終市場に結びついた多数の交易ネットワークを通じて東に行きました。

1580年までには、グローバルな交易ネットワークが存在していました。ヨーロッパ人はもはやアフロ・ユーラシアネットワークの末端ではなく、交易と交換のグローバルな網の中心にいたのです。

アフロ・ユーラシアとアメリカ大陸が繋がると、大規模な交換が発生しました。歴史家はこれを**コロンブス交換***（大西洋）および**マゼラン交換***（太平洋）と呼んでいます。西半球と東半球の人々は、在来の動物、植物、そして病気を交換しました。

この交換は2つの半球で正反対の効果をもたらしました。アメリカでは、ヨーロッパ人はアメリカ先住民が免疫をもたない病気をもち込みました。これらは、ヨーロッパ人が家畜化した動物からうつされてある程度の免疫力をもっていた、天然痘やはしかのような病気でした。覚えておられるかと思いますが、アメリカには家畜化された動物はほとんどいませんでした。それゆえ、人々はそうした病気に対して免疫をもっていなかったのです。ヨーロッパ人がこれらの病気をもち込んだ時、それによってアメリカの人口は、根拠のある推測によれば、50～70％も減少しました。病気がもたらす死によって、ヨーロッパ人がアメリカの人々を征服し、彼らの天然資源を占有することが可能となりました。

他方アフロ・ユーラシアでは、アメリカからの新しい食料（ジャガイモ、サツマイモ、トウモロコシ、キャッサバ、ピーナッツ）が利用可能な食料供給に大量のカロリーを追加することができました。その結果、人口が急増しました。例えば、中国の人口は1500年代に8400万人から1億1000万人へと約30％も急増し、中国が世界最大の経済力を享受した1700年代には再び2倍以上に増えました。

産業革命（グローバリゼーション・ステップ2）

成熟したアジアの文明と帝国ではなく、小さくて競争的なヨーロッパの国家が産業革命*を始動させました。産業革命とは、化石燃料のエネルギーが人力や畜力に置き換わったことによって生じる製造、通信、輸送の変革を意味します。

コロンブス交換

アメリカからアフロ・ユーラシアへ

アボカド	ピーナッツ	
インゲンマメ	トウガラシ	タバコ
カカオ	パイナップル	トマト
キャッサバ	ジャガイモ	バニラ
シマトウガラシ	カボチャ	シチメンチョウ
トウモロコシ	サツマイモ	

アフリカからアメリカへ

アフリカイネ	オクラ	ヤムイモ
カラードグリーン	パーム油	

ユーラシアからアメリカへ

アーモンド	レモン	ウシ
バナナ	オレンジ	ニワトリ
ソラマメ	モモ	馬
チェリー	梨	ブタ
ココナッツ	プラム	ヒツジ
コーヒー	コメ	
タンポポ	砂糖	
ブドウ	コムギ	

出所：Dunn, Ross E., and Mitchell, Laura J. (2015). *Panorama: A World History*. New York: McGraw-Hill, 516.

前に述べたように、１５８０年までにはヨーロッパ人がグローバルな交易ネットワークにおいて中心的な役割を果たすようになっていました。砂糖、コーヒー、茶、タバコのようないわゆる「ソフト」なドラッグの大市場が発達しました。１７５０年までには、オーストラリアを除く世界の全ての地域が商業関係のグローバルなネットワークの一部となりました。

それから何が起きたのでしょうか？　人間は家屋や船舶の建造、調理と暖房にたくさんの木を使っていました。グレートブリテンという小さな島では、人々は木を使い果たしつつありました。そこで暖房と調理のために石炭を燃やし始めました。それが全てを変えることになったのです。

石炭は化石燃料で、何百万年も前に埋まった化石化した木の幹からできています。当時は木の幹が新しかったので、細菌はまだそれを分解できるほど進化していませんでした。木の幹が岩や土壌の下に埋まると、その重さの圧力で木の幹は石炭に変わりました。

グレートブリテンには多数の石炭鉱床があり、これらはグレートブリテンが北米大陸と地続きであったパンゲアの時代に形成されました。グレートブリテンは地下水位が高かったので、炭鉱夫が石炭を採掘しようとする時に水が炭鉱の中に入ってくるので、排水するためにはポンプが必要でした。トーマス・ニューコメンが、石炭の燃焼によって作られる蒸気で動くポンプを発明しました。１７７０年代には、スコットランド人のジェームズ・ワット（１７３６－１８１９）がこの蒸気機関を改良し、世界は工業化の時代を迎えました。何百万年もの間に蓄えられた太陽エネルギーを使うことにより、人間と動物の労働力が機械に置き換わっていきました。

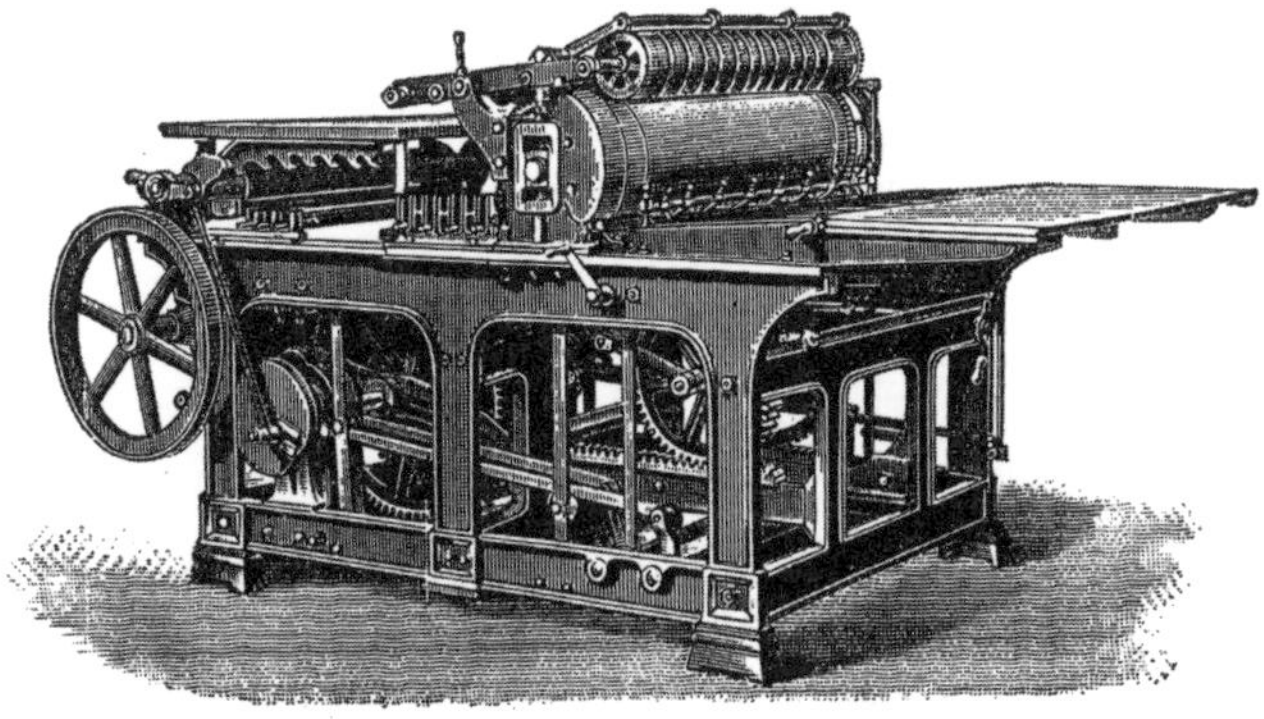

図34　印刷機　1517年以降、マルティン・ルターの95ヵ条の論題は何十万部も印刷されて、カトリック教会から分離するプロテスタントの運動が始まりました。

発明家は、綿糸から布を織る織機に蒸気機関を取りつける方法を考え出しました。その結果、1800年代半ばには、インドは綿織物の製造でもはやイギリスについていけなくなったのです。

産業革命が定着するにつれて、蒸気機関は蒸気船や鉄道に広がります。農業生産が増大し、多くの人々が〔囲い込みの影響で〕土地を追われて都市へ向かい、工場で働くようになりました。アメリカ大陸の植民地は原料と市場を提供しました。世界的な商業の拡大に対処するため、銀行と金融システムが発展しました。

イギリスはその産業上の発明を秘密にしようとしましたが、人々は機械やその設計図をこっそりもち出しました。そして、ベルギー、スイス、ドイツなど他の北ヨーロッパの国も工業を発展させました。フランスは石炭の鉱床が少なかったので、発展は比較的ゆるやかなものでした。アメリカ合衆国も独立直後に、ロードアイランドやマサチューセッツで個人企業家が繊維工場を建設しました。1800年代末までには、ロシアと日本でも工業化が始まりました。

1800年代に工業化を始めた国々は、1900年代に大国になりました。天然資源を求めて、ヨーロッパ諸国は世界の残りの地域に植民地を設立しました。イギリスは世界史上最大の非連続な帝国を形成しました。1914年には、ヨーロッパ人は地球の陸地表面の84％を占領または支配していました。最も豊かな国々と最も貧しい国々とのギャップは以前の10倍以上になっていました。

これら全ての背後にある鍵となる発明の一つが活版印刷機でした。これは最初中国と朝鮮で発達しましたが、1480年代以降、ヨーロッパで広く大量生産されて用いられました。この発明は、学習と知識を共有する速度を大きく増大させました。1500年には、236のヨーロッパの都市に印刷機がありました。ヨーロッパは知識の宝庫となりました。ヨーロッパの商人や旅行者は、世界中から得た情報を自国にもち帰りました（図34「印刷機」を参照）。

このコレクティブ・ラーニング（集団的学習）の増大は、科学的理解に革命をもたらした正のフィードバック・ループの一部でした。学者たちは、古代のテキストの代わりに観察可能な世界を研究し始めました。人間はこの惑星と宇宙についての理解を変えました。理性と個人主義を強調する1650年代から1780年代までの期間は、ヨーロッパ史においてしばしば**啓蒙**＊と呼ばれています。この時期の主要な発見には、地球が太陽の周りを公転している証拠、および地球上と宇宙全体における物質の運動の説明を可能にしたニュートンによる重力と運動の法則の統合〔ニュートンの運動方程式〕が含まれます。

近代の国民国家

工業化は全てを変えましたが、国家が組織される方法さえも変えました。単一の支配者をもつ古い文明モデルの代わりに、国民国家が出現しました。力をもった市民により選ばれた議会が、工業社会の富と力を管理しました。

国民国家は、古い文明モデルよりも複雑でした。国民国家の政府はより多くの人々を組織し、人々の生活の管理をいっそう強め、子どもにさえ学校に行くように要求しました。行政、司法、警察、軍隊を通じて行使される国と地方の政府の権力が拡大しました。同時に、国民ははるかに豊かになり、より参加を求めるようになりました。国民は投票権をもつことで市民になりました。国家宗教ではなく選挙が国家支配に正統性を与えるようになりました。議会が支配者を制約するようになります。国民国家はまた、インフラ、教育、病院、貧困者のための住居を提供しました。

国民国家は、より強制的でもあるとともに、より合意に基づくものでもあるのです。

最初の工業国となったイギリスは、国家を民主化した最初の国の一つとなり、1688年に議会を創立しました（オランダ人は、１５８１年から１７９５年にかけて、ネーデルラント連邦共和国という国家をもっていました）。イギリスでは１８００年代に、近代国家のその他の特徴が徐々に生じました。

北アメリカでは、１７７６年にアメリカ合衆国がオランダの独立宣言をモデルにイギリスからの独立を宣言して、近代国民国家を建設しました。アメリカ人には打倒すべき旧体制はありませんでしたが、人口密度が非常に低かったので中央政府の発達はゆっくりでした。

フランス人は、１７８９年の革命で旧体制を一挙に打倒しました。彼らは何年も君主制と共和制の間を行き来しましたが、一方で彼らは１８００年代初頭にナポレオンが創設した中央官僚制に依拠していました。

南アメリカでは、人々は19世紀にヨーロッパ人の支配を振り捨てて国民国家を建設しました。日本、中国、ロシアでは君主制が20世紀まで続きました。

18世紀（１７００年代）のヨーロッパでは、人間の意識に重大な変化が起きました。人々は、以前は当然だと考えていた、拷問、奴隷、厳罰のような残酷な行為に嫌悪を抱くようになりました。彼らは他人の中に自分と同じ感情を認識し始め、全ての人々には基本的人権があると言い始めました。これはなぜ起こったのでしょうか？　理由ははっきりしませんが、たぶん部分的には大量印刷が可能となった小説や歴史書の影響でしょう。

１５００年から１９００年の期間には、特にヨーロッパ人による天然資源の熱狂的な採取が見られました。経済成長は、中産階級の支配が進む国の中心的な目標になりました。**資本主義***という用語は、このシステムを指しています。政府は経済成長を促進し管理する方法を学びました。そして道路と鉄道へ資金を供給し（投資資金）、金融システムを構築し、法と秩序を確立するために介入しました。しかし政府は、発明と新しい解決策を推進すると信じる競争を抑制しないように注意を払いました。20世紀には、ロシアや中国などの政府が民間企業家に頼らず直接的に経済発展を管理しようと試みましたが、これらの試みは資本主義システムと同等の経済発展を生み出すことには失敗しました。

20世紀（グローバリゼーション・ステップ3）

1900年代に入ると、石油と天然ガスという2つの新しい化石燃料が利用可能になりました。石油は、6億年前から1000万年前にかけて海洋に生息していた単細胞の動植物の亡骸が、海底に沈み埋もれて加圧され、化石化したことによって生成したものです。天然ガスは化石化した有機体から発生したメタンが主成分で、通常は油田の近くに見出されます。天然ガスは主に暖房用として使われましたが、石油は自動車や飛行機のエンジンのエネルギー源となりました。絶えず増大する化石燃料に依拠したこれらの発明は、多くの人々の生活の制約を取り除き、近代生活の移動《モビリティ》しやすさをもたらしました。

20世紀前半の50年間、工業化した国々は、主に植民地と天然資源をめぐる競争から、2つの破壊的な世界戦争を行いました。第一次世界大戦では、ロシア、フランス、イギリスが中央ヨーロッパの大国であるドイツとオーストリア、それからオスマン帝国と戦い、他にも多くの国が巻き込まれました。アメリカは最後の年に参戦しました。中央ヨーロッパの大国は1918年に降伏しました。ロシアは君主制から共産主義国家のソビエト社会主義共和国連邦（USSR）へと変わり、労働者階級を代表する政府が社会の資源を所有しました。

戦勝国はドイツとオーストリアに過酷な戦争賠償金を課し、これらの国に負債、インフレ、そして怒りを生み出しました。ドイツではナチスが権力を握り、日本は資源を求めて領土を拡大しました。その結果、第二次世界大戦が起こり、アメリカ、イギリス、ソ連が勝利しました。

人類史における暴力

20世紀は、多くの人々にとって歴史上最も暴力的な時代の一つであるように見えました。2つの戦争が世界中を巻き込み、ナチスがユダヤ人の大量虐殺を企て、アメリカ合衆国は日本の都市に2つの原子爆弾を落としました。19世紀の工業国における進歩の後に、こうしたことがなぜ起こり得たのかと人々は驚きました。

20世紀は歴史上、本当にそれ以前の時期よりも暴力的だったのでしょうか？　あなたは暴力をどう測定しますか？　どんな証拠を使いますか？

これらの難問に挑んだのがカナダ系アメリカ人の進化心理学者、認知科学者のスティーブン・ピンカー（1954生まれ）です。彼は『人間性の善なる天使：なぜ暴力は減少してきたのか』（邦訳：幾島幸子・塩原通緒訳『暴力の人類史 上下』青土社）を著し、2011年に出版しました。

ピンカーは1人当たりの暴力、すなわち総人口に対し何人の人が暴力で亡くなったかを測ることにしました。これは暴力による死者数そのものではなく、その割合を示します。

ピンカーは、文明が始まる前の世界の平均的な暴力の割合がおそらく最も高く、推定で毎年10万人中500人が暴力により亡くなったことを明らかにしました（証拠の一つは、骨に残された暴力の痕跡です）。ひとたび近代国家が形成されると、世界の平均的暴力は年間で10万人当たり約70人に減少しました。20世紀中は多くの死者数があったものの、暴力死は10万人当たり約60人に低下しています。1970年代、1980年代のアメリカ合衆国は、10万人当たりの殺人の割合が年平均約10人でした。21世紀初頭の西ヨーロッパでは、殺人の割合は10万人当たりわずか1人です。つまり、長い時間尺度でみると、人類社会は平均するとより平和的になっていることは否定できないように思われます。

ピンカーは、さまざまな時期によって異なる複雑な社会的、文化的、経済的原因に注目しています。初期の国家の出現は部族の争いを防ぎ、近代国家の中央集権化は**文明化の過程**（社会学者ノルベルト・エリアス（1897－1990）による用語）を支えました。ピンカーは18世紀から20世紀にかけての「人道主義革命」に言及し、それは印刷機による大量の出版物に基づくものだと考えています。彼は第二次世界大戦以来の長い平和と、女性や子ども、少数民族、同性愛者、野生動物などの弱者を保護する権利革命に注目しています。

ピンカーは、共感、自制心、道徳、理性を私たちの本性における善なる天使として列挙しています。人間がお互いに引き起こしてきた全ての不幸にもかかわらず、時間の経過とともに私たちはその数を減らす方法を見つけてきました。彼は、これは私たちが味わうべき成果であり、それを可能にする文明と啓蒙主義の力を大切にすべきであると信じています。

20世紀の後半に、グローバルな交易ネットワークが復興しました。アメリカ・イギリス・ソ連以外の多くの国で工業化が始まりました。経済成長、つまり軍事力を構築し生活水準を向上させるために資源を動員する能力が、現代世界で成功する方法となりました。アメリカとソ連は、戦

図35　1980年代のコンピュータ　家庭用コンピュータが市場に参入したのは1977年です。これらのコンピュータはマルチタスクができず、主にゲーム用として使用され、1987年までにアメリカの家庭のわずか15%ほどしか普及していませんでした。

闘状態を伴わないいわゆる冷戦において激しく競争しました。しかし、アフリカ、アジア、ラテンアメリカでは、しばしば冷戦は冷たさとは程遠いものでした。その結果、多くの命が失われまた傷つきました。

　アメリカとソ連の競争は、ある重要な問いと関わっていました。生産手段を所有するソ連のような国家は、私的所有と競争市場に複雑な経済的意思決定を委ねている政府よりも、より効果的に経済成長を促進できるのでしょうか？　ソ連の経済成長は、１９３０年代には目覚ましいものでした。１９７０年代半ばまで、経済成長は鈍化しましたがまだ良好でした。その後、成長率は低下しました。１９８０年代には、ソ連は経済成長で資本主義についていけないことが明らかになりました。集権的管理は、成長の動力となるイノベーションを生み出したり認めたりすることができないようでした。ソ連の指導者は経済改革を試みたものの失敗し、1991年に崩壊して別々の国家に分裂しました。各国はそれぞれ独自の市場経済を建設し始めました。

これら政府の全ての相互作用の背後には、集合的コミュニケーションの巨大な拡大がありました。この成長は、電信（1860年代）と電話（1870年代）から始まりました。それは1900年代には農村の電化、映画、ラジオ、ペーパーバックの本、テレビによって加速しました。最初のコンピュータが1940年代と1950年代に登場し、デジタル・コンピュータは1960年代と1970年代に、アメリカの月飛行アポロ計画の副産物として登場しました。1991年にはグローバルなインターネットが機能し始めましたが、それからまだ30年も経っていません。マネー、アイディア、情報が数秒と言わずとも数分で世界を一周するため、**グローバリゼーション**という言葉が使われ始めました（図35「1980年代のコンピュータ」を参照）。

20世紀の基本的な事実を見ると、いくつもの信じられないほどの増加が見られます。世界人口は、16億人から61億人へと4倍近く増加しました。世界経済は14倍に成長しました。エネルギー利用はこの1世紀間で16倍に増大し、この人口と経済の成長を可能にしました。これらの増加の大きさは、人類の歴史において全く新しく、前例のないものでした。

20世紀の経済成長は、多くの人々に史上最高の生活水準をもたらしました。2000年時点では発展途上国の約3分の1の人々が依然として極度の貧困下で生活していますが、他の多くの国では、これまで夢にも思わなかった栄養、健康、教育、旅行の水準を達成しました。世界の平均寿命は、この世紀に31歳から66歳へと2倍以上に延びました。人間の視点からは、これは驚くべき成果です。

経済と人口の成長は、もちろん、食料の供給が大幅に拡大したことに基づいていました。農業の技術革新がそれを可能にしました。中でも最も重要なのは、20世紀初頭の肥料の製造と、高収量品種と人工肥料に基づく1960年代の**緑の革命**です。ドイツの化学者フリッツ・ハーバー（1868－1934）が、大気中の窒素と水素からアンモニアを合成することで肥料を製造しました。この工程は、高熱を得るために大量の石油を燃やすことになりました。アンモニアから硝酸塩が作られ、それが土壌の生産性を高めます。人工肥料の大量生産は、おそらくさらに20億人が十分な食料を得ることを可能にしました。しかし湖や海への肥料の流出は、水草や細菌の過度の成長を引き起こしました。それらが死ぬと、その分解により大量の酸素が消費されて他の生物が瀕死の状態となり、湖と海に死の領域をもたらします。

20世紀に成功した政府は、経済成長を推進しました。この成長は何百万年ものあいだ埋められていた太陽エネルギーである化石燃料の使用に依存しています。化石燃料は、20世紀以降に人類が乱暴に消費してきた、過去から届いた大当たりの宝くじのようなものです。

化石燃料を使用することの帰結は何でしょうか？　人類はそれをどのくらい燃やし続けられるのでしょうか？　これらの問いは、私たちを次の章へ連れて行きます。

ある世界史家のいま

文明が人間社会の支配的な形態である限りにおいて、歴史学者は通常、歴史を個々の独立した文明の物語として描いてきました。彼らは全世界の歴史を書こうとする時にもそうしました。もし興味があれば、H・G・ウェルズ、アーノルド・トインビー、オスヴァルト・シュペングラーといった20世紀の作家を調べてみてください。

文明が国家に変わり、世界がずっとグローバルになるにつれて、世界史をイメージする新しい方法が必要になりました。その先駆けとなったのがカナダ生まれのアメリカの歴史学者ウィリアム・H・マクニール（1917－2016）です。彼は文明間の文化的接触と交流に焦点を当てました。彼は最初の真の世界史の本を執筆し、ビッグヒストリーを惜しみなく支持することによって、ビッグヒストリーの道を切り開きました。

人はどのようにして歴史家になるのでしょうか？　ビル・マクニールの場合、それは単純でした。彼の父親であるジョン・T・マクニールがヨーロッパのプロテスタント教会史の歴史家だったのです。彼の息子は、はるかに大きなスケールで彼に続きました（図36「ウィリアム・H・マクニール」を参照）。

マクニールの父はカナダ東海岸のプリンスエドワード島の農場で育ちました。彼はモントリオ

図36　ウィリアム・H・マクニール　2010年、オバマ大統領は、教師および学者としての彼の並外れた才能を認めて、マクニールにアメリカ国家人文科学勲章を授与しました。

ールのマギル大学に通い、それから西海岸のバンクーバーに移って、そこでバンクーバー島出身のネッタ・ハーディと出会いました。彼らは結婚し、バンクーバーでビルが生まれました。家族はトロントに移り、そこからビルはプリンスエドワード島にある父方の祖父母の農場を夏に訪れることができました。

ビルが10歳の時、彼の家族はシカゴに移り、そこで父がシカゴ大学神学校で教え始めました。これにより、ビルはシカゴ大学のジョン・デューイによって設立された有名な実験学校〔進歩主義教育を実践する学校〕に通う機会を得ました。ビルは大学教育のためにシカゴ大学に通いましたが、その時の総長がロバート・ハッチンズでした。カリキュラムはハッチンズとモーティマー・アドラーによる2年間のセミナーに基づいており、この若い歴史家に強い印象を与えました。

すでに10歳の時、マクニールは歴史を大きなスケールにまとめようとしました。彼は人類史には何らかの循環的なパターンがあるに違いないと考え、それが何であるかを発見しようとしたのです。大学で彼はある人類学の科目を受講しましたが、その授業は、平原インディアンがどのようにスペイン人から馬を借りて新しい文化を築いたのかを彼に示すものでした。見知らぬ人から借りて古いものを新しいものと融合するというこの考えは、歴史的変化の正しいモデルのように彼には思えました。

マクニールは、ニューヨーク州イサカのコーネル大学で博士号取得のために研究しました。2年目に彼はアーノルド・トインビーの『歴史の研究』の最初の3巻を読み、それはマクニールがそれまでに経験した活字との出会いの中で、最も心を奪われるものとなりました。トインビーの説明は、彼に歴史的過去の広い新たな展望を開いてくれたのです。

マクニールは、アイルランド史におけるジャガイモの役割についての学位論文を準備していた時に、第二次世界大戦の兵役に召集されました。彼は5年2ヵ月の間、ハワイ、プエルトリコ、キュラソー（カリブ海南部のベネズエラ北岸沖にある島）、カイロ、ギリシアと世界中のさまざまな場所で兵役に従事しました。これらの経験が彼をよりよい歴史家にしました。彼はこれらの経験を通じて、自分の歴史についての大著が西欧だけでなく世界のあらゆる文化を含める必要があることを確認したのです。

戦後マクニールはコーネル大学の博士課程を終え、シカゴ大学で西欧文明について教え始めました。彼の大著の構想が心の中で泡立ち、1950年に書き始めました。彼は追求してきた循環的パターンを捨て、その代わりに文明と人々の間の接触と交流の革新的な効果を強調するようになりました。その本は、1963年に『西欧の勃興：人間コミュニティの歴史』として結実しました。それはいまだアフリカと太平洋の島々に関する内容が少ないとはいえ、最初の本物の世界史でした。

マクニールは歴史家にとって重要な続編を書き続けました。2003年、85歳の時に、息子の歴史学者であるジョン・R・マクニール（1954年生まれ）とともに『人間のウェブ：世界史の鳥瞰図』（邦訳：福岡洋一訳『世界史：人類の結びつきと相互作用の歴史 I II』楽工社）を書きました。これはビッグヒストリーへの大きな一歩でした。人間の結びつき human web のアイディアは、ワールドワイドウェブ*を思い起こさせます。それは人間の相互作用のネットワークをウェブとして見ています。それは初期農耕時代のまばらな局地的なウェブから、農業文明のより密度と相互作用のある都市のウェブ、そして今日のグローバルなウェブへと複雑性を増大させてきました。

マクニールは95歳までジャガイモを育て、2016年に98歳で亡くなりました。彼は人類の過去の理解に大きく貢献し、20世紀の中心的な知的業績を「宇宙と人間の過去に関して、以前の世代が達成したよりもはるかに適切な理解を構築したこと」（McNeill, William H. (2005) The Pursuit of Truth: A Historian's Memoir の序文、ⅶページ）であると考えました。

知のフロンティアにおける問い

20世紀後半、**生態学***がよく知られた研究分野となりました。この言葉はギリシア語が語源で、「家の研究」を意味します。生態学は生物学と地球科学の学際的な結合です。生態学者は生物とその環境の間の相互作用を研究します。生態学的研究の古典であるレイチェル・カーソンの『沈黙の春』(1962)は、殺虫剤DDTがいかに私たちの食物連鎖を害しているかを立証し、その結果、2001年にDDTの農業利用は世界的に禁止されました。

? 人々は人間を環境との関連で考え、次のように問い始めています。人間にとって地球の環境収容力とは何でしょうか? それは人間の生存を可能にするシステムを損なうことなしに、どれくらいの人数の人々を支えられるでしょうか?

環境収容力*は、生物学からの用語です。これは環境が枯渇したり劣化したりすることなく無期限に支えることができる、種の個体群の最大量を意味します。個体数が環境収容力を下回っている場合には、個体数は通常は増加します。個体数が環境収容力を上回っている場合には、通常は減少します。

人類にとっての環境収容力の計算は、多数の複雑な要因を含んでいます。それは人々の数と同様、消費水準にも関係します。また、天然資源が変化または劣化するにつれて、環境収容力も時間の経過とともに変化するかもしれません。人類にとっての地球の環境収容力の見積もりは、想定される消費水準によって大きく異なり、20億人から400億人までの幅があります。

中産階級のアメリカ人の生活は最低生活水準を上回っており、2008年の推計によれば、食料が最低水準の3・3倍、水が最低水準の250倍です。もしみんながこの水準で生活すれば、地球の環境収容力は20億人かそれより少ないと推計されます。

環境収容力を超える成長を表す生物学の用語は**オーバーシュート**です。早い段階で修正しないと、それはいずれ大量死を招きます（http://www.paulchefurka.ca/Population.html の図を参照）。20世紀末に「ああ何てことだ！　オーバーシュートはわれわれにも適用されるのだ」ということに気づき始めた人もいます。ワシントン大学の社会学者ウィリアム・R・キャットン・ジュニア（1926－2015）は、彼の重要な著作に『オーバーシュート：革命的変化の生態学的基礎』（1980）というタイトルをつけています。

？

20世紀に科学者は人間の脳を理解するために新しい領域を切り開きました。神経科学とは、神経系、脳、脊髄、末梢神経系の科学的研究のことです。神経科学は生物学、化学、医学、コンピュータ科学、数学、遺伝学、哲学、心理学を含む学際的な分野です。それは意識と、無意識の作用が意識的な思考とどのように関係しているかについて本質的に理解しようとします。それは次のような問いに答えようとするものです。神経系はどのように形成され使われるのでしょうか？　人間の認知と感情は、神経のどの部分に配置されているのでしょうか？　人間の意識はどのように生まれるのでしょうか？　ニューロンが火花を散らして結びつくことが、どのようにして意識があるという意識を生み出すのでしょうか？

20世紀末から21世紀初頭にかけて、人間の脳の研究は大きく飛躍しました。ある新技術によって、研究者は特定の脳細胞を感光性にし、閃光によって活性化することで反応を引き起こすことができます。別の技術では、マウスの脳の脂肪をジェルに置き換えることができ、そのジェルから光を入れて完全に無傷の細胞や神経線維を見ることができます。近い将来、研究者はマウスの脳、そしてついには人間の脳の完全な地図を作るでしょう。

現在、多くの研究が脳に焦点を当てています。近いうちに、人間の意識について多くの新しい洞察が発見されることに期待しましょう。

近代とあなた

あなたはグローバリゼーションによってつくり出された世界に生きています。本書を読んでいるあなたは、おそらく君主制ではなく、近代の国民国家の都市に住んでいるでしょう。国家はあなたに学校へ通うこと、健康保険に加入すること、自動車免許を取得すること、そして税金を払うことを要求します。あなたは自給自足ではなく、他人が作って売った生産物を消費しています。将来あなたはある職業を選び、あなたの仕事と引き換えにお金が支払われ、それを必要なものや欲しいものと交換するでしょう。あなたはおそらく自分自身を親族や地域集団の一員としてではなく、一人の個人と見なしています。あなたは自分の人生をできる限り自分の望むように築く自由と責任をもっていますが、他方であなたはまた、あなたを支えるコミュニティの一員なのです。

これらは、近代生活があなたに提供する贈り物の一部です。そのトレードオフにはどんなものがありますか？　たぶん最も大きいのは、あなたと自然界が明らかに遮断されていることです。もしあなたが密集した都市部のアパートやマンションに住んでいるのなら、庭や植物を育てる手段をもっていないかもしれませんし、野生動物との関わりは言うまでもないでしょう。十分な富をもっている人々は、原生自然を探検したり、ハワイのビーチで休暇をとったりすることもできます。そこで彼らは一時的に、はるかに大きな全体、つまり完全な自然界の一部を感じることができるのです。

しかし、現代の都市にあっても、あなたは依然として自然の一部なのです。あなたは食べ物、水、空気、気候、鳥、木、そしておそらくネコやイヌとも、親密に触れ合っています。他の人々もまた自然の一部です。秘訣は、あなたが人間として機械と関係することが、あらゆる人間活動を支えている自然環境に対するあなたの意識を打ち消してしまわないようにすることです。人類がこの惑星の資源の限界に近づくにつれて、多くの人が自然界と自分たちとの結びつきに再び気づき始めています。

本章を通しての問いに戻りましょう。国や機械はどこから来たのでしょうか、そしてどんなエネルギー源がそれを可能にしているのでしょうか？

第 11 章

未来

さあ、私たちはあなたにとって最も関心があるかもしれない地点、つまり未来に到達しました。私たちはどこへ向かっているのでしょうか？　近い将来、人類とその他の自然界は、どこへ向かおうとしているのでしょうか？　あるいは遠い未来では？　これらは私たちの誰もが答えてほしいと思う問いです。それが本章を通しての問いになります。

一つだけ確かなことがあります。私たちは、証拠に基づいて未来を知ることも予言することもできないということです。私たちは未来についてのデータをもっていません。私たちは、あまりにも複雑であるために現在を描くことすらできません。私たちができる最善のことは、現在の長期的な傾向をできる限り正確に特定しようと努め、それを起こり得る可能性として未来に投影することです。

	1人当たりのエネルギー使用量
狩猟社会の人間	203
原始農業社会の人間	480
先進的農業社会の人間	1,040
工業社会の人間	3,080
情報社会の人間	9,200

図37　人類史におけるエネルギー消費　この表と次の表の数字は暫定的な推定値です。時代を追うごとに人類のエネルギー使用量が著しく増加してきたことを理解するためには、この1人当たりエネルギー使用量に総人口を掛ける必要があります。

現在

いまから60年近く前、私が大学生で歴史を研究していた時、50年前より最近のことは全て歴史学ではなく、社会学や政治学の学問分野に属すると教わりました。最近の出来事を歴史として分析できるほど距離を置く方法がただ単に歴史家にはないのだ、と教授たちは言いました。

この警告を心に留めながら、現在について考えてみましょう。私たちは逆説の時代に生きているように思われます。20世紀には、多くの人々に生活水準と平均余命の大幅な上昇が見られました。富者と貧者の格差が拡大しているとはいえ、少なくとも適度な快適さで暮らしている人は増えています。短期的な人間の視点からすれば、これは大きな成果を示しています。しかし、消費のこの膨大な増加は、生活が再び過去と同じように困難で貧しい未来を招くという副作用をもっているかもしれません。

ビッグヒストリーの物語は、エネルギーの流れが増大するにつれて、複雑さと脆弱さの両者が増大するというのが全般的な流れであるように思われます。歴史のそれぞれの時期において、個人がどれくらいのエネルギーを使っていたかの推計を見てみましょう（図37「人類史におけるエネルギー消費」を参照）。

もちろん、2011年のエネルギー使用量は場所によって大きく異なります（図38「2011年における世界のエネルギー消費」を参照）。

技術文明の決定的な特徴は、エネルギーを集約的に採取する能力です。第10章で描かれたように、人類は何百万年ものあいだ蓄えられてきた太陽のエネルギーを利用するために化石燃料を燃やしています。このプロセスは、二酸化炭素を大気中に放出します。二酸化炭素は、太陽の光が大気を通って地球に来るのはそのままにさせておきますが、その放射熱を大気から逃がすことはしません。熱はまさに植物の温室の中のように蓄積されます。ガラスも日光が入るままにさせますが、熱は逃がさないからです。それゆえ現在の地球温暖化は、**温室効果***として知られています。

あなたが車を運転したり、食事を作ったり、電気をつけたりする時はいつでも、少量の二酸化炭素を大気中に放出しています。炭素ベースの燃料は現在、大半の自動車、ジェット機、船、そしてほとんどの発電所にエネルギーを供給しています。地球の歴史において、単一の種がこれほ

	1人当たりのエネルギー使用量
世界	2,506
バングラデシュ	279
オランダ	6,185
米国	9,358
カタール	23,727

図38　2011年における世界のエネルギー消費　この表は世界のさまざま国々のエネルギー使用量のギャップないし格差を示しています。バングラデシュの人々は、カタールの人々が何をもっているか想像できるでしょうか？
出所：*International Energy Agency, Key World Energy Statistics*, 2013.

どの物質とエネルギーを使用したことはなく、前例のない状況です。次に何が起こるのか、気になるのも不思議ではありません。

人口に起きていることも、もう一つの重要な傾向です。20世紀には人口が4倍に増え、これまでの人類史で最も速く増加しましたが、現在は増加率が鈍化しています。

死亡率によりますが、出生率*が2・1から2・3であると人口が増加も減少もせずに置換し安定します（出生率とは、1人の女性が生涯にもつ子どもの数の平均です）。2013年には、75ヵ国が人口置換水準かそれ以下でした。例えば、日本の出生率は1・39、中国は1・55、EU諸国は1・55、ロシアは1・61、ブラジルは1・81、イランは1・86、米国は1・86でした。

しかし、世界人口はいまだに増加していま

す。出生率が最も高いのはサハラ以南のアフリカで、今後予測される増加のほとんどがここで生じるでしょう。いくつかの主な予測は、２０５０年までに世界人口が90億人に達する可能性が90％あるということで一致しています。

出生率は都市生活と関連しているようです。都市の女性がもつ子どもの数はより少なく、もし都市化と開発が続けば、少なくとも２０５０年までにほとんどの国が人口減少を経験するでしょう。人口減少は市場の縮小、労働者の減少、ケアすべき高齢者の増加をもたらします。都市化が続くためには、食料生産を増加させ続けなければなりません。しかしながら、食料生産はこれまで農薬、肥料、水を大量かつ持続不可能なレベルで利用することに依拠してきました。出生率が今後どうなるかの見通しは非常に不透明です。

政治面では、グローバルな状況は20世紀後半におけるアメリカとソ連という2つの超大国による競争から変化していきました。いまや中国・インド・ブラジル・イランなどの新たな強力な国々が、多元的な世界情勢の中で有利な地位を得ようと米国・ロシア・欧州と争っています。国家はグローバルなネットワークでより緊密につながっています。

技術面では、現在私たちは信じられないほど急速な技術革新を目の当たりにしています。それはおそらく、20世紀半ばの原子爆弾と原子力発電の開発から始まりました。１９９０年には、コンピュータのワールドワイドウェブが運用を開始しました。詳しくは用語集を見てください。コンピュータは人間の生活の多くの側面を予測不可能な方向に変化させているようです。いまや手持ちサイズのコンピュータ（スマートフォン）がコミュニケーションの質を変えつつあります。太陽光パネルはより多くの太陽エネルギーを取り込むようになっています。機械が車を自動運転するようにプログラムされつつあります。変化の速度があまりに速いので、この先何が起こるかを予測することができなくなっています（ロボット工学と人工知能*〔ＡＩ〕について、より詳しくは次章を見てください）。

経済面では、世界中のほぼ全ての国が取引を行うために資本主義システムを利用しています。中国とソ連における共産主義の終焉により、資本主義が支配的な経済システムとなりました。資本主義は富者と貧者の間の不平等の増大と大きな富の格差を生み出しました。２０１３年、世界の85人の最も豊かな個人の純資産は、この惑星の35億人の最も貧しい人々のそれと同じ額でした。

資本主義は、投資家に利益をもたらすために、経済成長を行う必要があります。成長とは、製品の数とそれを買う人の数の増加を意味します。それはまた、製品を生産するために、より多くの自然の恵みを利用することを意味します。ここに困難があります。私たちの経済システムは、惑星が蓄えてきた自然の限界に直面しているのです。

この経済システムはまた、債務の限界にも直面しています。貨幣はもはや金や銀のような自然の要素と結びついていません。貨幣は銀行が無から創造する負債の増大によってシステムに追加されます。２０００年以来、世界の債務は国内総生産（ＧＤＰ：生産された全ての財・サービスの貨幣価値）のほぼ7倍に増大しました。

74億人分の食料を生産するために、人類は何千年もかけて蓄積された地下帯水層の地下水を使い尽くしつつあります。私たちは、大量の化石燃料の燃焼が必要な人工肥料を使っています。人工肥料は、推計で20億人の人々を養っています。

化石燃料の広範に及ぶ使用は、現在間違いなく起きている気候変動の原因の少なくとも一部です。私たちは、過去1万年間の異常に安定した気候の終わりに達しつつあるのかもしれません。私たちは新しい気候への適応に直面しています。それは予測できませんが、私たちの食料生産を困難にし、より極端な天候をもたらし、病原菌をもった虫を増加させ、おそらく海岸都市を水没させるでしょう。現在は前例のない変化、挑戦、そして不確実性の時代であり、それは私たちが大きな移行期、つまりスレッショルドに近づいているためかもしれません。

加えて科学者は、人類が惑星の資源をあまりにも多く奪ってしまったために、他の種の大量絶滅が起こりつつあると警告しています。絶滅に向かっている種の数があまりに多いので、これは5億5000万年前以来6回目の大量絶滅*に相当します。推計で毎年2万5000種、1日に50種以上が姿を消しています。過去40年間に地球は動物の半分を失いました。温暖化、有害化学物質とプラスチック、漁業のために海底を浚《さら》うことが海洋を損なっているので、そこに生きる生命は崩壊寸前です。

多くの人々が、この画期となる時代に、人間が支配的な力となる時代、すなわち**人新世***という新しい地質学的名称を与えているのも不思議ではありません。

人新世：人間の時代

オランダ人のノーベル賞受賞者で大気化学者であるパウル・クルッツェン（1933－2021）は、人間が地質学的プロセスを大きく変えている時代の名称として人新世という用語を広めました。彼はこのプロセスを、ワットが1784年に蒸気機関を改良したことを特徴とする18世紀後半に始まったと主張しています。

クルッツェンは科学界における世界的なスーパースターです。彼の両親は近隣諸国からオランダに移住してきました。彼の父親はウェイターとして働き、彼の母親はハウスキーパーや病院の厨房で働いていました。アムステルダムでクルッツェンが受けた学校教育は、第二次世界大戦中は混乱していました。彼は橋と住宅の建設に従事し、スウェーデンの女性、テルトゥ・ソイニネンと結婚し、25歳でスウェーデンに移住しました。スウェーデンで彼は、世界で最も進んだコンピュータ研究所に就職し、最終的に大気化学の博士号を取得しました。

クルッツェンはオランダ語に加えてドイツ語、フランス語、英語を学びました。彼はスウェーデン、イギリス、アメリカ、韓国、ドイツで働いてきました。彼の研究はオゾン層の破壊に関するものであり、1995年にノーベル化学賞を受賞しました。

もう一人の教授であるユージーン・F・ストーマー（1934-2012）は、実際に人新世という用語を作り出した人物です。彼はミシガン大学で生物学を教えていました。クルッツェンは、ノーベル賞受賞者としての自分の知名度を利用して、この用語を国際的な科学界でよく知られるようにしました。彼が純粋な自然だけを研究しようとしても、彼が選んだトピックはいつも何らかの形で人間に関係していたので、彼は人間の時代であるという考えを支持しました。純粋な自然は残っていないかのようでした。

クルッツェンは人新世を地質学用語として提案しています。なぜならば、地球時間の大規模な区分に名前をつけるのは地質学者だからです。私たちは今、完新世（1万1700年前から現在まで）と呼ばれる時代にいます（時間の尺度の簡略版は https://stratigraphy.org を参照）。

人新世という用語が正式のものになるには、地質学者たちが自分たちの組織を通じてその用語を採用する必要があります。それを決定するのは、国際地質科学連合（IUGS）の下部組織である国際層序委員会（ICS：地層とその岩石の研究）です。

今のところ、人新世は広く使われている非公式の用語であり、それがいつ始まったかについての合意はありません。地質学者がこの用語を正式に採用するには、その時代がいつ始まったのか、そしてそれを立証するために自然物のどのようなマーカーを利用できるのかを正確に決定しなければなりません。彼らはそのようなマーカーをゴールデンスパイクと呼んでいます。

マーカーとして何を使用したらいいのでしょうか？　クルッツェンたちは産業革命を提案しています。しかし、産業革命以来の大気中の二酸化炭素の上昇は、正確に年代を決めるにはあまりにもゆっくりとしたものです。

核兵器の実験による放射性降下物が頂点に達した1964年をマーカーとして使用することを提案する人もいます。地質学者たちは多くの鉱床で放射能を確認することができます。これはよいマーカーですが、核戦争ならともかく、核兵器の実験はまだ地球を変える出来事にはなっていません。

ロンドン大学の科学者たちは、最近の研究（『ネイチャー』誌、2015年3月号）で、1610年が適切な年代になると提案しています。彼らは1492年に始まった東西両半球の結合と、それに続く植物、動物、病気の交換が、地球を変える出来事であったと主張しています。彼らは、南極の氷床コアの記録で得られた大気中の二酸化炭素濃度の顕著な低下を示すゴールデンスパイクを見つけました。その低下は、ヨーロッパ人がアメリカ大陸に到着したことでもたらされた天然痘が原因となり、その結果、数十年以内に推定で5000万人の先住民に死をもたらしたことで起きました。農業の衰退と森林の再成長により、大気中からゴールデンスパイクのマーカーとなるのに十分な二酸化炭素が除去されたのですが、彼らはこれをオービススパイク（オービスはラテン語で「世界」を意味します）と名付けました。

この議論は、国際層序委員会を説得できるでしょうか？　引き続き注目しましょう。

可能性の高い短期的シナリオ

これまで示してきた傾向を、未来にどのように投影できるでしょうか？　人口の大きさから始めましょう。

世界人口の増加速度は鈍化しています。現在の予測では、人口は２０５０年頃に、それまでに限界に達しなければ、約90億人で安定すると見られています。安定化は都市化の進行、利用可能な避妊法、女性の労働状況、子どもに代わって高齢者を支える信頼性ある年金と関連しているようです。２０５０年以降を見ると、推計はさまざまです。人口は２０７５年頃に約94億人でピークに達し、その後は減少するという人もいます。80％の可能性で１２３億人にまで増加するという人もいます。２０５０年以降は人口が減少するという人もいます。

私たちは過去5億５０００万年で6回目の大量絶滅期に生きているようですので、それが今後も続くと予測できます。ホッキョクグマ、チンパンジー、トラ、パンダ、ゾウ、ザトウクジラがいずれ絶滅の運命に追いやられるでしょう。どれくらいのスピードでそれが起こるでしょうか？食物連鎖の頂点にいる哺乳類として、人間もまた大きなリスクにさらされています。

気候変動の進行速度が以前の予測よりも速く進んでいます。将来、この速度がどうなるのか、鈍化し緩やかなものになるのか、正のフィードバック・ループが働いて急速に速度が増すのか、誰にも分かりません。

楽観主義者は、人類は持続可能なエネルギーに基づいて、現在の危機のボトルネックを乗り越えて未来へと進む道を見出すだろうと考えています。このシナリオは、驚異的な技術革新の結合、世界人口の減少、消費水準の抑制、炭素を排出する枯渇性の燃料から太陽光・風力・潮力などの再生可能燃料への転換を必要とすると思われます。

楽観的な展望の例は、レスター・ブラウンらの著書『大転換：化石燃料から太陽光・風力エネルギーへ』（２０１５）（邦訳：枝廣淳子訳『大転換：新しいエネルギー経済のかたち』岩波書店）です。ブラウンは以前はトマト農家でしたが、ロックフェラー財団から助成金を得て１９７４年にワールドウォッチ研究所を設立しました。それ以来、彼は世界の状況と何をなすべきかについての定期的なレポートを発行してきました。

ブラウンは『大転換』の中でエネルギー転換*が軌道に乗っていると論じています。それは石炭と石油によって動く経済から太陽光と風力を動力源とする経済への、グローバル経済の大規模な再編です。制御不能な気候変動を回避するために、半世紀かかる変化を次の10年間に圧縮しなければならないと彼は述べています。彼は、政府がこの転換の開始を支援する必要がありますが、すでに自由市場がそれを前進させつつあると考えています。

１９５４年にニュージャージー州のベル研究所が最初の実用的な太陽電池（ＰＶ）セルを作りました。いまや中国が、世界のＰＶセルの３分の２以上を生産しています。こうしたセルの生産コストは劇的に低下しており、ブラウンはエネルギー転換が予想よりも速く進んでいると考えています。重要な問題は、エネルギー転換が、世界が破局的な気候変動を回避するのに十分なほど速く進むかどうかであると彼は述べています。それは時間が経ってみないと分かりません。

現在の技術革新の洪水が続いて、ロボット工学や人工知能がついには人間と機械の融合をもたらすと予測するグループもあります（これは悲観的なのか、楽観的なのか、どちらでしょうか？）。人工知能についてのより詳しい情報は「知のフロンティアにおける問い」の節を見てください。

アメリカの宇宙物理学者ローレンス・Ｍ・クラウス（１９５４年生まれ）は、あり得る悲観的なシナリオを次のように提示しています。

手に負えない人口爆発がつづくとともに、地球が温暖化し汚染され、資源がますます乏しくなっていったうえに、迷信と神話が論理と理性に勝利したりすれば、荒廃をもたらす戦争が頻発し、ことによると私が述べた段階（知的で自意識をもち、自己プログラミングができるコンピュータマシンの創造）まで技術進歩が達しないうちに科学的思考を抑圧する神権政治体制が樹立されるかもしれない。

クラウス（2001）『原子：ビッグバンから地球生命、そしてその後の酸素原子の冒険旅行』（邦訳：はやしまさる訳『コスモス・オデッセイ：酸素原子が語る宇宙の物語』紀伊國屋書店、286頁。右は、はやし訳。ただし、かっこ内はブラウンによる補足であり、翻訳は訳者による。）

最も悲観的な予測は、人類はすでに気候の安定性を広範に破壊している可能性があり、人類文明にとって破局的な気温上昇を回避できないことを示唆しています。イギリスの独立科学者ジェームズ・ラヴロック（1919－2002）の予測はこの部類に入ります。ただ、2014年に彼は考えを改めるようになりました。

短期的に重要な問題は、人類が地球システムの範囲内で生きる持続可能な道を見つけられるかどうかであると思われます。もし私たちが再生可能エネルギーを使っていたとしたら、現在の豊かな社会にあるよりも資源は限られていたでしょう。このゴルディロックスの限界の範囲内で生活することにみなが合意するでしょうか？　豊かな社会の人々は、慣れ親しんだ生活様式を変えるでしょうか？　気候は変化しています。私たちは変化できるでしょうか？

最も可能性の高いシナリオは、上述の全てが結びつき、予測できないやり方で相互作用するシナリオのように思われます。驚くべき発展に期待しましょう。

中長期的シナリオ

数千年先の中期的な出来事は、予測するのが最も困難です。未来について考える私たちの能力は、この範囲だと思考停止になります。残されているのは多数の推測とサイエンス・フィクションの物語で、非常に暗いもの（ディストピア）から非常に希望にあふれたもの（ユートピア）まで幅があります。

？

現代の映画は、人類が未来をどうイメージしているかを見るにはよい場所です。例えば次の映画を観てください。『her 世界で一つの彼女』（ある男がオペレーティング・システムの声と恋に落ちます。映画の中で、その声は人間が興奮する以上に世界に興奮しているように見えます）。『エクス・マキナ』（ある男がロボットのエヴァと恋に落ちます。彼は彼女が人間を模倣できるかどうかを確認するためのテストに参加していました）。『インターステラー』（地下につくられたＮＡＳＡのセンターが地球の気候変動を免れた後、居住可能な他の惑星を発見するために旅をする）。

本も未来のビジョンを発見するためのよい場所です。アラヤ・ジョンソンの『夏の王子』（２０１３）、カズオ・イシグロの『わたしを離さないで』（２００５）、マーガレット・アトウッドの

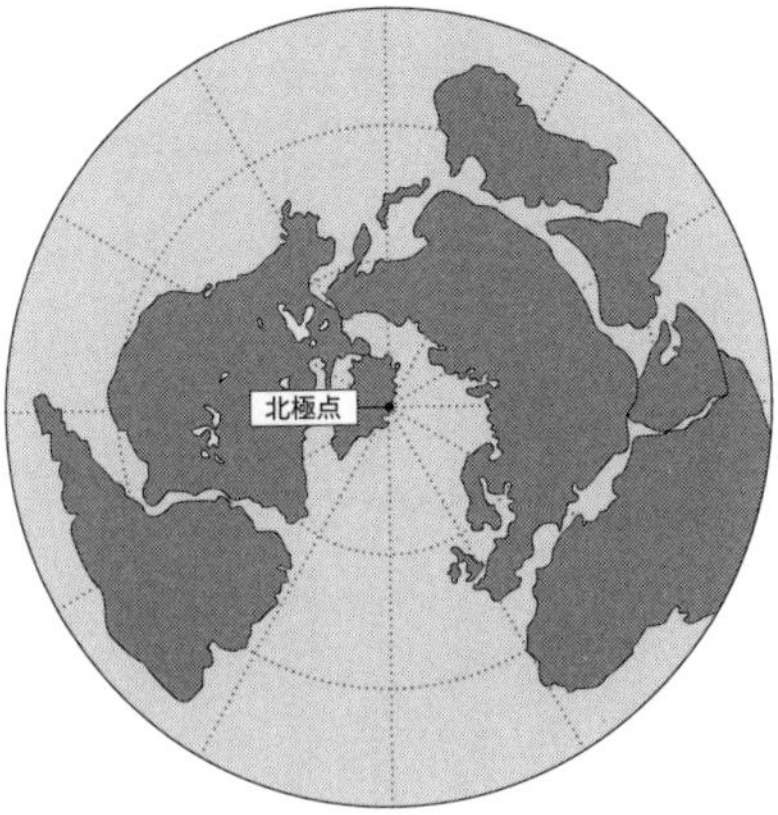

図39　新たな超大陸の地図　これは1億年後に形成されるかもしれないアメイジア大陸を地質学者がどうイメージしているかを示しています。

『洪水の年』（2009）を借りてみてください。

驚くべきことに、数億年から数十億年後の長期的な遠い未来、私たちの人間種がいなくなったあとの未来を考える時、私たちはより自信をもって予測できるようになります。気候が温暖化と寒冷化の間を変動し、大陸が動き、海洋が拡大・縮小し、小惑星が衝突し、火山が噴火し、絶滅が生じ、新しい種が現れるというのが全般的なパターンのようです。5万年後までには、少なくとも1個の大きな小惑星が地球に衝突すると予測されています。10万年後までには火山の大噴火が見込まれます。5000万年から2億年ほど先にジャンプすると、諸大陸が結合して新しい超大陸を形成すると考えられています。

大陸は毎年2・5～5センチメートルずつ

動いているので、6000万年では約1600キロメートル動きます。地質学者は現在の動きを投影して、大陸は再び超大陸へと再結合すると予測しています。正確な配置については彼らの意見は一致していません。あるバリエーションはアメイジア、別のバリエーションはノヴォパンゲアと名付けられています（図39「新たな超大陸の地図」を参照）。

10億年後には、太陽がさらに熱くなり、海が蒸発してしまうでしょう。20億年後には、太陽は現在よりも40％明るくなり、水が地球からなくなってしまい、地表は焼けて不毛地帯になるでしょう。

40〜50億年後には、太陽は大量にあった水素の層を燃やし尽くしてしまい、内部の圧力が低下します。それは太陽の膨張を引き起こし、太陽はヘリウムを燃やし始めます。太陽はまず水星を、次に金星を飲み込みます。地球の運命ははっきりしません。地球は太陽に飲み込まれて蒸発してしまうかもしれませんし、太陽がその一部を噴出して地球は太陽から遠ざかり、不毛な燃えカスとして新しい軌道に移るかもしれません。

50億年後の未来には、天の川銀河は最も近い銀河であるアンドロメダと交錯するでしょう。両銀河にはたくさんの空間があるので、それほど多くの星は衝突しないかもしれません。しかし、引力が銀河全体の形を変えてしまうでしょう。

ほぼ同じころ、太陽はヘリウムを使い尽くし、コアは炭素分子を作るのに十分な温度で爆発して崩壊し、それらは次の恒星が生成する材料として宇宙にばらまかれます。その後高密度のコアが地球ほどの大きさの白色矮星として残るでしょう。

それがいつになるかは誰にも分かりませんが、いずれ恒星の生成は終わります。宇宙の最終的な運命について、科学者の考えは分かれています。それは不可知なのかもしれません。一つの広く受け入れられているシナリオは、ダークエネルギーにより宇宙が永遠に拡大するというものです。恒星は消滅して化学物質の雲とブラックホールになり、ついには漏れ出してしまうかもしれません。数十億年の数十億倍の数十億倍の年数後、物質は蒸発して素粒子となり、それが崩壊して均一な低レベルのエネルギーになります。宇宙はより大きく、そしてより単純になり、私たちが享受してきたエネルギーの不均衡も複雑性もなくなります。

しかし実際には、ダークエネルギーの特性を知ることなくして、宇宙の究極的な運命について確かなことは分かりません。宇宙は無限に膨張するのでしょうか？　宇宙は崩壊し、それが始まった時の非常に高い熱と圧力の状態に戻るのでしょうか？　宇宙はばらばらになるのでしょうか？

それでは私たちはどこへ向かっているのでしょう？　あなたはこの問いにどう答えますか？あなたは科学が宇宙の未来について与える説明に満足しますか？

未来学のいま

現在、**未来学**と呼ばれている科学があり、フューチャリストにはアカデミックな職業もあり得ます。フューチャリストには多くのさまざまな方向性の人がいます。学者やアナリスト、アドバイザー、唱道者、活動家がいます。

フューチャリストは歴史家と同じように、変化と連続性の諸力を研究しています。しかしフューチャリストは、これらの力がいかに結合して未来を創造するかに焦点を当てます。彼らは多くの別の未来があり得ることを認識しており、あらゆる可能性に対する洞察を得ようとしています。

未来に関心をもつ人々の初期の組織の一つに、ローマクラブ*と呼ばれるものがあります。1968年にローマにある、ローマクラブの創始者アウレリオ・ペッチェイの邸宅で設立され、未来に対する共通の懸念を共有する世界市民のグローバルなシンクタンクです。そのミッションは、人類が直面する重大問題を特定して世に伝えることです。

1972年、ローマクラブは『成長の限界：人類の苦境に関するローマクラブ・プロジェクト報告』（邦訳：大来佐武郎監訳『成長の限界：ローマクラブ「人類の危機」レポート』ダイヤモンド社）と呼ばれる報告書を発表しました。これは、マサチューセッツ工科大学（MIT）で行われた研究に基づき、地球を単一のシステムとして表現した最初のコンピュータモデルの一つでした。MI

Tの設計者は、人口、エネルギーを含む資源、1人当たり食料生産、1人当たり工業生産、そして汚染の5つの変数をコンピュータモデルに用いました。彼らはさまざまなレベルの推計を行いましたが、どのケースでも結果は人類の崩壊でした。彼らが標準モデルと呼ぶモデルでは、食料と工業生産は2020年頃まで増加しますが、それから減少します。人口は2070年にピークに達し、そして崩壊します。このレポートから最初の30年間、いくつかの資源が予測された速さでは枯渇しなかったことを除いては、世界の動向はこの予測にほぼ近い形で進みました。

知のフロンティアにおける問い

? 人間の遺伝子操作は行われますか?

1997年、アメリカの生物学者リー・シルヴァー(1952年生まれ)が執筆した『エデンの再創造:すばらしい新世界におけるクローンとその先』(邦訳:東江一紀・渡会圭子・真喜志順子訳『複製されるヒト』翔泳社)が出版されました。14ヵ国語に翻訳されたこの本は、より賢く才能があり魅力的な子どもを作るためにヒト遺伝子工学(HGE)を提唱し解説しています。選別的な養育、もしくはDNAの改変と胚の選別によってこのシナリオを完遂します。シルヴァーは富者だけがこれをできると想定し、「遺伝子富者」と彼が呼ぶ人口の10％程度の階級が生み出されるとしました。残りの人々は「ナチュラル」です。

デザイナーベビーを作ることは可能で、近年の進歩によりはるかに容易になりました。しかしこれは私の知る限りまだ行われていません。というのも大きなリスクがあるからです。一つは、ほとんどの遺伝子は二つ以上の効果をもつので、遺伝子を微調整することの副作用を予測するのが不可能なことです。もう一つは、手術が極めて高額であることです。賛成派は、いずれ誰かがそれを行うだろうと信じています。多くの国がＨＧＥを禁止する法律を制定しましたが、まだ国際的な禁止条約はありません。

? 人工知能は人間の知能と同等か、もしくはそれを上回るのでしょうか?

遺伝子工学と密接に関連しているのが、**人工知能**と呼ばれるコンピュータの発展です。こうしたコンピュータは、音声認識、視覚認識、意思決定、言語翻訳など、通常は人間の知能を要するようなタスクを実行します。これらの発展は、人間の認知能力を上回る知性として定義される、ある種の超知性をもたらすかもしれません。これは遺伝子工学による人間知性の改善によって生じるかもしれませんし、人間とコンピュータの結合、あるいはコンピュータの操作だけで生じるかもしれません。現在コンピュータはチェスで人間を打ち負かすことができます。コンピュータは医療の判断をサポートし、過去の選択に基づき本や音楽を推薦できます。ロボットは家の中を掃除し、芝を刈り、人の顔を認識し、爆弾を落とし、株取引を行うことができます。おそらくこれまでで最も偉大な人工知能機械であるグーグル検索エンジンなしに、私たちの生活は成り立つでしょうか？

もし機械が人間よりも優れた知性を獲得したら、大きな危険が生じます。これは果たしていつ起こるでしょうか？　２０５０年までに機械が人間と同等の知性をもつ可能性は50％であると考える専門家もいます。その後に超知性はどのくらいの速さで発達するでしょうか？　数年以内という人も、おそらく30年以内だろうという人もいます。誰にも分からないのです。

？　長距離宇宙旅行は実現するでしょうか？

月への有人飛行が最後に行われてからほぼ半世紀がたちました。２０１０年にオバマ大統領は、２０３０年代にアメリカが火星軌道に人間を送るという見通しを示し、火星探査ミッションの構想を打ち出しました。費用には言及していませんが、最初の検討では約１０００億ドルとなっています。

現在の見積もりでは、火星まで行くのに約９ヵ月かかります。帰還にはさらにかかるでしょう（火星が太陽を周回するのにかかる時間は地球の約2倍です。この2つの惑星の間の距離は５６００万キロメートルから3・2億キロメートルまで変動します)。科学者は、火星を居住可能にするのに十分な補給とともに、帰還するのに十分な燃料をいかに運ぶのかを確定させる必要があります。

エンジニアはカプセルとロケットエンジンの改良に取り組んでいます。火星や他の惑星を居住可能にすることを**テラフォーミング**といいます(テラはラテン語で「地球」という意味です)。そのためには地表の下にある氷を溶かすための核爆発や、太陽熱を集中させるための巨大な鏡を軌道上に設置すること、火星で棲息できる細菌を散布することが含まれるかもしれません。

2003年、中国は米国とロシアに続いて、宇宙空間に宇宙飛行士 astronaut を送った3番目の国となりました。(astronaut はギリシア語の「星の船乗り」に由来します。ロシアの宇宙飛行士は英語で cosmonaut といいます。中国では taikonaut といい、これは「大きな空虚」を意味する taikong とギリシア語の「船乗り」を組み合わせたものです)。2003年以来、中国の宇宙計画は着実に発展してきました。中国は地球軌道上に独自の宇宙ステーションを有し、月と火星への探査ミッション計画をもっています。

他の恒星への飛行は、火星よりも一層大きな挑戦です。最も近い恒星はもちろん私たちの太陽です。次に近いのは、アルファ・ケンタウリAとB、およびプロキシマ・ケンタウリから構成される、重力で繋がれた三重星系です。プロキシマ・ケンタウリは4・24光年離れています。もし飛行者が、私たちの現時点で最速の時速4万8300キロメートルの宇宙船を使うと、到着までだいたい10万年かかります。私たちの大好きな映画は、宇宙船がある星から別の星へ素早く動くところを描いていますが、私たちが他の恒星を訪れることは当分ないでしょう。フレッド・スピールが指摘するように、「現在のところ、長距離宇宙飛行のゴルディロックス条件は存在しない」可能性が極めて高いです。

?

人々は現代のグローバル社会が必要とする巨大なエネルギーの流れを生み出し管理できるでしょうか？　私たちは生命圏全体を管理できるほど賢いでしょうか？

ドレイクの方程式

第6章で指摘したように、多くの天体物理学者や宇宙生物学者は、ある種の生命体が宇宙の他の場所にも存在しているはずだと考えています。もちろん、細菌の生命体は、高度に意識的、知的な生命体とは大いに異なります。20世紀後半の数十年に、数名の科学者たちが、他の場所にいる知的生命体を見つける方法を真剣に検討し始めました。

他の場所の知的生命体と宇宙空間を通じて交信するには、何が最も効果的な方法でしょうか？　ある天体物理学者らは、電波のマイクロ波周波数を使用するのが有効だろうと判断しました。彼らは、意図的な宇宙電波信号を示す可能性があるマイクロ波の異常

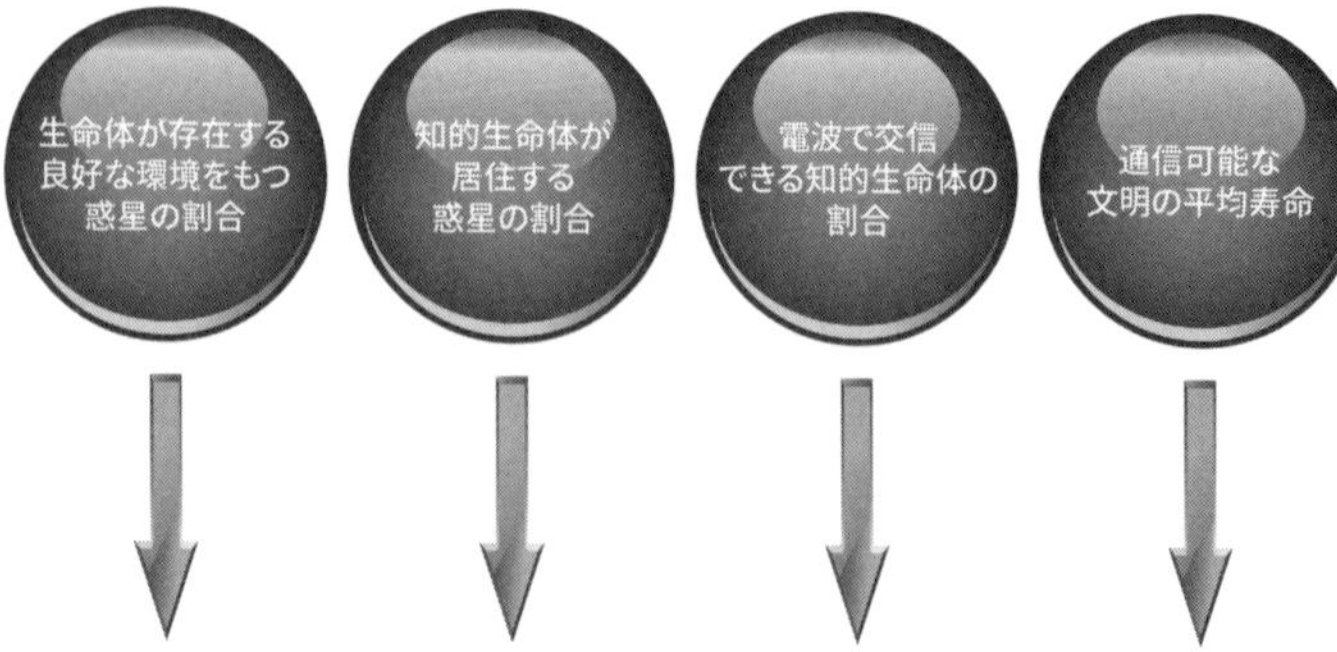

$$f_l \times f_i \times f_c \times L$$

なパターンを探しています。

他の知的生命体を見つける確率はどのくらいでしょうか？　1961年に、12人の科学者と技師がウエストヴァージニア州のグリーンバンクに集まり、この問題を議論しました。議論に焦点を当てるために、フランク・ドレイク（第6章参照）はドレイクの方程式と呼ばれる数式を考案しました。

グリーンバンクでの会合後、ドレイクたちは銀河系には約1万の知的文明がありそうだと推測しました。多くの科学者たちは、この試算を希望的観測だと考えました。しかしながら、ハーバード大学教授のカール・セーガンはこの説を支持し、一般書、映画、テレビを通じて多く

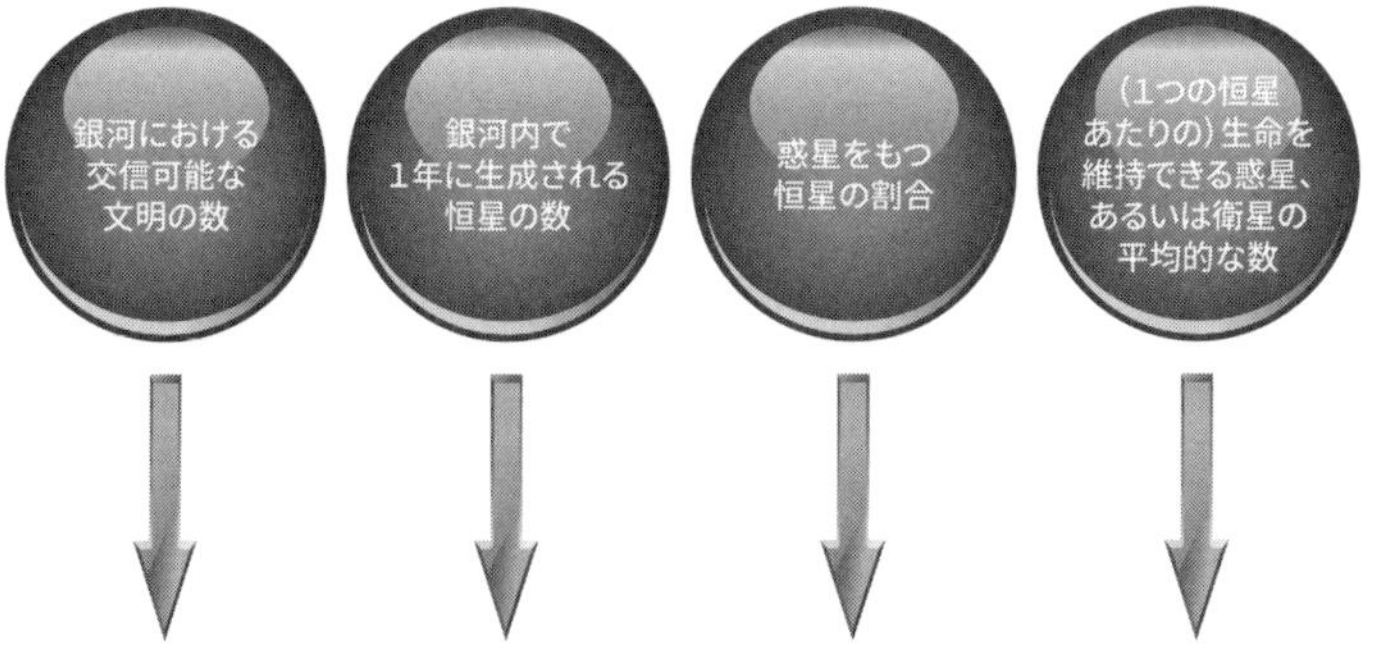

$$N = R \times f_p \times n_e \times$$

図40　ドレイクの方程式　ドレイクの方程式の各因子に入る妥当な推定値をどう考えますか？　私たちの銀河の中に交信可能な文明はいくつあると思いますか？

の人々に広めました。

ドレイクの方程式の中の最後の因子はこう問いかけています。交信可能な文明の平均寿命はどのくらいでしょうか？　地球上で人類が無線マイクロ波を送り始めてから、まだ1世紀足らずです。ここから別の問いが生まれてきます。技術の進んだ文明は、かなりの速さで滅びていく傾向があるのでしょうか？

アメリカのロチェスター大学の宇宙物理学教授アダム・フランク（1962年生まれ）は、この問題に取り組んでいます。フランクは、物理法則を考えると、おそらく全ての技術的文明は必要なエネルギーを開発する際に持続可能性のボトルネックに突き当たる、と考えています。追加的なエネルギーを得ることによって技術的な進歩を遂げた種は、その大気の化学的組成や惑星システムを変えなければならないのかもしれません。うまく乗り切った種があるのかもしれませんし、どの種もそうできていないのかもしれません。

エリック・チェイソンはさらに、宇宙で生き残っている高度な生命体のいくつかは、彼らの親星〔惑星系の中心となる恒星〕のエネルギーを取り入れているのだと主張しています。チェイソンは、太陽エネルギーだけが環境を不安定にすることなく私たちの文明を発展させられるのだと考えています。これらの問題の調査研究がどう進むのか、今後に期待しましょう。

未来とあなた

2015年11月、12月に、世界の数十万人の人々がCO_2排出の削減を支持して行進しました。若者は「ここに住めるように行動しよう」「惑星Bは存在しない」と書かれたプラカードをもっていました（世界のほとんどの国は、化石燃料を徐々に、しかしできるだけ速やかにやめるための歴史的なパリ協定を批准しています）。

あなたは人類史のユニークな瞬間に若者として生きています（もちろん人類史のあらゆる瞬間が

ユニークであり前例のないものです）。多くの分野でこれまでよりも急速に変化が生じています。その結果、ものごとは極めて不確実に見えますが、可能性に満ちています。あなたは、これまで経験してきたこととは異なる、全く新しいライフスタイルを作り出していくか、それとも作り出すことを強いられることになるでしょう。あなたの反応は、無関心、絶望、楽しみの追求かもしれませんし、あるいは両目を見開いてそれに深く関与することかもしれません。何か新しいものが現れつつあり、あなたはそれに取り掛かることができるのです。

あなたはどこに住むかを決めることになるでしょう。気候変動の地域的な影響を予測し、それに応じて自分の居場所を定めるでしょう。自分の人生のほとんどをアパートで暮らすのか、それとも家を買おうとするかを決めるでしょう。自転車で移動しますか、それとも車で移動しますか？　あなたは自発的に簡素な生き方を受け入れ、自分が育ったところよりも小さなスペースでできるだけシンプルに暮らしますか？　あなたは自分の食料の一部を自分で育てますか？　子どもは何人つくりますか？

あなたは仕事とキャリアについての意思決定をするでしょう。あなたは来るべきエネルギー転換に抵抗しますか、それともあなたの望む方向へ向かうことを支援しますか？　変化はほぼ全ての仕事に影響するでしょう。あなたは自分の立ち位置をどう定めますか？

あなたにとってのよい生活とは、所得水準と消費財によって定義されますか？　あるいは、ひとたび最低限の福利水準を達成したら、あなたは友情、美、理想、親密さ、音楽、演劇、そして家族の絆のような再生可能資源を探し求めますか？　あなたは気候変動を減少させ持続可能性を支える公共政策に投票したり、キャンペーン活動を行ったりしますか？

近い未来、私たちはどこに向かおうとしていると思いますか？　あなたはどのようにそれに向き合いますか？

第 12 章

ビッグヒストリーの意味

ビッグヒストリーの物語は、あなたやあなた以外の人にとって、何を意味するでしょうか？　これが本章を通しての問いであり、この現代の科学的な起源物語を解釈するいくつかの方法を探ります。

ビッグヒストリーは人間の起源を、宇宙の化学物質から進化したものとして示します。これはおおかたの伝統的な起源物語とは大きく異なっています。私たちは、人々がこの新しい物語に自分たちの古い物語を同化させる過渡期にいます。人々は世界の急速な変化を受け入れながら、自分たちの最も深いところにある信念と確信を適応させていきます。その結果、多くの異なる解釈が生まれ、それぞれが、何か意味あるものを一つにまとめる機会を得るのです。

方法としてのビッグヒストリー

定義上、ビッグヒストリーは経験的な証拠に基づいており、物的な物質界・自然界（外部の現実）で観察できるものについて学ぶための方法です。第1章で述べたように、経験的な方法は実験、観察、経験、そして注意深い学問的な解釈に基づいています。

ビッグヒストリアンの中には、ビッグヒストリーを、もっぱら自然と文化の世界を経験的に観察できる通りに研究する方法であると考えている人もいます。彼らによれば、経験的に探究できるものの背後に何か他のものが存在するか否かは、知ることも証明することもできません。それゆえ、ビッグヒストリーの説明が、究極的な現実とは何かについて語ることは適切ではありません。ほとんどの自然科学者は、現実の見方についてのこの立場を共有しています。

ビッグヒストリアンの中で、この立場を最も鮮明にしている代表的な人は、フレッド・スピールです（第1章を参照）。彼は、ビッグヒストリーは包括的な世界観や現実の見方を示すものではないと考えています。それはもっぱら経験的証拠と注意深い学問的な解釈に基づく学問的な活動なのです。過去と現在の地図を提供できますが、目的地が何であるかを述べることはできません。それは個人的・集合的な選択なのです。スピールは、ビッグヒストリーを個人的な世界観と融合させることは個人的選択であり、決してビッグヒストリーの学問的な努力の一部として示されるべきではないと論じています。彼はビッグヒストリーの学問的な説明を、個人的・集合的な世界観からできる限り自由なものに保ちたいと望んでいるのです。

ビッグヒストリーと超自然的なもの

しかし、純粋に物的・物質的・自然的な領域を超えたもう一つの領域が実際に存在すると信じている人もたくさんいます。それは超自然的ないし超越的な領域、時として**形而上*** metaphysicalつまり「物理を超えたもの beyond physics」と呼ばれる領域です。ビッグヒストリーの物語はこの領域には適用されないので、この種の人々はビッグヒストリーを基盤として用い、それに上層階として超自然的・超越的な領域の何らかの説明を付け加えようとするかもしれません。

超自然的なものの説明は、さまざまな伝統的な起源物語からもたらされることがあります。例えば、ローマ・カトリック教会は科学的発見を神の働きの表現として受け入れ、それにより科学的な説明と宗教的な説明を結びつけています。仏教や儒教も、自らの伝統とビッグヒストリーとの類似点、そして2つの説明を結びつける方法を見つけています。

ビッグヒストリーの物語を、超自然的・超越的な領域に言及せずに受け入れる人もいます。しかし、彼らは宇宙それ自体が生きており、創造的であり、目的をもっていると見なしています。こうした属性は、伝統的には超自然的な神々や唯一神に与えられてきたものです。彼らはビッグヒストリーを世界の「智恵の伝統」と彼らが呼ぶものと結びつけますが、いかなる特定の伝統的な起源物語もビッグヒストリーという土台の最上階として用いることはしません。

この種の思考として真っ先に挙げられる例は、ブライアン・トーマス・スウィムとメアリー・イヴリン・タッカーによって作られた著書と映画『宇宙の旅』（邦題：ジャーニー・オブ・ザ・ユニバース～宇宙の旅～）です。映画は私たちの惑星を祝福し保存すること、そして持続可能な未来へと向かうことを呼び掛け、さまざまな背景をもつ人々にアピールしています。

宇宙の旅

『宇宙の旅』は、宇宙と地球生命の物語を語る有名な映画です。この映画はギリシアの沖合にあるサモス島で撮影されました。制作者がそこを選んだのは、数学者ピタゴラス（紀元前５７０頃－紀元前４９５頃）が生まれた地であることと、そこがヨーロッパとアジアの交差点に位置しているからでした。

映画の中で、ホスト役のブライアン・トーマス・スウィムは、物語の舞台として現地のものを使用しながらサモス島からの物語を語ります。例えば、彼は野外市場の野菜を使い、キャベツを太陽に見立てて太陽系を実演します。数々の見事なショット、特に求愛のダンスをする鳥たちや遊んでいる子どもの哺乳動物のショットは忘れられません。

ブライアン・スウィムはサンフランシスコのカリフォルニア統合研究所のカリスマ的な教授です。彼は宇宙進化論を研究する哲学者であり、1978年にオレゴン大学で数学の博士号を取得しています。彼は、文化史家のトーマス・ベリーと出会い哲学に転向しました。ベリーは彼にこう言ったのです。「あなたがた科学者は、宇宙のすばらしい新しい物語をもっていますが、その音楽に対しては鈍感です。その音楽に対する感性をもって、物語を語ってほしいのです」。

スウィムの映画制作と関連本の執筆協力者であるメアリー・イヴリン・タッカーは、コネチカット州ニューヘブンにあるイェール大学の世界宗教とエコロジーの修士課程で教えています。タッカーは日本の儒教研究でコロンビア大学から博士号を取得しており、アジアの宗教の専門家です。2人のカトリック司祭、古生物学者のピエール・テイヤール・ド・シャルダン（1881–1955）とトーマス・ベリー（1914–2009）の人生と思想が、スウィムとタッカーの双方に強く影響を与えました。2人はテイヤールとベリーの思想を拡張し映画にするために30年以上一緒に活動してきました。

この映画を観る時には、旅のメタファーについて考えてみてください。物語を語る際に、人々に好まれるテーマの一つが英雄の旅です。この種の物語では、英雄は自分を変える試練を経験し、自分の集団、部族、文明を変える宝物をもって戻ってきます。ジョーゼフ・キャンベルは『千の顔をもつ英雄』（邦訳：倉田真木・斎藤静代・関根光宏訳『千の顔をもつ英雄 上下』ハヤカワ・ノンフィクション文庫）の中でそのパターンを明らかにしています。（www.thewritersjourney.com/hero's_journey.htm. を参照〔現在はリンク切れ〕）。

『宇宙の旅』では、宇宙はビッグバンから始まる旅を続けます。慎重に検討された科学的発見が物語の土台になっています。英雄の特徴は創造性です。宇宙はあたかも意図をもっているかのように、新しいものを生み出し続けています。この映画は、人間に対して、宇宙のように創造的であれ、安定した惑星で持続可能な生き方への道を見出すように創造的であれと呼び掛けています。

スウィムとタッカーは、『宇宙の旅』のウェブサイトにある「著者の辞」で、自分たちの目標は「視聴者が自分との深い関連性を感じ、深い感動を与えるように物語を語ること」だと述べています。彼らは続けて、「私たちは、言葉やシンボルの中に、非常に進化的なプロセスそのものを引き継ぐ力を見出してきた種です。……私たちはいま、地球の生命システムの繁栄する力を活性化する上で、人類が中心的役割を果たすよう求められている時代に生きているのです（https://www.journeyoftheuniverse.org）。

ビッグヒストリーと自然

私を含め、ビッグヒストリーを単なる方法としてではなく、全ての現実の表現ないし地図とみなす人もいます。私たちは、たとえ証明はできなくても、超自然的・超越的な領域は存在しないと考えています。自然は現実に存在するものであり、それ自体が目的をもっているようには思えません。

もし自然が存在するものの全てであるなら、意味、価値、倫理はどこから来るのでしょうか？ほとんどの伝統的な物語では、それらは宗教的・超自然的な信仰から導き出されました。もしこれらの信仰がもはや人の心に訴えないとしたら、意味・価値・倫理はどうなるのでしょうか？

ビッグヒストリーの物語には、人類がどのように意味、価値、倫理を創造したかを強く示唆する証拠があります。デイヴィッド・クリスチャン（第1章参照）は、論文「地図から意味へ」の中で、この問いに答えています。フレッド・スピールは、『ビッグヒストリーと人類の未来』(Spier, Fred (2015) Big History and the Future of Humanity, 2nd edition, Wiley Blackwell: UK, pp.249-250) でビッグヒストリーの視点から道徳性について論じています。以下の段落には、彼らの考えに私の考えを合わせたものが反映されています。

クリスチャンは、ケアのような行為が、ゾウやイヌやチンパンジーのような私たちに非常に近い動物だけでなく、全ての生物の性質に組み込まれていることを観察しています。あらゆる生物は、不安定な変化する環境の中で生き延びなければなりません。変化する状況にもかかわらず安定性を維持するためには、絶えず調整しなければなりません。科学者はこれを**ホメオスタシス**(恒常性)と呼んでいます。

正しく調整するためには、生物は適切に反応できるように、周囲の状況についての情報を集めなければなりません。もしこの情報の地図が正確であるならば、生物は正しく反応して繁殖することができます。もし地図が不正確で生物が間違って反応すれば、死んでしまうことになります。それゆえ、生物は情報地図の正確さを非常に気にするのです。生物学的に言えば、生物の目的は生き残り、生を享受し、子孫を残すことです。なぜなら、そうした目的をもっていないものは、自分の遺伝子を他に伝えようとはしないからです。

進化が進むにつれて、生物はより複雑になり、そのふるまいや情報収集能力も複雑になりました。少なくとも哺乳類の時代には、動物の親は子育てに多大な手間をかけるようになりました。自然選択がこの行動を強化し、世話をする親の子孫がより多く生き残り、この性質が存続することになりました。

何種類かの哺乳類は、私たちと同じような道徳的な行動を示すと結論づけるのに十分な研究が行われてきました。そうした哺乳類には、類人猿、若干のサル、オオカミ、コヨーテ、ハイエナ、イルカ、クジラ、ゾウ、ネズミとハツカネズミがいます。例えばネズミは、食物を得るためのレバーが兄弟に電気ショックを与えると知った場合には、空腹でもそのレバーを引きません。イルカは親切さと寛容さを日常的に示します。

人間以外にも、ゾウ、シャチ（オルカ）、バンドウイルカ、オオカミのような哺乳類は、体の大きさに比べて非常に大きな脳をもっています。これらの種は、洗練されたコミュニケーションのシステムをもつ高度に知的、社会的、共感的な個体からなる社会を作ってきました。私たちは宇宙では孤独かもしれませんが、この惑星ではそうではないのです。もっとも、知識を蓄積してケアの輪を惑星全体に拡大するという一部の人間に見られる能力はその限りではないのかもしれません。

私たちに最も近い親類であるチンパンジーとボノボは、ケアと援助を頻繁に示します。メスは子どもを育て、しばしば子どもたちとのあいだに一生の絆を築きます。もし母親が死ぬと、兄弟姉妹の年上が年下の親代わりとなります。動物園では、チンパンジーが囲いの周りにある堀に落ちると、他のチンパンジーたちが泳げないにもかかわらず駆け寄って助けようとします。

大きな脳をもつ人類は、地図の作成、意味の付与、ケアを新しいレベルへと引き上げてきました。世界中のどの地域にいる人間も、進化の歴史が私たちの中に組み込んだ、公正、ケア、互恵といった同じ価値の核をもっているように思われます。私たちは社会的な生き物ですが、同時に、高度に個人主義的な生き物でもあります。私たちは社会性と孤立性の連続体のちょうど真ん中にいるように思われます。私たちは協調的・ケア的であるとともに、攻撃的・競争的なのです。

人間は社会において、私たちに核として組み込まれた価値観から、環境に適合するため非常に多くの価値体系や道徳体系を生み出してきました。こうした体系は、状況の変化に合わせるため時とともに変化します。私たちは、それらの状況の地図を注意深く作成します。なぜなら、私たちの社会的・個人的生活はそれらに依存しているからです。

好奇心――これは周囲の状況の地図を作ろうとする衝動に私たちがつける名前です――が、私たちの情報地図の作成に貢献し、いまなお貢献し続けている科学者たちを駆り立ててきました。しかし、他者やこの惑星に対するケアと配慮もまた科学者を駆り立ててきました。なぜなら、彼らの探究が世界に影響を与えるからです。多くの科学者が自分の発見にバイアスをかけないように政治や社会的主張から距離を置こうとする中で、現在の73億人の人々を養い、衣服を着せ、組織化するのを助ける責任を負う人々もいます。科学者の社会的責任については、「憂慮する科学者同盟」のウェブサイトUnion of Concerned Scientists (https://www.ucsusa.org)を参照してください。

人間の倫理体系は集団的なものです。私たちは、周囲の状況について考案できる最も正確な地図をもとに、話し合いを行いその体系を構築します。地図と周囲の状況の両方が変化するので、私たちは倫理体系を時とともに見直します。「実在する」ないし「客観的な」倫理体系は、人類のどこか外には存在しません。私たちは個人的・集団的に生き残るために、最善を尽くしてそれらを組み立てるのです。私たちの体系は過去においては私たちが生き残るために役立ってきましたが、周囲の状況が急速に変化しているので、それらは見直されなければなりません。これが、私たちの基本的な道徳的価値観の由来に関して、もっぱら経験的な証拠に基づくビッグヒストリーの物語が示唆すると思われることです。

それでは経験的な証拠から個人的な解釈に移りましょう。その他の基本的な人間の問いについて、ビッグヒストリーの物語はどんな答えを示唆するでしょうか？　以下はいくつかの問いのリストです。各問いについて、ビッグヒストリーの物語から引き出せるとあなたが考える答えを簡潔に書いてみてください。そうしたら私も自分の答えを述べましょう。

何が私たちを作ったのか？　私たちは何者か？　私たちは何のためにここにいるのか？　宗教はどこから来たのか？　私たちはどこへ行くのか？

何が私たちを作ったのか？　ビッグヒストリーは、私たちを宇宙の一部であると述べています。宇宙は、私たちがエネルギーと物質と呼ぶものによって構成されています。「われわれはビッグバンとともに現れた一体性の一部である」。これはインドのヨガの達人B・K・S・アイアンガー（1918－2014）の言葉です。自然選択によって私たちは宇宙の生成過程から進化してきましたが、それは宇宙の意思によるものではなく、偶然と物理的過程が成し遂げたものです。恒星の中で化学物質が生成し、その死の爆発が私たちを作りました。私たちは、普通の恒星をちょうどよい距離で周回する惑星に現れました。私たちはここにいますが、これはありそうもないことに思われるかもしれません。これは誰にとっても驚くべきことです。

私たちは何者か？　私たちは哺乳類で、類人猿と近い関係にあります。祖先が地上に降りて二本足で歩くのを学ぶまでは、木に住んでいました。私たちは、わずか20万年ほど前にいまの姿で現れた若い種であり、５００万年前の共通祖先から生き残った、２種類のチンパンジーと私たちという3つの種の一つです。私たちは生命の樹の小さな枝なのです。

しかし、故郷の惑星に与えている影響で測れば、私たちは完全に独自の存在です。南極を除く地球の全ての地域に生息している大型生物は他にありません。人間のように大きな影響を生物圏に与えてきた生物も他にありません。

私たちの何が違うのでしょうか？　あらゆる証拠が、私たちの偉大で大きな脳が違いを生み出していることを指摘しています。大きな脳は私たちに、シンボルを用いて正確に話す能力を与えます。これは私たちが集団的に情報を蓄積し、それを次の世代に正確に伝えることを意味します（コレクティブ・ラーニング）。またこれは、私たちがアイディアと情報を共有するにつれて、私たちの地図作成が時とともにより正確になり、他の自然に対する大きな力を人類に与えることを意味します。

私たちは何のためにここにいるのか？　人間にあらかじめ組み込まれた基本的欲求は、生き残ることと生殖することのようです。私たちはその点において大成功を収めたので、いまや人口規模はこの惑星が私たちを支える能力の限界に達しつつあるか、もしくはすでに達しています。近い将来、私たちは自分たちに組み込まれた生殖の欲求を抑制し、他の欲求に代替しなければならないように思われます。

その代替物になり得るものは何でしょうか？　生き残るために、私たち自身と私たちの惑星を守るために、人間はグローバルに協力しなければならないように思われます。しかし、私たちに組み込まれた、なわばりと近縁者を守り、権力を追求しようとする傾向からすると、協力することは困難です。私たちは矛盾した衝動に満ちていますが、それでも何をすべきか決めなければなりません。私たちの運命は、自分自身の手の中にあると思われるのです。

私たちがグローバルに協力する動機になり得るものは何でしょうか？　おそらく私たちの利己心と迅速な調整能力が、私たちを行動へ駆り立てることはできます。私たちの大きな脳の理性的な部分が、より本能的な部分を上書きすることができるかもしれません。私たちはみなの理性に呼びかけることができます。私たちは偉大で大きな脳をもった種であり、いまこそみながそれを使う時です。現在生きているこの歴史的時点において、私たちの集合的責任は、現代文化の最良のものを、私たちの生存を可能にしている生物圏を不安定化させることなく保存することであるように思われます。

急速な世界的変化というこの過渡期の文脈において、各人の特定の役割と課題が何であるかを決めることは、彼・彼女自身の裁量にある程度任されています。家族や文化は、人生における私たちの個人的な役割を部分的に与えてくれるだけで、私たちはその一部を自分で組み立てることができます。集団としては、歴史の現時点における私たちの共通課題は、この惑星に対する人間の影響を制限しながら私たちの能力を保持する新しい解決法を考案することです。

宗教はどこから来たのか？　宗教という言葉はいろいろと異なる意味をもち得るので、当てにならない言葉です。ここではこの言葉を、何が真に存在しているのか、そして何が真に問題なのかを説明する物語と伝統を意味するものとして用います。こうした物語と伝統は、個人的な全体感と社会的な結束をもたらすのに役立ちます。

人間は物語を語る生き物です。私たちは、始まり、中間、終わりのある物語を組み立てることによって、自身の複雑な生を理解します。私たちは、物語を語れるようになってからずっとそれを語ってきたのです。あらゆる人間社会が、自分たちがどこから来たのか、そしてどうふるまうべきかについての起源物語を創造しています。

少なくともホモ・サピエンスが現れる時までには、人間は自分たちの種の他のメンバーが何を考えているのか想像することができるようになりました。どうやら彼らは、他の動物や自然現象も意識と感情をもっていると想像するためにこの能力を用いたようです。他の人々よりも容易にトランス状態に入ることのできるシャーマンは、強力な存在からの助けを求めることができたようです。おそらく初期の人類は万物を生きたものとして体験したのでしょう。私たちはこれについて漠然とした考えしかもっていません。

人々が村落に定住して農耕を行うようになると、彼らの物語も変化しました。彼らは、地上を離れて目に見えない霊的世界に入った強力な存在を想像し始めました。それらの存在、つまり神々は、ほぼ人間と同じようにふるまい、中には他の神々よりも強力な神々がいると信じられていました。人々はまた、儀式と礼拝を執り行い目に見えない霊験を受け取るために、選ばれた代表者、つまり神官に頼るようになりました。

初期の都市や国家が出現すると、権力をもったエリートの支配層が現れました。ほとんどの支配者は、彼らの権力は神々ないし唯一神によって承認されているという理由でその正統性を主張しました。支配者は、しばしば彼の親類であった神官に支持されて、自分自身が神であるとさえ主張することもよくありました。

今日世界で信仰されている主要な宗教の多くは、文明が拡大する時期に現れました。多数の見知らぬ人がいる密集した都市に住む人々は、互いに協力し、思いやることに重きを置くように、自分たちの道徳規範を見直しました。

１７００年代末に始まった化石燃料への転換は、多くの社会をはるかに豊かにしました。それに応じて、人々はそれぞれの個人的幸福をより重視するように道徳規範を調整しました。市民の力が大きくなり、君主を追放し、神々ではなく選挙によって権力が正統化される指導者を選ぶようになりました。科学者が宇宙とこの惑星の性質についてより多くのことを学び、人間の地図作成がより正確になると、唯一神や神々の魅力は低下しました。

それでも、しばしば何千年も前から続く伝統的な起源物語は、世界のたくさんの人々に慰めと希望を与え続けています。２０１２年の統計では、世界中の宗教信仰の割合は以下のようになっています。

キリスト教　31・5%
イスラム教　23・2%
無宗教　16・8%
ヒンドゥー教　15%
仏教徒　7・1%
民間信仰　5・9%
ユダヤ教　0・2%

私たちはどこへ行くのか？　分かりません。分かっているのは、化石燃料のエネルギー体系によるダメージに直面している現在、私たちが極めて急速な変化の時期にいるということだけです。人類は地球で危機を引き起こしています。私たちは、狩猟採集から農耕へ、あるいは産業革命と近代化への移行期に匹敵するもう一つのスレッショルドの瞬間にいるように思われます。

人間の進化はもはや単なる生物学的なものではありません。私たちの文化が強力になり、今日では文化的進化が生物的進化を凌駕しつつあるのかもしれません。人類がいま何をするかが、近い将来もたらされるものに決定的な役割を果たしそうです。

遠い未来には、ホモ・サピエンスは進化し絶滅する運命にあります。それが地球上の生命のパターンです。いずれ生命のための条件が地球には存在しなくなり、全生命が絶滅するでしょう。最終的に、私たちの恒星は爆発するでしょう。宇宙は私たちが想像できる限り存在し続けますが、より冷たく、より暗く、より単純になるでしょう。私たちは幸運にも宇宙の若々しい春を生きているのです。これ以上に驚くべきことがあるでしょうか？

意味のフロンティアにおける問い

以下に考えるべきいくつかの問いがあります。あなた自身の問いをこのリストに付け加えてもいいでしょう。これらの問いはいつでも、どこかで行列に並んでいる間でも考えることができるのですから、もう決して退屈することはありません。

？

- ビッグヒストリーの物語は、宇宙のある場所における複雑性の増大するパターンによって編成されています。複雑性の増大をより正確に測定するにはどうしたらよいでしょうか？　このパターンはどれくらい長く続くのでしょうか？　複雑性の増大は脆弱さや分裂しやすさの増大をつねに伴うのでしょうか？
- 伝統的宗教は復活するでしょうか、それとも衰退するでしょうか？　おそらくはビッグヒストリーの物語とより一致した、新しい宗教が現れるのでしょうか？
- 人類は、世界の74億人の人々のほとんどが受け入れ可能な、持続可能な未来を確保するのに役立つ倫理規則とガイドラインを考案することができるでしょうか？
- 倫理規則や価値が人間の作為を超えた客観的で真実なものであると信じられないとしたら、そうした倫理規則や価値は人間の行動の動機づけとなり得るでしょうか？
- 何かより大きな力（神や宇宙やそれ以外の何か）が自分たちのそばにいると信じる安心感がなくても、人々はうまく行動できるでしょうか？
- 自然に対して優位にあるという考えから自然の一部であるという考えに変われば、人類は環境と自分たちの子孫の未来を守るために自分自身の欲求を抑えられるようになるでしょうか？

意味とあなた

ビッグヒストリーは人間が問うことのできる最も力強く深い問いを提起するので、私たちを魅了し知的興奮を与えてくれます。ビッグヒストリーは、あなたが生涯を通じて追求する問い、おそらくあなたの意見と答えが歳を経るにつれて変化するような、そうした問いの手引きとなりま

図41　インディアナ州ニューオールバニのビッグヒストリー授業　この授業はマリア・モンテッソーリの流れを汲む私立学校コミュニティ・モンテッソーリで行われています。この授業はモンテッソーリの宇宙教育の哲学とビッグヒストリーに触発されたものです。床に寝ているのは教師のカイル・ハーマンです。

す。ビッグヒストリーは、あなたが世界の中で自分の人生を探検する際に、洗練された地図を提供します。ビッグヒストリーは、あらゆるものに対するあなたの方向性を変えることができるのです。

私たちが現実の地図に付与する意味は、個人的なものと集団的なものの両方があります。私たちは、自分を満足させる答えを組み立てるために心の中で熟考します。また私たちは、地域的、国内的、世界的な出来事について、家族、友人、教師、よき指導者との会話の中でこれを行っています。加えて、私たちは本、映画、ビデオ、ソーシャル・ネットワーク、グーグルの検索エンジンにも反応します。私たちはデータと意見の洪水の中で暮らしており、それらから自分自身の意味を組み立てます。

ビッグヒストリーの教師は、生徒の心を動かし、その思考に影響を与えるこの物語の力に驚きを隠せません。ビッグヒストリーを教えると、他のどの授業よりも胸が躍ります。なぜなら、それは多くの生徒を感動させ、彼らの心を動かし、深い影響を及ぼすからです。

ビッグヒストリーがあなたにとって何を意味するかを考えるために、ビッグヒストリーから学んできたことの中で最も興奮すること、驚くこと、ひらめきを与えること、刺激的なこと、目を開かされること、世界を揺るがすこと、スリリングなこと、動揺させること、衝撃を与えること、論争的なこと、不合理なこと、あるいは逆に注目に値する特筆すべきことについて、考えを書いてみましょう。

高校教師のカイル・ハーマンは、インディアナ州ニューオールバニでの授業「地球と宇宙のビッグヒストリー」で、この課題を出しました。彼は「ビッグヒストリーの価値は、生徒が学ぶことの意味を再び発見するのを助ける能力にある」ことを発見しました。生徒のほとんどがより広い視野、喜びと驚きをもって解答したのです。以下は彼らのうちの何名かが書いたものです。

- 「私はこれまで知らずに見逃してきたものについて、全く理解していませんでした……私は科学や科学に関する科目にはあまり関心がない生徒でしたが、『地球と宇宙』は私のこれまでダントツのお気に入りの授業でした」
- 「宇宙は計り知れないほど広く、私たちが発見していないことがまだたくさんあります。

それは私を謙虚にさせ、また私の知識欲を刺激しました」

■「星がなければ、私たちはここにいなかったでしょう。もし私たちが太陽にもっと近いかもっと遠くにいたら生命は異なったものになっていただろうし、もし私たちが太陽の寿命の終わりに存在していたなら、私たちは消えてしまっていたでしょう！　私たちの歴史を別の視点で見ることがなかったとしたら、私たちが存在しているということに感謝しようとは思わなかったでしょう」

■「私は自分を評価するのが苦手で、こういうお涙頂戴の話はしようとしないのですが、私がある意味で星から、星によって作られていると知って、自分をもっと大切にしようと思いました」

（図41「インディアナ州ニューオールバニのビッグヒストリー授業」を参照）

さて、あなたが何を考え、そしてそれに基づいてどう行動するのか、答えを出すのはあなた次第です。ビッグヒストリーの物語は、あなたにとってどのような意味をもちますか？　ビッグヒストリーについてのあなたが抱いた問いはどのようなものですか？　もしあなたが若者なら、あなたの前にはそれに取り組むための全生涯があります。ビッグヒストリーの物語があなたの役に立ち、そしてあなたが宇宙を経験し、さまざまな視点をもつ人々と出会う素晴らしい時間を過ごすことを願っています。もちろん、あなたが自分の偉大で大きな脳を上手に使うことも。

ある一人のビッグヒストリアンがどのように意味を構築していったのか

私はケンタッキー州西部の小さな町マディソンビルで育ちました。町の住民はほとんどがプロテスタント系のクリスチャンでした。ユダヤ人が1家族と若干のカトリックの家族がいましたが、教会を形成するほどではありませんでした。

私の両親は北部出身者で、ウィスコンシン州南部からやってきたよそ者でした。父は土木技師で、道路建設のため南部に行き、やがてまず炭鉱を、次には石灰岩の石切り場を所有し運営するようになりました。母は中学校の生物教師で、おそらくダーウィンの進化論を理解し信じていた町で唯一の人でした。

私は両親と同じように、メソジスト教会で活発に活動しました。10代の頃、人間の兄弟愛という教会の教義と、それが地域の人種政策を受け入れていることとの間の矛盾を強く感じるようになりました。

ノースカロライナ州ダーラムのデューク大学に通っていた時も、私はメソジストの学生活動を積極的に続けていました。私は昼食会での座り込みへのデューク大学生の参加を組織化するのを手伝いました。これはアフリカ系アメリカ人の客に対するサービスを求めるための行動で、南部では2度目でした。大学院進学のためメリーランド州ボルチモアへ移った時、私は教会へ行くのをやめました。多様な人種を受け入れる教会が町のどこにもなかったからです。しかし、私は信仰や信念の危機を経験したことはありません。たぶん私の世界観は、母の考えを反映していて、超自然的なものではなく常に自然主義的なものでした（母は日曜学校で世界の宗教についての科目を教えていましたが、これは当時の南部の小さな町では全く聞いたことがないものでした）。

大学では歴史学を専攻しましたが、それは歴史学があらゆるものを含んでいると思われたからです。大学卒業後は教師の修士号のために勉強し、1961年にボルチモアの高校で世界史を教え始めました。大学院での研究も続け、教育史の博士号を取りました。その後、最初は平和部隊の医師の妻としてブラジル北部で、のちにはカリフォルニア州バークレーで、16年間で2人の息子を育てました。

それから私は職業人生に戻り、カリフォルニア州にあるドミニカン大学の教育学部で、将来の高校教師たちを教えました。私は世界史学会（World History Association）の発行する『世界史ジャーナル』を読んで、ワールドヒストリーの最新情報を得ていました。当時、ワールドヒストリーは歴史学の新しい分野で、第二次大戦後に一般的だった西洋文明の科目から次第に置き換わっていました。

カリフォルニア州のベイエリアに住んだ際に、非常に多様な背景をもつ人々と知り合い、多くの思想と信念を自由に探究することができました。私は日曜日の朝はランニングをし、両親の倫理的な姿勢を息子たちが吸収してくれる自信があったので、宗教教育なしで育てました。

そしてついに1991年、53歳の時に、私は『世界史ジャーナル』のデイヴィッド・クリスチャンの論文（第1章参照）を読んで、ビッグヒストリーという言葉とそのアイディアを知りました。私は、自分自身が構成したビッグヒストリーを説明した著書である『ビッグヒストリー：ビッグバンから現在まで』を書きました。そこから、デイヴィッド・クリスチャンとクレイグ・ベンジャミンと一緒に、ビッグヒストリーの最初の大学教科書である『ビッグヒストリー：無と全ての間』（邦訳：前出）の仕事をする機会が訪れました。

2010年には私の大学の学部が、ビッグヒストリーを初年次プログラムとして導入しました。そこで私は哲学と宗教学の同僚を見つけ、彼らにそれらの分野の語彙や思想を学ぶのを助けてもらいました。私は自分自身を何に分類したらいいかいろいろ試してみましたが、ナチュラリストに落ち着きました。この言葉は、超自然的なものは存在しないが、自然には私たちが現在理解している以上のものが確かにある、という私の信念を表現しています。

このように、私が知っていることと信じていることを理解するのには長い時間がかかりましたし、もちろん今もまだ進行中です。それを行うことは、私がこれまで行ってきた中で一番楽しいことでした。ビッグヒストリーを学ぶことによって、私は他のどの起源物語も与えてくれなかった満足感と充足感を得ることができました。

以下は、ビッグヒストリーが私にしてくれたことです。

- ビッグヒストリーは、過去と現在の現実の地図を提供し、歴史の中で人類がどこにいるのか、そして私たちが生き残るためには何をする必要があるかを私に示してくれます。私たちは、大きな移行期、スレッショルドの時代にいます。気候の不安定化を防ぐために、人類のエネルギーの流れを管理する必要があります。持続可能な農業を行い、惑星のシステムを保護し、人口を制限する必要があります。これが、人類の一員としての私にとって最も重要なビッグヒストリーの意味です。
- ビッグヒストリーは、現在分かっている全知識の枠組みを私に与えてくれます。それにより、新しいことを学んだり新しい発見を理解したりすることが容易になります。それらは私がすでにもっている枠組みのどこかに収まるのです。私は新しいことを学ぶのをやめたいとは決して思いません。
- ビッグヒストリーは、同じ物語を知っている人々、私の問いをともに議論できる人々のコミュニティを与えてくれます。

■ビッグヒストリーは、私の中に深い感謝の気持ちを生み出します。それは生きていることに対する感謝、そして何千年にもわたって宇宙、地球、生命、そして人類の基本的事実の理解にこだわってきた人類の献身的努力に対する感謝です。現代の科学的な起源物語の編纂を始めた人々、中でもプレストン・クラウド、エリック・チェイソン、リン・マーギュリス、ウルスラ・グッドイナフ、ジョン・ミアーズ、デイヴィッド・クリスチャン、フレッド・スピールへの感謝は言うまでもありません。

■ビッグヒストリーは、全ては138・2億年前の1点から始まったという一体性の視点を私に与えてくれます。ビッグヒストリーは、アフリカに起源を持つという人類の一体性を曖昧さなく明らかにしています。ビッグヒストリーはまた、庭の土の中にいるミミズ、木になっている果物、家の前で気流に乗って降下する夕カを目にする時、私と地球との一体性を日常的な感覚として明らかにしてくれます。この一体性の経験はビッグヒストリーとともに私の想像力のおよぶ範囲まで遠くに拡大し、惑星、恒星、銀河、そしてブラックホールと私自身が親密に結びついていることを感じます。私の自我は拡大していきます。私は決して独りではありません。私は展開する変化のプロセスと完全につながっているのです。

■ビッグヒストリーは、私が宇宙の春に生きていることを示してくれます。この惑星に、そしてたぶん他の多くの惑星にもある複雑な生命のためのゴルディロックス条件が、この特別な瞬間に存在しています。こうした条件は永遠には続かないでしょう。いまは特別な時なのです。私は太陽の下でこの瞬間を楽しむことができます。

私には超自然的な宗教は必要ないようです。それはたぶん、私が幸運で、恵まれた生を生きてきたからでしょう。私には自然で十分です。自然界は私の礼拝所です。私の倫理は、自然、私の両親、私の親戚、私の経験、そしてビッグヒストリーの視点から導き出されています。

ドミニカン大学の学生が言うように、「さあ、ビッグヒストリーの旅に出発しましょう」。

訳者あとがき

本書は Cynthia Stokes Brown, *Big History, Small World: From the Big Bang to You*, Berkshire Publishing Group LLC, 2017 の全訳である。

本文および著者紹介にもあるように、シンシア・ストークス・ブラウンは米国の歴史学者であり、２０１０年に設立された国際ビッグヒストリー学会（International Big History Association: IBHA）の創設メンバーの一人である。彼女は高校で世界史を教え、またカリフォルニア・ドミニカン大学で高校の教師を養成してきた。２００１年に同大の常勤職を退いて名誉教授となり、以後は非常勤として教えるかたわら、ビッグヒストリーの単著を執筆するとともに、全新入生必修のプログラム「初年次体験『ビッグヒストリー』」（First Year Experience "Big History"）の設立にも尽力した。これは複数の講座からなる通年のプログラムで、前期にビッグヒストリーの通史の講座を履修し、後期に個別のテーマをビッグヒストリーの視点から学ぶ14個の講座から好きなものを選べるというしくみである。そして、２０１３年に、デイヴィッド・クリスチャン、クレイグ・ベンジャミンとの共著で、ビッグヒストリーの大学向けテキスト（邦訳：『ビッグヒストリー：

われわれはどこから来て、どこへ行くのか　宇宙開闢から138億年の「人間」史』長沼毅監修、明石書店）を執筆している。ビッグヒストリーに関するブラウンの単著としては、本書以外に*Big History: From the Big Bang to the Present*, New York: New Press, 2nd ed., 2012などがある。著者は残念ながら2017年に亡くなっており、本書は彼女の最後の著作になる。

このように、シンシア・ストークス・ブラウンは、ビッグヒストリーの学問的基礎をつくりあげてきた人物の一人と言ってよい。その彼女がビッグヒストリーを初めて学ぶ方や高校生でも読めるように、授業における教材として執筆したのが本書である。

わが国においてはこれまで、ビッグヒストリーに直接関連する本としては、上記のブラウン自身による共著の他、デイヴィッド・クリスチャン（2015）『ビッグヒストリー入門：科学の力で読み解く世界史』（渡辺政隆訳、WAVE出版）やデイヴィッド・クリスチャン（2019）『オリジン・ストーリー：138億年全史』（柴田裕之訳、筑摩書房）などが翻訳・紹介されている。それらの類書と比較した本書の特徴として、（1）ビッグヒストリーの8つのスレッショルド（宇宙史における創発の画期）をバランスよく記述しており、各スレッショルドのポイントを押さえて簡潔にまとめていること、（2）どの章も、各スレッショルドの説明のほか、豊富な図版、その分野の最先端のテーマ、各学問分野でビッグヒストリーに繋がる業績をあげたキーパーソンを紹介するコラムがあり、構成が工夫されていること、（3）各章の最後に「○○（各スレッショルドのキーワード）とあなた」というまとめがあり、また最終章ではビッグヒストリーの意味についてあらためて章を設けるなど、ビッグヒストリーの物語が読者にとってどのような意味をもつかを問いかける姿勢が貫かれていること、などが挙げられよう。

本書に序文を寄せているデイヴィッド・クリスチャンが、マッコーリー大学で初めて「ビッグヒストリー」という名を冠した授業を始めたのが1989年である。以来、欧米そしてアジアにおいて、ビッグヒストリーの教育実践は広がりを見せてきている。ビッグヒストリーの壮大なヴィジョンとこれまでにない歴史へのアプローチに魅せられ、訳者の一人の片山は2016年から桜美林大学リベラルアーツ学群において同僚の宮脇亮介教授（専門は電波天文学）とともにビッグヒストリーの科目を開講し、もう一人の訳者の市川も2016年から私立アレセイア湘南高校の世界史の授業の中でビッグヒストリーの授業を始めた。このようにビッグヒストリーの教育に携わる中でわれわれが痛感したのが、ビッグヒストリーの平易で手頃なテキストがほとんどない現状である。本書は米国の高校・大学においてビッグヒストリー教育に長年従事してきた著者による、高校生向けのビッグヒストリーの平易なテキストである。通り一遍の歴史の概説ではなく、ビッグヒストリーを学ぶ学習者に対して科学を学ぶ楽しさや驚きを伝え、科学的思考を身に付けさせ、さらには生き方や人生まで考えさせている点が大きな特色である。またさまざまな思考実験、アクティブラーニングが紹介され、教員用の教授資料としてもすぐれている。ビッグヒストリーの入門書として最適な本の一つと言えるだろう。本書の出版が、高校や大学におけるビッグヒストリー教育の拡大のきっかけになってくれたらというのが、われわれが本書を翻訳した動機の一つである。

また本書は、さほど専門的知識のない一般読者にも読みやすい、ビッグヒストリーの概説書として役立つと考えている。ビッグヒストリーは理系・文系を含めさまざまな学問分野を総合する超学際的な性格をもつため、本書が「学び直し」を行いたいと考えるあらゆる年齢層の読者にとって、学問のよいガイドブックとなることを期待している。

そして、われわれはこの本を、何よりもまず高校生・大学生の若い人たちに読んでほしいと思っている。先ほども述べたが、本書の最大の魅力は、若者に「意味」を問いかけるブラウンの姿勢である。ブラウンは宇宙史をたどる道程において若者に絶えず問いかけを行い、さらに宇宙史の道のりを一通りたどり終えた最終章において、今までのプロセスを振り返って、ではビッグヒストリーはあなたにとってどのような意味がありますか、と問いかけている。そしてブラウン自身も、「自分にとってのビッグヒストリーの意味」を堂々と語っている。この本には、そうしたブラウンの教育者としての熱いスピリットがあふれている。

人新世と呼ばれる現在、われわれはかつてなく未来が不透明な時代を迎えている。ロシアとウクライナ、そしてイスラエルとパレスチナの間に新たな戦争が勃発し、気候変動の影響が様々な災害という形で表れ始めている。それは、ブラウンが本書で述べているように、人類がまさに宇宙史における新たなスレッショルドを迎えているかのようである。われわれ訳者は、このような先の見えない時代にこそ、宇宙規模の広い視野をもち、ものごとをその根源に立ち戻って考えるビッグヒストリーの方法が役立つものと確信している。宇宙の未来を切り開くのは若者たちである。若い人たちが本書を通じてビッグヒストリーの魅力に触れ、この世界のすばらしさにあらためて思いを馳せるとともに、地球規模の諸問題にビッグヒストリーを適用して、平和と共生の世界を築いてほしいと願っている。

現在、わが国におけるビッグヒストリーの授業としては、訳者らの授業の他、東北大学において２０１７年度から中村教博教授（専門は地質学）を中心にビッグヒストリーの科目が開講されており、２０２３年度からは辻村伸雄氏（アジアビッグヒストリー学会会長）が桜美林大学のグローバルコミュニケーション学群、およびリベラルアーツ学群においてビッグヒストリーをテーマとする科目で教鞭をとっている。訳者らは、中村教授、辻村氏らとともに２０２０年から「ビッグヒストリー研究会」を立ち上げ、本著作とクリスチャン『オリジン・ストーリー』の各スレッショルドの内容を比較検討する研究会を行ってきた。そこでの議論の成果も踏まえ、本書がビッグヒストリーの魅力を日本の読者に伝える上で最適の著作であることを改めて確認し、翻訳出版を目指すことにした次第である。翻訳を進めるにあたって、研究会の会員諸氏による各章の発表がとても参考になっている。本書の発行ができたのは、会員のみなさんの支えのおかげであり、この場をかりて感謝を申し上げたい。

最後に、本書の刊行にあたり、亜紀書房編集部の西山大悟さんに大変にお世話になった。丁寧できめの細かい編集によって、読みやすい本を世に送り出すことができたことは大きな喜びである。

2023年12月

片山 博文
市川 賢司

用語集

あ

ＲＮＡ：リボ核酸。遺伝子情報の伝達と読み取りに重要な役割を果たす一本鎖の核酸。ＤＮＡとは化学的に若干異なる。[173-174]

アウストラロピテクス：約４５０万年前から２５０万年前のホミニンの骨に付けられた名称。最初の骨が南アフリカで発見されたことから「南のサル」を意味している。[233-234]

天の川銀河：私たちの恒星である太陽が位置する銀河。天の川銀河はらせん状をしていて、直径は約10万光年、推定で２０００億から４０００億個の星で構成されている。[47, 57, 64, 87-90, 92-93, 97, 100, 108-109, 134, 142, 192, 332]

アミノ酸：タンパク質の成分を構成する分子の鎖。20種類のアミノ酸の組み合わせは、あなたの体の全てのタンパク質を作るために使用されている。[173-174, 196]

イオン：電子を獲得または喪失した原子。したがって、その電子の数は陽子の数と同じではない。それは正または負のいずれかに帯電し、反対の電荷の他のイオンとイオン結合をする。[121]

遺伝子工学：ＤＮＡを改変して胚を選択する技術。その支持者たちは、人間に適用すれば遺伝病を根絶でき、より魅力的で才能のある人間を生み出すことができると主張している。[51, 335, 336]

殷王朝：紀元前１６００年頃に黄河の両岸に興った、中国における最初の大規模統一王朝。[267, 282]

ウイルス：生物と非生物の中間に位置し、細胞の制御下にあるとは言えないタンパク質でコーティングされた遺伝物質。宿主細胞の核に侵入してその細胞を支配する。[189-190, 248]

宇宙背景放射（ＣＢＲ）：ビッグバンから約38万年後に、宇宙が十分に冷却して原子が生成され、光（光子）が宇宙空間を自由に移動できるようになった時から残存する、宇宙の至る所にある低エネルギーの放射または発光。宇宙マイクロ波背景放射（ＣＭＢ）と呼ばれることもある。[70, 73, 85]

宇宙論：宇宙の歴史と進化の理論、哲学、説明。[106, 136]

ウルク：紀元前３５００年頃、おそらく世界で最初に出現した都市。現在のイラクのユーフラテス川のほとりにあった。[265]

エイズ（ＡＩＤＳ）：後天性免疫不全症候群の頭文字で、１９８２年に初めて命名された。ＨＩＶ（ヒト免疫不全ウイルス）と呼ばれるウイルスがエイズを引き起こす。ＨＩＶは免疫系の細胞で増殖し、それが他の病気と闘う能力を低下させる。[189-190, 248]

エネルギー：物質を動かし、形作ることができるさまざまな力。主な４つのエネルギーは、重力と電磁気力、それに原子のレベルで作用する強い力と弱い力である。[39-40, 42, 45-46, 50, 53, 58-67, 73, 75-76, 91-92, 95-96, 106-107, 118, 123-125, 127, 132, 145, 149, 155, 161, 164, 169, 173-174, 176-178, 184-185, 203, 208, 235-237, 259, 264, 266, 268, 284, 286, 288, 292, 299, 304-305, 317-319, 321, 327-329, 333-335, 339, 341-343, 356, 361, 370]

エネルギー転換：石炭と石油で動く経済から、風力や太陽光などの再生可能エネルギーを動力源とする経済へのグローバル経済の大規模な再構築。[327-328]

エボデボ（evo/devo）：進化生物学と発生遺伝学の統合による新しい学問分野。証拠として化石と遺伝子の両方を用いる。[216]

温室効果：地球上で起きている地球温暖化を指す用語。これは、主に人間による化石燃料の燃焼がもたらす大気中の二酸化炭素（CO_2）やその他の微量なガスの増加が、大気中から宇宙への熱の放出を阻害することで発生する。その代わりに、植物を育てる温室のように熱が蓄積される。[318]

か

ガイア仮説：地球上の生命が自らの生き残りのための条件を自分で作り出し維持しているという、イギリスの大気化学者ジェームズ・ラヴロックの仮説。科学者たちはこの仮説を検証するために地球システムを研究している。[183, 188]

科学的方法：観察、理論、および確立された事実に対するチェックの相互作用に基づいて知識を得る方法。観察は新しい理論をもたらし、理論はより多くの実験を導き、実験は既存の理論を修正する。科学者と歴史学者は、観察と確立された事実から得られたデータが自分たちの理論を支持しない時は、進んでその理論を変更すべきである。[21, 33-34]

化学的分離：初期の地球の熱で地球の元素が密度によって分かれるプロセス。鉄やニッケルなどの重い元素は地球の中心部に沈んだ。より軽いものは中層にとどまり、最も軽いものは地球の表面まで上昇した。これによって、最深部の固体のコア、その外側の液体のコア、マントル、海洋地殻、大陸地殻、大気という地球の層が形成された。[150, 187]

拡大する帝国：紀元前１０００年から紀元後１５００年頃にかけて、帝国はより多くの地域を支配するために拡大する傾向にあった。これらの諸帝国はまた、交易ネットワークと社会的・ジェンダー的階層制を拡大させた。諸帝国は彼らが普遍的と信じる宗教を発展させ、そして時には領土縮小や衰退の時期を耐えた。[271, 273]

化合物：２種類以上の元素の原子が結合したもの。たとえば、水（H_2O）は、水素の２つの原子と酸素の１つの原子が結合した化合物である。[119, 121]

ガス惑星：太陽系の外側の領域にある木星、土星、天王星、海王星の４つの惑星。それらは主に凍結ガスで構成され、重い金属のコアがある。[104]

化石燃料：石炭、石油、天然ガスは全て土壌と水の層の下で加圧された化石でできている。石炭は倒木、石油と天然ガスは小さな海洋動物から形成されている。[42, 48, 157, 164, 204, 288, 292, 294, 299, 305, 318, 322, 342, 360-361]

家父長制：女性に対する男性の支配。男性を中心とする政府、または男性が家族や集団の長である社会組織。[267, 273, 282]

カラハリ砂漠のサン：ボツワナからナミビアと南アフリカの一部に広がるカラハリ砂漠で、約25年前まで伝統的な狩猟採集民として暮らしてきた人々。サンは、異なる言語を話す５つのグループの総称。[244-246, 252]

漢王朝：儒教を官吏養成の中核に据えて官僚主義を拡大した、紀元前２０２年から紀元後２２０年までの中国の統一王朝。[282]

環境収容力：環境が枯渇したり劣化したりすることなく永久に持続できる、種の最大個体数を意味する生物学の用語。環境収容力を超えた増加はオーバーシュートと呼ばれる。[310-311]

岩石惑星：太陽に最も近い水星、金星、地球、火星の４つの惑星。これらの惑星のガス状の外側の層は、太陽からの放射線と粒子によって剝ぎ取られた。[47, 146, 148]

カンブリア爆発：5億4200万年前から5億500万年前にかけての時代で、スノーボールアースの間に地球の表面が全面氷結した後に再び地球が暖かくなり、生物が多くの新しい種を生み出した。[201-202]

旧石器時代の生活：石器時代の生活、すなわち約20万年前から1万年前までのホモ・サピエンスの生活様式のことで、狩猟採集を特徴とする。[239-244]

暁新世ー始新世温暖化極大（PETM）：今から約5600万年前の時期に、世界の平均気温が少なくとも摂氏5度急上昇し、数千種が姿を消した小規模絶滅イベント。[211]

ギルガメシュ：紀元前2800年から紀元前2500年の間に存在したメソポタミアの支配者で、彼の物語は最古の書かれた文学として知られる『ギルガメシュ叙事詩』で語られている。最も古いテキストは紀元前2100年頃のものである。物語は、都市生活と狩猟・採集生活の比較、死ぬべき運命への悲しみ、神々への反抗の態度、環境悪化に対する罪悪感などの普遍的な人間の関心事について語っている。[267]

銀河：相互の引力によって結びつき、ほぼ何もない広大な宇宙空間によって分かたれた何千億もの星の巨大な集団。銀河はガスとちりの雲を含み、「ダークマター」のハローによって包まれている。銀河は中央のブラックホールを中心にして回転していると考えられており、通常はらせん状をしている。銀河は最大で2000万光年の幅をもつ銀河団の中で発生し、それらは最大5億光年の幅をもつ超銀河団に属す。[27, 41, 47, 57, 65, 72, 84-90, 92-93, 96-98, 100-102, 104-110, 125-126, 131, 134, 136, 143, 148, 192-193, 332, 340-341, 371]

銀河年：太陽とその惑星が天の川銀河の中心を一周するのにかかる時間のことで、約2億2500万年。[142]

菌類：有機物を分解・吸収することによって生きている、葉や花のない生物グループ。このグループには、酵母とカビ（単細胞生物）、および食用キノコや毒キノコ（多細胞生物）が含まれる。[175, 200, 203-204, 207]

偶発事態：その発生が偶然に依存しているもの。起こり得る、偶発的ないし偶然の予期せぬ出来事。[210]

クエーサー（準恒星状物体 quasi-stellar objects の略）：大量の物質がブラックホールに流れ込み、強力な放射線を放出する、ブラックホール周辺の領域。過去20億年、新しいクエーサーは生成していないと考えられる。おそらく、銀河の中心のブラックホールが周辺のガスのほとんどを吸収してし

まったからであろう。[107-109]

グローバリゼーション：全世界にまで達した、貿易と情報通信のグローバルネットワークの拡大をさす。[288-289, 292, 299, 312]

系外惑星：「太陽系外惑星」の略語で、太陽系の外に存在する惑星を意味する。１９９５年に初めて発見された。現在、２０００以上見つかっている。[191]

経験的知識：実験と観察によって得られた知識。[28, 32-33]

形而上：文字通りだと「物理学を超える」という意味で、しばしば超自然的なものを示す。あるいは、この言葉は現実の本質を説明しようとする哲学の分野を意味する場合もある。これら2つの意味は、紛らわしく矛盾しているとも考えられる。[348]

啓蒙：１６５０年代から１７８０年代にかけて、学者が新しい機器を使用して実証的証拠を発見し、論理と理性によって解釈することで、観測可能な世界を研究し始めたヨーロッパの歴史の一時代。[296, 302]

原核生物：中心（核）がなく、化学物質が不規則に漂っている単純で小さな単細胞生物。[178, 187]

原子：物質の構成要素であり、原子核内の陽子・中性子と、その周りを周回する１つまたは複数の電子という、３種類のより小さな粒子で構成されている。これらの小さな粒子はさらに小さな粒子で構成されている。[27, 45, 47, 58-59, 64, 66-72, 79, 81-82, 85-86, 90-91, 93, 95, 110-128, 134, 138-139, 144, 155-156, 161, 168, 173-174, 178, 184, 225]

原子核：陽子と中性子を含む全ての原子の重い中心部。[61, 66-68, 71, 91, 113, 116-118, 120-121, 123-124, 127, 152]

原子番号：各原子の原子核にある陽子の数。[113-116, 124, 138]

元素：１種類の原子のみで構成され、他の何ものとも結合していない純粋な物質。化学的手法によって分解することはできない。[15, 27, 41, 47, 93, 96, 113-120, 122, 124-125, 127-128, 133-134, 138-139, 143-144, 147, 149-150, 154-159, 169, 173, 185, 196, 207]

光合成：ある細菌が突然変異によって獲得した化学プロセス。光合成のプロセスでは、葉緑素の分子が太陽からの光子を吸収する。植物はこのエネルギーを使って水と二酸化炭素を炭水化物に変換し、それを使って成長し繁殖する。[47, 176-178, 180, 185, 187, 195, 203]

孔子：中国で紀元前551年から紀元前479年頃に生きた下級貴族。彼は、家族の価値観に重点を置いた教育が、倫理的な指導者と良い政府を生み出すための鍵であると説いた。[273, 282]

光子：光の粒子。[62, 65-67, 69-70, 72, 76, 85-86, 123, 128, 177]

恒星：重力によって引き起こされるガス雲の崩壊が、中心部における水素原子のヘリウム原子への核融合反応をもたらし、大量の放射線エネルギーを放出する。恒星のコアを取り巻く水素の層は中心部で爆発し、恒星はそのサイズによって何百万年も燃え続けることができる。最終的に、恒星はその物質を燃やし尽くして爆発する。[15, 27, 41, 46, 47, 61, 65, 67, 72, 84-97, 100, 105-110, 122-125, 127-128, 130-131, 133-134, 136, 143-144, 146, 149, 158, 185, 191-192, 332-333, 338, 341, 356, 362, 371]

降着：小さな物質の塊（小惑星）が惑星に衝突して付着するにつれて、惑星のサイズが大きくなるプロセス。[146-147, 149]

光年：光（光子）が1年間に進む距離のことで、約9・5兆キロメートルである。太陽を除いて地球に最も近い恒星は4・24光年離れており、その距離は約40兆キロメートルである。[72, 80, 88-90, 94, 97, 108, 125-126, 143, 193, 338]

国民国家：力をもつ市民によって選ばれた議会が一人の人間による支配に取って代わった政府の形態。国民国家は、それが取って代わった君主制よりも市民に対してさらに多くのサービスを提供すると同時に、より強い権力を行使する。[286, 297-298, 313]

国家：紀元前3000年代に誕生した、1つまたは複数の都市とその周辺地域を統治する地域的な権力構造。人口は最大で数百万人に達し、通常は一人の支配者によって支配される。[48, 262, 265-267, 270, 273, 276, 282, 286, 292, 297-298, 301-302, 304, 306, 360]

ゴルディロックス条件：何か新しいものが出現するためのちょうどいい条件を説明する、一部の科学者が用いる用語。ゴルディロックスとは、「ゴルディロックスと3匹の熊」というヨーロッパの物語に登場する女の子の名前。「ちょうどいい」を表現する別の用語は「最適」である。[40, 53, 81, 87, 329, 339, 372]

コレクティブ・ラーニング（集団的学習）：おそらくホモ・サピエンスに独特な特徴である、言語技能を用いて世代を超えて蓄積される正確な知識を共有する能力。[237, 242, 296, 357]

コロンブス交換：この言葉は１４９２年にヨーロッパとアメリカ大陸とをつないだクリストファー・コロンブスにちなんで名付けられた。その後、東半球と西半球の人々が、情報、植物、動物、病原菌、製品を交換した。[291, 293]

さ

産業革命：１７００年代後半にイギリスで始まった、化石燃料エネルギーが人力と畜力に取って代わった後に、製造、輸送、通信において生じた広範な社会変化。[292, 295, 325, 361]

時空：空間と時間は別のものではないことを示す用語。時間は空間から分かれて存在できない。両者は物質やエネルギーの存在によってともに変化する。[60, 62]

自然選択：生物が環境に適応するプロセス。遺伝子に偶然の突然変異が生じ、生物が特定の環境下で生き残り繁殖することを可能にした突然変異が受け継がれ、最終的に全個体がその突然変異を保有するようになる。[170, 180, 356]

質量：物質の量の尺度。質量は、原子核内の陽子と中性子の数によって測定される。質量は重さとは異なり、後者はどのように質量が重力に反応するかで決まる。月面上のあなたの質量は地球上と同じだが、月の方が重力が小さいために、地球上よりも月面上の方があなたの重さははるかに軽くなる。[60-62, 64, 67-68, 76, 91-92, 107-108, 118, 122-124, 132, 145, 147, 154, 156]

資本主義：経済成長が国民国家の主要な目標となった１５００年以降の発展を説明するために使用される用語。政府は、法と秩序を確立し、金融システムを構築し、道路や鉄道などのインフラに投資することによって、私的企業の役割を奪わずに経済成長を促進することを学んだ。[299, 303, 321]

周王朝：紀元前１０５４年頃に政権を引き継ぎ、国家を西と南の長江までに至る帝国へと拡大した中国の統一王朝。[282]

重力：物体を引き付ける力。物体の質量が大きくなると増加し、また物体同士が接近すると増加する。重力を運ぶ粒子はまだ発見されていないが、科学者たちはそれをグラビトンと呼んでいる。アイザック・ニュートンの万有引力の法則では、「任意の2つの物体の間には、2つの質量の積をそれらの間の距離の2乗で割ったものに比例する引力がある」と述べられている。[47, 61, 64-65, 85-86, 89-92, 94-95, 105-107, 123-124, 136, 143-144, 146-147, 149-152, 154, 297, 338]

出生率：1人の女性が生涯にわたって産む子どもの数〔合計特殊出生率〕。死亡率によるが2・1〜2・3の出生率で、人口を変わることなく安定した状態を維持できる。[319-320]

小惑星：宇宙空間にある物質の塊。現在、小惑星は火星と木星の間の軌道、および冥王星の外側に存在する。小惑星には彗星と流星の2種類がある。彗星は主に凍った氷でできており、流星は主に岩の破片でできている。[148, 150, 155, 159-163, 174, 185, 201, 209-212, 214, 331]

進化：あらゆる生命体がいわゆる自然淘汰によってそれ以前の種から発展してきたという事実をいう。これがどのようにして起きるのかについてはさまざまな解釈があるが、特定の環境で有益であることが証明された時に遺伝子の突然変異が選択されることには全員が同意している。[27, 33, 36, 44-45, 48-49, 131, 168-170, 172-173, 176-178, 180-181, 183, 190, 200, 202, 205-208, 210-211, 215-217, 222-225, 228, 231-232, 234, 236-238, 242, 294, 346, 351, 353-354, 356, 361]

真核生物：原核生物よりもはるかに大きく複雑な細胞。真核生物は、中心部の保護された核と、細胞小器官と呼ばれるその他の小さな内部器官をもっている。[175-176, 179, 186]

人工知能（ＡＩ）：視覚認識、音声認識、意思決定、ある言語から別の言語への翻訳など、通常は人間の知能を必要とする仕事をコンピュータが行うことを可能にするソフトウェア。[321, 328, 337]

人新世：人間が支配的な力として出現し、多くのグローバル的なプロセスを形成してきた時代として提案された名称。それが始まった時期についてはいまだ議論中である。[322-324, 377]

水素：陽子が1つ、中性子がなく、電子が1つからなる最も単純な原子。[21, 47, 67-68, 82, 85, 90-93, 95, 113, 115, 119, 121, 123, 124-125, 127-128, 138, 144-145, 149, 155, 173, 185, 305, 332]

水素爆弾：重水素原子は、爆弾内での原子核分裂によって引き起こされる爆発熱の下でヘリウムに核融合する。原子爆弾は原子の核分裂、水素爆弾は原子の核融合をもたらすが、水素爆発を引き起こすには原子爆発が必要となる。アメリカの科学者たちは、１９４５年7月16日にニューメキシコ州アラモゴードで最初の原子爆弾を爆発させた。さらに１９５２年11月１日、太平洋のエニウェトク環礁で最初の水素爆弾を爆発させた。[91]

ストロマトライト：太陽光をエネルギーとして利用できる単細胞生物の層またはマット。約34億年前にまでさかのぼることができる。[174, 176, 187]

スノーボールアース：地球の表面全体が凍結していた可能性がある、約6億年前の地球史の一時期。これは最初の氷河期であり、陸上に生命はなく、海でも生命ははるかに少なかった可能性がある。[201-202, 205]

スレッショルド：何か新しくより複雑なものが出現する移行期を表す用語。この用語は比喩で、宇宙の歴史には実際の敷居は存在せず、人間によって建てられた建物の中にのみ存在する。[21, 40-42, 46-48, 127, 236, 243, 288, 361, 370]

星座：恣意的にグループと化された、決まった数の恒星。[97]

生殖：生物が自分自身に似た子孫をもつ能力。[169, 173, 177, 180-181, 186, 357]

生態学：生物学と地球科学が学際的に結合したもの。生物とその環境の間の相互作用の研究が含まれる。[52, 310]

生命：細胞からなり、周囲からエネルギーを取り込み（代謝）、生殖し、環境に適応するため世代を超えて変化する有機体。[15, 21, 27, 42, 47, 93, 96, 122, 142-143, 152-153, 156, 164-166, 169, 172, 174-178, 184-185, 188-193, 198, 200-202, 205-207, 223, 264, 322, 339-342, 349, 351, 357, 362, 366, 371-372]

脊椎動物：約5億年前に出現した、骨がつながってできた脊柱をもつ動物。[186, 202]

赤方偏移：私たちの銀河から遠くにある星ほど、分光器の光のスペクトルの黒い線のパターンは赤い側に移動する。光の波が私たちから遠ざかる時、それらの波の周波数はより長い赤の波長に伸びる。私たちの方に近づく時は、波長は短くなり、より短い青の波長となる。赤方偏移は、遠くの星が私たちから遠ざかっていて宇宙が膨張していることを意味すると天文学者は解釈している。[135]

創発：その構成要素には存在せず、予測できなかった複雑な実体の特性。例として、ガスの雲から出現した恒星や、水

中の化学物質から出現した生物がある。[39-40, 95]

藻類：水中や湿った場所に見られる、葉緑素をもった小さな生物。プランクトンやアオミドロは藻類の一種。[180, 200, 203-204]

た

ダークエネルギー：一種の反重力として作用すると考えられている、まだ解明されていないもの。私たちが観察できる以外に新たなエネルギーがあるのかもしれない。[64, 107, 333]

ダークマター：銀河の生成を助けたと考えられている、まだ解明されていないもの。観測可能な物質よりもはるかに暗くて見ることができない物質があるかもしれない。[65, 85-86, 105-106, 136]

代謝：細胞内の化学的プロセスによって周囲から物質とエネルギーを取り入れるという生物の特徴。[166, 169, 190, 208]

大地溝帯：アフリカにある構造プレートの割れ目のことで、現在のエジプトからアフリカの東側を下り、現在のモザンビークまで続いている。この割れ目に沿った火山灰は化石になった骨を保存してくれるため、ホミニンの進化を示す化石の骨のほとんどは割れ目に沿って発見されてきた。[231]

太陽：中くらいの大きさの中年の星で、3番目の惑星である私たちのホーム、地球を含む8つの惑星がその周りを回っている。[36, 42, 47, 67-68, 70, 72, 89, 92-95, 97, 99, 107-108, 120, 122-125, 128, 131, 137, 142-151, 153-155, 158, 161, 162, 164-165, 177, 185, 187, 191, 203, 243, 288, 297, 318, 321, 327, 332, 337-338, 342, 349, 366, 372]

大量絶滅：種の大量死が起きる時期。化石の記録によると、地球上の生命は何回も大量絶滅に見舞われており、ある時には既存の種の最大90%、ある時には30%が絶滅したことを示している。地質学者は約5億5000万年前以来、5回の大規模な大量絶滅があったとしており、地球は現在6回目となる大規模な大量絶滅が進行中であると考えている。[186, 205-206, 322, 326]

地球：太陽から3番目の惑星で4つある岩石惑星の1つであり、生物の出現に適した条件をもつ。[27-28, 35, 47-48, 51, 59, 61, 68, 72, 74, 88, 92-95, 98, 119, 122, 125-126, 128, 133-134, 138, 142-157, 159-166, 169-170, 173-174, 176, 178, 181, 183-188, 190, 192-193, 195, 201-202, 205-207, 209-215, 219, 223, 231-232, 237, 242-243, 264, 270, 282, 288, 296, 310-311,

318, 322, 324-325, 328-332, 334, 337-338, 341, 349, 357, 361, 365, 371]

地球システム：大気、生物圏、水と土壌のシステム、地殻、マントル、コアといった地球のあらゆる部分の間での原子の生化学的循環プロセス。[48, 156, 166, 185, 188, 329]

中性子：陽子と並ぶ、原子核の2つの主要な構成要素の1つ。中性子の質量は陽子よりわずかに大きいが、電荷はもたない。中性子と陽子とで原子核を形成し、質量もそれで決まる。最も一般的な原子には、陽子と中性子がほぼ同じ数存在する。より重い元素では、中性子が陽子よりも多くなり、それらをまとめる役割を果たす。[61, 65-71, 75-76, 82, 91, 116-118, 123, 127, 137]

中性子星：超新星が爆発する際にそのコアで作られる恒星。コアでは全ての陽子が電子と一緒につぶれて中性子になる。中性子星は、既知の宇宙で最も密度が高く、最も高温の物体であり、最も強い磁場をもっている。[137]

チューブスポンジ：円筒形で高さ1・5メートルにまで成長する単純なつくりの多細胞生物。体が水を流す管の連なりになっている。常時水が流れることで食物と酸素を取り込み、老廃物を排出する。[201]

月の生成：理論によると、初期の地球の半分の大きさの物質の塊が地球に衝突し、地球の表面の一部をはぎ取った。地球の引力がこの物質を地球の軌道上につなぎ止めた。その軌道は最初は地球のすぐ近くにあり、その後はゆっくりと遠ざかっている。[158, 187]

強い力：陽子間の電気的反発に抗して原子核を一つにまとめるために作用する力。[64, 68, 116]

超新星：超巨星がその生涯の終わりに起こす最後の爆発。そうした星が崩壊する際に、温度がウランやプルトニウムまでを含めたあらゆる元素を合成するのに十分なまで高くなり、それら全ての元素は宇宙空間にばらまかれ、将来の星の材料となる。超新星は数日間、銀河全体よりも多くのエネルギーを放出する。[92-93, 124-127, 130, 137-138, 143-145, 149, 185]

DNA：デオキシリボ核酸。生きている細胞の中にあり、その生物を維持し再生する方法についての指示が内蔵されている核酸の二重らせん。[171-173, 180, 183, 189, 254, 335]

適応：環境の変化に適応するために、世代を超えて変化する生物の能力。[53, 169, 232-233, 236, 259, 322, 346]

電子：ある種の雲のように原子核の周りを回っている原子内の粒子。電子は負の電荷をもっており、陽子や中性子よりもはるかに軽く、ほぼ２０００分の１である。原子を電気的に中性に保つには、軌道上の電子の数と原子核内の陽子の数が等しくなければならない。数が完全に同じでない場合、その原子はイオンと呼ばれる（「イオン」を参照）。[36, 47, 66-71, 78-79, 82, 90-91, 113, 115, 120-121, 123, 127, 134, 137, 166, 207]

電磁気力：電界と磁界が空間を移動する時に相互作用する、４つの基本的な力の１つ。[62, 64, 116]

同位体：ある元素の、原子核に含まれる中性子数が異なる原子。同位体の中には時間の経過とともに中性子を失うものもあり、それは放射性同位体と呼ばれる。[116-118]

都市：周囲の農業に依存した数万人の人間の密集した集団。都市は職業の専門化と階層によって特徴づけられ、人口の約10％が統治者、神官、貴族、書記官である。[48, 109, 161, 165, 253, 262, 265-268, 274, 283-286, 295, 300, 309, 313, 320, 322, 326, 360]

突然変異：コピーの間違い、Ｘ線や化学物質による損傷、または意図的な遺伝子操作によって引き起こされたＤＮＡ遺伝子の変化。[169-170, 177, 180-181, 198, 254, 263]

ドレイクの方程式：１９６１年にフランク・ドレイクが考案した、他の惑星で知的生命体を発見できる統計学的確率を表す数式。その答えは、数式に代入する推定値によって異なる。[192, 339-341]

な

20世紀：１９０１年から２０００年まで。この世紀に世界人口は4倍近く増加し、世界経済は14倍に成長し、エネルギーの使用は16倍に増加し、世界の平均寿命は31歳から66歳にまで延びた。これは人類史の中でかつてない記録である。[56-57, 288, 298-302, 304-306, 309-312, 317, 319, 320, 339]

二足歩行：２本の足で直立して歩く能力。ホミニンが行った環境への最初の適応。[233-234]

熱力学第二法則：宇宙は全体として無秩序になりつつあるが星や生物、文明などの特定の場所ではより秩序立ったものになっているこの局所的または地域的な秩序は、どこか他の場所でその分多くの無秩序を伴わなければならないと、熱と他の形態のエネルギーのふるまいを研究する物理学の部門ではこの法則を語っている。例えば、地球上の生物の秩序の増大は、太陽にエネルギーを供給する内部の核融合で生じる無秩序によってバランスが取れている。地球—太陽系全体の無秩序は常に増加している。科学者たちはこの無秩序のことをエントロピーと呼んでいる。[39, 53, 95]

農業：植物、動物、景観を制御することによって利用可能なエネルギーを増やすために人間が行う環境の利用方法。植物と動物の栽培、家畜化は、人間によるいくつかの植物と動物の繁殖の制御を伴う、相互作用の双方向プロセスである。[42, 243-244, 248, 250, 253, 258-264, 276-278, 280, 284-286, 295, 305, 309-310, 317, 325, 370]

は

ハビタブルゾーン：超新星爆発が惑星を破壊する可能性がある銀河の中心に近すぎず、また超新星爆発が少なく生命に必要な元素を作れないほど銀河の中心から遠すぎることもないという、生命の存続が可能な銀河の領域。[143, 191]

パラダイム：中心的な考え、パターン、モデル。[35, 172]

パルサー：急速に回転し、電磁放射の規則的なビームを発する中性子星。[137]

パンゲア：約３億年前、全ての大陸が１ヵ所に集まることで生まれた超大陸。パンゲア大陸は約1億７５００万年前に分裂を始めた。[186, 188, 206, 209, 260, 294, 332]

反粒子：質量が同じであること以外は、全ての特徴が粒子と反対である粒子。たとえば、電子の反粒子である陽電子は正の電荷をもっている。粒子が反粒子と出会うと、それらは対消滅し、それらの質量はエネルギーに変換される。[65, 91]

光：質量や電荷をもたない謎の形態の電磁エネルギー。その粒子のことを光子と呼ぶ。光は、毎秒30万キロメートルという宇宙で最も速い速度で波として進む。[36, 58-67, 70, 72, 74, 80, 85-86, 88, 91, 93-94, 96-98, 101, 106-107, 123, 125-126, 128, 132-136, 144-145, 158, 161, 164-165, 312, 318]

ビッグバン：宇宙の全ては、１３８億２０００万年±数百万年前に拡大し始めた1つの点から始まったという理論。これが宇宙の起源に関する科学者の最善の推測である。この考えは１９３０年代に提案され、１９６０年代に現代宇宙論の中心的な考えになった。[16, 26-27, 30-31, 41, 46-47, 56-57, 59-60, 66, 72, 75, 78, 87, 102, 136, 165, 194, 351]

ビッグヒストリー：ビッグバンから起こり得る未来までの過去と現在の包括的な物語。ビッグヒストリーの説明は経験的証拠と学術的解釈に基づいており、天文学、物理学、化学、地質学、生物学から社会科学と人文科学に至るまでの主要な学問分野から基本的な知識を用いている。[16-22, 27-29, 32, 39-41, 43, 46, 50, 52-53, 68, 84, 119, 136, 193, 306, 309, 318, 346-349, 352, 355-356, 362-366, 369-372]

複雑さの増大：最適な条件下でエネルギーの流れが増加することによって、特定の構造に配置された部品が増えると、物事はより複雑になるという仮説。[39, 46, 53, 177, 200, 288, 309, 318, 362]

物質：空間を占め質量をもつ物理的実体。高温になると物質とエネルギーは変換可能になる。[28, 35, 47, 53, 60-63, 65-66, 72-73, 75, 78, 81-82, 84-86, 92, 105-108, 110, 113, 119, 121-122, 127-128, 137, 143, 146, 148-151, 161, 166, 169, 184, 203, 266, 297, 319, 333, 346, 356]

プラズマ：ビッグバンから約38万年後に原子が生成するまでの、初期宇宙のガス状状態。温度が非常に高かったために、荷電粒子（陽子と電子）が結合することができなかった。今日でも、恒星は非常に高温であるため、主に高密度の水素とヘリウムが豊富なプラズマで構成されている。[66-67, 91]

プレートテクトニクス：大陸がプレートと呼ばれる地球の地殻の断片上を移動するという確立された理論。プレートは、その下にある半ば溶けた物質の上で、海底の海嶺にある火山を通じて現れる物質によって押されて動く。[28, 35, 37, 151-152, 160, 185, 188]

分光器：望遠鏡に取り付けることで、観測者がさまざまな波長に分割された星からの可視光を見ることができる機器。各元素の原子は光に独自の影響を及ぼし、色のスペクトルに対して間隔の空いた独自の黒い吸収線のパターンを作る。これによって天文学者たちは星にどのような元素が存在するのかを特定できる。[101-102, 133, 136]

分子：2つ以上の原子が結合したもの。同じ元素でもよい。[70, 79, 119, 121, 138, 168, 171-174, 177, 185]

文明：この用語は「都市に属する」という意味のラテン語から来ている。一部のグループが他のグループよりも優れている、または進歩していることを意味するためにしばしば用いられるが、ビッグヒストリアンは、文明は進歩したものではなく、エリート層がより多くのエネルギーと資源を制御しているため、単に複雑になっただけであると述べている。世界中の文明には、高い人口密度、文字、交易、国の統治、常備軍、強制的な課税、頻繁な戦争、奴隷制、父系制社会など、共通する多くの特徴がある。[48, 157, 192, 219, 265-268, 270-

271, 273, 275-276, 280, 282, 285, 292, 297, 301 -302, 306, 309, 318, 340-341, 350, 360, 368]

ヘリウム：原子核に２つの陽子と２つの中性子があり、その周りの軌道に２つの電子がある。水素に次いで2番目に単純な原子。[47, 67-68, 85, 90-92, 112-114, 123-125, 127-128, 144-145, 155, 164, 332]

哺乳類：全身が毛で覆われ、通常は赤ちゃんとして生まれる子どものために乳を分泌する温血の脊椎動物。[186, 202, 205, 208-211, 216, 224-225, 260, 263, 327, 353-354, 357]

ホミニン：共通の祖先からチンパンジーと分かれた後のヒトの系統〔ヒト属〕の全ての種を指すものとして、ホミニドの代わりに用いられた新しい用語。最初のホミニンは５００万年前から８００万年前に出現し、それらの多くの異なる種が進化を遂げ、現在、唯一ホモ・サピエンスだけが残っている。[230-236, 244]

ホモ・エレクトゥス：文字通りには「直立する人」という意味。約１８０万年前のホミニンで、脳容積はホモ・サピエンスの約70％ある。彼らは火を用いることを覚え、初めて出アフリカを行ったホミニンである。[229, 233-236, 238]

ホモ・サピエンス：文字通りには「知恵のある賢い人」という意味。約20万年前にアフリカのどこかに現れ、次第に唯一生き残ったホミニンになった私たち自身の種。[42, 48, 228, 233, 236, 238, 241, 244, 253, 258, 359, 362]

ま

マゼラン交換：スペイン人の船乗りフェルディナンド・マゼラン（１４８０－１５２１）が、１５１９年から１５２２年〔マゼランは途中で死去〕の航海でアメリカ大陸とアジア大陸とを結び付けた後、それぞれの半球の人々が、思想や植物、動物、病原菌、天然資源、製品を交換した。[291]

マルサス・サイクル：イギリスの牧師であり経済学者であるトーマス・マルサス（１７６６－１８３４）にちなんで名付けられた。彼は、人口は食料供給よりも速く増加し、その結果、食料不足により人口は減少すると主張した。これら拡大のサイクルには危機、戦争、衰退の時期が続き、それらは特に帝国が拡大する時期に生じた。[276, 284]

ミランコビッチ・サイクル：ある惑星が地球とどのくらい近いかによって引き起こされる地球の軌道、傾き、および揺れの周期的な変化。それらを発見したセルビア人天文学者ミルティン・ミランコビッチ（１８７９－１９５８）にちなん

で名付けられた。[154-155]

や

有胎盤哺乳類：卵の代わりに赤ちゃんが生きたまま産まれ、母親と胎児の間で栄養素や老廃物を交換するための胎盤をもつ哺乳類。[208]

葉緑素：二酸化炭素と水を炭水化物に変換するためのエネルギーを供給する光の吸収に関与する植物の緑色の物質。葉緑素は赤と青の波長の光を吸収するが、緑の波長の光を反射する。[177]

弱い力：原子の原子核の中だけで作用する力で、原子核の放射性崩壊などの相互作用に関与する。[64]

ら

ラニアケア：５億２０００万光年にわたって広がり、天の川銀河を含め10万個の銀河からなる超銀河団。[90]

量子力学：原子のふるまいと組成の研究に特化した科学の一分野。この分野の主な２つの考えとは、この世の全ては不連続な単位で現われること、そして対象を変化させずに測定することはできないということである。[78]

ＬＵＣＡ：最終普遍共通祖先（Last Universal Common Ancestor）の略で、同じ遺伝コードを用いる全ての生物の祖先である最初の生きた細胞。[175-176]

レアアース：ツリウムやルテチウムのように、とても希少というわけではないが、比較的珍しい元素。それらは鉱床に集中していないため、採掘が困難である。そのため、コンピュータや携帯電話で使用されたレアアースはリサイクルする必要がある。[157-158]

ローマクラブ：１９６８年にローマで設立された、自分たちの共通の未来について憂慮している世界市民のグループ。１９７２年に『成長の限界：人類の苦境に関するローマクラブ・プロジェクト報告』（邦訳：前出）と題する報告書で、地球の環境収容力に注意を喚起した[334]。

６６００万年前の大量絶滅：少なくとも部分的には、メキシコのユカタン半島近くに幅約10キロメートルの小惑星が衝突することによって引き起こされた大量絶滅。日光が地表に達するのを妨げるちりの雲によって、種の70％が絶滅した。[186, 209, 212]

回目の大量絶滅：まさにいま生じており、推定で年間に2万5000種が絶滅している。5億5000万年前以来の6番目の大量絶滅となる。[322, 326]

わ

ワールドワイドウェブ：しばしば単に「ウェブ」と呼ばれる。これは、ドキュメントをハイパーテキストリンクによって他のドキュメントにつなぐためのインターネット上の情報システムである。これによってユーザーは、あるドキュメントから他のドキュメントへと移動しながら情報を検索することができる。ウェブブラウザとしてファイアフォックス、グーグルクローム、サファリなどのソフトウェアアプリケーションを介してアクセスする。イギリスの物理学者ティム・バーナズ＝リー（1955年生まれ）が1989年にウェブを発明し、1990年に最初のウェブブラウザを作成した。[309, 320]

日本語版で読めるビッグヒストリーの本

デイヴィッド・クリスチャン（2015）
『ビッグヒストリー入門：科学の力で読み解く世界史』
渡辺政隆訳、WAVE出版。

デイヴィッド・クリスチャン、シンシア・ストークス・ブラウン、クレイグ・ベンジャミン（2016）
『ビッグヒストリー：われわれはどこから来て、どこへ行くのか　宇宙開闢から138億年の「人間」史』
長沼毅監修、石井克弥・竹田純子・中川泉訳、明石書店。

デイヴィッド・クリスチャン監修（2017）
『ビッグヒストリー大図鑑：宇宙と人類　138億年の物語』
竹田純子・中川泉・森冨美子訳、河出書房新社。

ウォルター・アルバレス（2018、2022）
『ありえない138億年史：宇宙誕生と私たちを結ぶビッグヒストリー』
山田美明訳、光文社、のち光文社文庫。

デイヴィッド・クリスチャン（2019）
『オリジン・ストーリー：138億年全史』
柴田裕之訳、筑摩書房。

デイヴィッド・クリスチャン（2022）
『「未来」とは何か：1秒先から宇宙の終わりまでを見通すビッグ・クエスチョン』
水谷淳・鍛原多恵子訳、ニューズピックス。

クリストファー・ロイド（2023）
『138億年のものがたり：宇宙と地球でこれまでに起きたこと全史』
野中香方子訳、文藝春秋。

［＊ならびは発行順］

[著者について]
シンシア・ストークス・ブラウン　Cynthia Stokes Brown
ドミニカン大学名誉教授。ジョンズ・ホプキンス大学で博士号を取得。高校教師として世界史を教えた後、ドミニカン大学でビッグヒストリーの講座を担当した。著書に『Big History: From the Big Bang to the Present』（New Press, 2012）、共著に『ビッグヒストリー：われわれはどこから来て、どこへ行くのか』（邦訳、明石書店、2016年）がある。国際ビッグヒストリー協会の創立メンバーであり、同協会発行の『Origins』副編集長を務めた。

[訳者について]
片山博文　Hirofumi Katayama
桜美林大学教授。東京大学文学部ロシア語ロシア文学科卒業。一橋大学大学院経済学研究科博士後期課程単位取得退学。専門は環境経済学、比較経済体制論。著書に『自由市場とコモンズ』（時潮社）、『北極をめぐる気候変動の政治学』（文眞堂）がある。

市川賢司　Kenji Ichikawa
アレセイア湘南高校教諭（世界史担当）。著書に『コーヒー１杯分の時間で読む「教養」世界史』、『最速で覚える世界史用語』（共にGakken）などがある。

ビッグバンからあなたまで
若《わか》い読者《どくしゃ》に贈《おく》る138億《おく》年《ねん》全《ぜん》史《し》

2024年4月6日　第1版第1刷発行

著者　シンシア・ストークス・ブラウン
訳者　片山 博文
　　　市川 賢司

発行者　株式会社亜紀書房
〒101-0051
東京都千代田区神田神保町 1-32
電話 (03)5280-0261
https://www.akishobo.com

デザイン　杉山健太郎
装画　Studio-Takeuma
印刷・製本　株式会社トライ
https://www.try-sky.com

ISBN 978-4-7505-1834-3　C0040
©2024 Hirofumi Katayama, Kenji Ichikawa, Printed in Japan
乱丁本・落丁本はお取り替えいたします。
本書を無断で複写・転載することは、著作権法上の例外を除き禁じられています。

[好評既刊]

暗闇のなかの光

ブラックホール、宇宙、そして私たち

ハイノー・ファルケ、イェルク・レーマー 著

吉田 三知世 訳

◆

《人類はブラックホールを「見た」のか？》

2019年4月、ブラックホールは

その存在を初めて画像によって「直接証明」された。

プロジェクト実現のために奔走した研究者が語る、

壮大なサイエンスノンフィクション。

私たちは、知識の限界を覗き込もうとしているのだろうか

——暗闇の中の光はささやく。

いまだ謎に満ちあふれたこの世界の物語を。

[デザイン：杉山健太郎]

◆

四六判上製480頁

定価（本体2,700+税）